ELEMENTOS
DE
AMOSTRAGEM

CB054423

Política editorial do PROJETO FISHER

O PROJETO FISHER, uma iniciativa da Associação Brasileira de Estatística, ABE, tem como finalidade publicar textos básicos de Estatística em língua portuguesa.

A concepção do projeto se fundamenta nas dificuldades encontradas por professores dos diversos programas de bacharelado em Estatística no Brasil em adotar textos para as disciplinas que ministram.

A inexistência de livros com as características mencionadas, aliada ao pequeno número de exemplares em outro idioma existente em nossas bibliotecas impedem a utilização de material bibliográfico de uma forma sistemática pelos alunos, gerando o hábito de acompanhamento das disciplinas exclusivamente através de notas de aula.

Em particular, as áreas mais carentes são: Amostragem, Análise de Dados Categorizados, Análise Multivariada, Análise de Regressão, Análise de Sobrevivência, Controle de Qualidade, Estatística Bayesiana, Inferência Estatística, Planejamento de Experimentos etc.

Embora os textos que se pretende publicar possam servir para usuários da Estatística em geral, o foco deverá estar concentrado nos alunos do bacharelado. Nesse contexto, os livros devem ser elaborados procurando manter um alto nível de motivação, clareza de exposição, utilização de exemplos preferencialmente originais e não devem prescindir do rigor formal. Além disso, devem conter um número suficiente de exercícios e referências bibliográficas e apresentar indicações sobre implementação computacional das técnicas abordadas.

A submissão de propostas para possível publicação deverá ser acompanhada de uma carta com informações sobre o objetivo de livro, conteúdo, comparação com outros textos, pré-requisitos necessários para sua leitura e disciplina onde o material foi testado.

ABE - Associação Brasileira de Estatística

Blucher

Heleno Bolfarine
e
Wilton O. Bussab

Universidade de São Paulo
Instituto de Matemática e Estatística

Elementos de amostragem

1ª edição - 2005
4ª reimpressão - 2015
Editora Edgard Blücher Ltda.

Blucher

Rua Pedroso Alvarenga, 1245, 4º andar
04531-012 - São Paulo - SP - Brasil
Tel 55 11 3078-5366
contato@blucher.com.br
www.blucher.com.br

FICHA CATALOGRÁFICA

Bolfarine, Heleno

Elementos de amostragem / Heleno Bolfarine, Wilton O. Bussab - São Paulo: Blucher, 2005.

Bibliografia.

ISBN 978-85-212-0367-4

1. Amostragem (Estatística I. Bussab, Wilton O. II. Título.

05-3204 CDD-519.52

Índices para catálogo sistemático:

1. Amostragem: Estatística: Matemáti 519.52

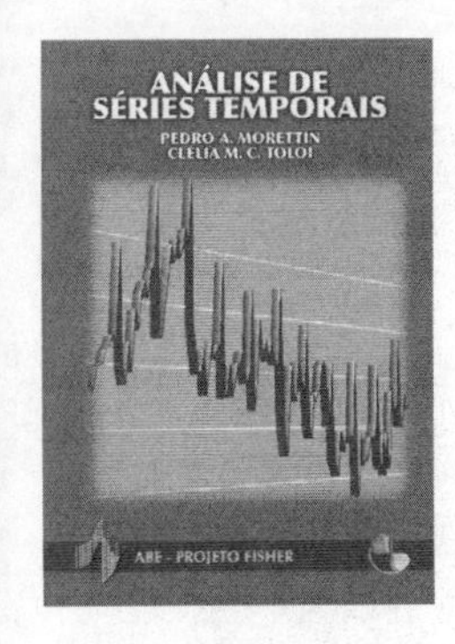

ANÁLISE DE SÉRIES TEMPORAIS
Pedro A. Morettin
Clélia M. C. Toloi

ELEMENTOS DE AMOSTRAGEM
Heleno Bolfarini
Wilton O. Bussab

ANÁLISE DE SOBREVIVÊNCIA APLICADA
Enrico Antônio Colosimo
Suely Ruiz Giolo

Conteúdo

Prefácio

Este livro, em sua versão embrionária, escrita para o XIII SINAPE (Simpósio Nacional de Probabilidade e Estatística), visava contribuir com material em português para o uso em cursos de amostragem para estatísticos. Mencionávamos que aquelas notas eram resultado de nossas experiências isoladas lecionando cursos de amostragem, em nível de graduação, pós graduação e reciclagem de profissionais, em vários locais, principalmente no Instituto de Matemática e Estatística da Universidade de São Paulo. Tínhamos experimentado várias alternativas didáticas, ora enfatizando mais a abordagem teórica, ora o apelo prático, dependendo do público ao qual se destinava o curso. Mas sempre, ressentíamos da ausência de textos em português, que pudessem servir como material de apoio ao desenvolvimento de nossas aulas. Resolvemos então reunir nossas anotações, divergências e convergências para produzir um material que servisse de referência às nossas atividades. Não imaginávamos que tivéssemos tantas dúvidas, boas em nossa opinião, ou sobre qual a orientação mais adequada a ser seguida. Acreditamos ter compromissado uma linha que nos satisfizesse. Temos também a pretenção de imaginar que as notas originais tenham agradado a outros professores, pois desde a sua edição inicial elas receberam duas edições extras publicadas pelo IME-USP e muitas autorizações para produção de cópias xerografadas. Em cada nova duplicação procurávamos corrigir erros e aclarar pontos mencionados por leitores e colegas.

Atendendo o incentivo de diretorias da ABE, resolvemos rever aquelas notas e transformá-las em livro. O material foi revisto, partes foram reescritas e muitos exercícios acrescentados.

Exceto o Capítulo 1, o público que temos em mente para o uso do texto é de alguém que tenha conhecimentos básicos de probabilidade e estatística que em geral são fornecidos em um curso elementar de estatística, seguindo, por exemplo, o conteúdo do livro de Bussab e Morettin (2004). Usualmente os cursos de amostragem são lecionados em torno do quinto ou sexto semestre dos Bacharelados em

Estatística, onde os alunos ainda carecem de maior maturidade com a coleta e análise de dados, portanto ainda não estão afeitos às dificuldades metodológicas da amostragem, pontos fundamentais na prática de planejamento de amostras. Assim, optamos por apresentar um curso de "inferência para populações finitas", ressaltando-se a importância e consequências do plano amostral sobre as propriedades dos principais estimadores. Acreditamos que um conhecimento sólido desta parte teórica facilitará muito o caminho daqueles que no futuro necessitem dedicar-se na prática de planos amostrais. Para aqueles que necessitem aprofundar os conhecimentos sobre questões práticas de amostragem, recomendamos a parte II do livro de Kish (1965).

No Capítulo 1, procuramos dar uma visão não apenas estatística (técnica), dos passos e problemas que aparecem em levantamento de dados, principalmente aqueles aspectos metodológicos ligados aos procedimentos amostrais. Temos usado com sucesso esse capítulo para apresentar a não estatísticos os principais cuidados que devem ser seguidos para o levantamento de dados, tanto por meio de amostra, como censo. Raramente, a discíplina de amostragem em Bacharelados em Estatística aborda estes tópicos. Sugerimos que o façam, não obrigatoriamente no início do curso, mas após os alunos adquirirem certa maturidade e familiaridade com os procedimentos de amostragem. Complementando esse capítulo apresentamos em anexo um dicionário com os termos mais importantes em um "check list" para quem estiver desenhando e executando um levantamento por amostra.

No Capítulo 2 estabelecemos a notação básica, os principais conceitos e alguns resultados gerais que serão usados nos demais capítulos. Definem-se também, por meio de linguagem unificada, os principais parâmetros, estimadores e suas propriedades. O Capítulo 3 está dedicado ao Plano Amostral Aleatório Simples (AAS).

Os resultados deste capítulo são fundamentais para o entendimento dos que o seguem, já que os demais planos amostrais são usados em uma ou mais de suas etapas. Introduzimos também os critérios de otimalidade para a derivação dos estimadores. As propriedades de AAS com e sem repetição são parecidas, aparecendo nas fórmulas desta útima, as chamadas "correções para populações finita". Na maioria das vezes demos preferência em demonstrar as propriedades para AAS com reposição, que são mais fáceis, e deixando a extensão para AAS sem reposição como exercício. Esta estratégia perpassa todos os capítulos.

O Capítulo 4 aborda um dos planos amostrais mais usados na prática: Amostragem Aleatória Estratificada, onde a população é dividida em subgrupos de interesse (estratos) e planos AAS, por exemplo, são usados dentro de cada estrato. Apresentam-se os estimadores não viesados para a média e o total populacional e suas propriedades, bem como tipos de alocação da amostra pelos estratos.

Incorporar variáveis auxiliares no aprimoramento de estimadores é prática comum em amostragem e é objeto dos Capítulos 5 e 6, onde são tratados, respectivamente, os estimadores do tipo razão e regressão. Nestes casos, dispõe-se de uma variável auxiliar X, conhecida para todos os elementos da população e de preferência correlacionada com a variável de interesse Y, para aprimorar os estimadores.

Dedicamos o Capítulo 7 ao desenvolvimento de Amostragem por Conglomerado em um único estágio. Este plano amostral torna-se necessário quando os dados estão agrupados em conglomerados de elementos individuais, tornando-se obrigatório o sorteio desses "conglomerados" de indivíduos, introduzindo dependência entre as observações. Neste capítulo abordamos a situação onde todos os indivíduos do conglomerado sorteado têm as suas informações coletadas. Apresentamos o sorteio sistemático como um caso particular deste tipo de amostragem. Quanto maior for a homogeneidade dentro dos conglomeardos, menos eficiente será entrevistar todos os seus elementos, recomendando-se então amostragem em vários estágios: sorteia-se um conglomerado e em seguida unidades elementares dentro dos conglomerados sorteados. Apresentamos as propriedades desse procedimento no Capítulo 8.

Procedimentos amostrais complexos atribuem frequentemente probabilidades desiguais de sorteio para as unidades envolvidas, e um estimador bastante usado nestes casos é o celebrado estimador Horwitz-Thompson, e sua aplicação imediata: amostragem de Bernoulli, objetos do conteúdo do Capítulo 9. Já no Capítulo 10, apresentamos sem muita formalização algumas justificativas para a aproximação pela distribuição normal da distribuição amostral de alguns estimadores como média, razão, regressão, etc. Esses resultados permitem-nos a construção de Intervalos de Confiança para alguns parâmetros estimados por essas estatísticas.

As últimas seções de cada capítulo contêm exercícios referentes ao assunto tratado. No Capítulo 11 apresentamos uma série de exercícios envolvendo material tratado em um ou mais capítulos, procurando assim desenvolver a fixação dos conceitos e a criatividade dos leitores já que para um mesmo problema podem existir várias soluções.

O uso de casos adaptados de problemas reais ajuda muito a identificar os problemas e as soluções envolvidas em planos amostrais, porém a sua descrição ocupa muito espaço, principalmente as listagens dos sistemas de referência. Alguns exemplos que usamos em nossos cursos estão disponíveis em nosso site e podem ser obtidos contatando os autores.

O material desenvolvido neste curso cobre apenas os tópicos básicos de amostragem e dependendo do número de horas destinado ao curso, sugere-se usar como complemento o livro de Pessoa e Silva (1998).

Durante estes anos recebemos várias sugestões de professores, colegas e alunos as quais procuramos incorporar nesta versão, e afirmamos que erros persistentes são de nossa inteira responsabilidade. Sem o incentivo e cobrança das diretorias da ABE também não teríamos retomado a tarefa de transformar aquelas notas em livro. O bacharel em estatística Frederico Z. Poleto fez um excelente trabalho de revisão, digitação e sugestões para o aprimoramento do texto. Agradecemos a todos.

Capítulo 1

Noções básicas

A experiência com amostragem é fato corrente no cotidiano. Basta lembrar como um cozinheiro verifica o tempero de um prato que está preparando, como alguém testa a temperatura de um prato fumegante de sopa, ou ainda como um médico detecta as condições de um paciente através de exames de sangue. Poderiam ser listados outros exemplos que usam procedimentos amostrais mais complicados, mas todos com o mesmo objetivo: obter informações sobre o todo, baseando-se no resultado de uma amostra.

Porém, o uso inadequado de um procedimento amostral pode levar a um viés de interpretação do resultado. Por exemplo, não mexer bem a sopa antes de retirar uma colher para experimentar pode levar à subavaliação da temperatura do prato todo com conseqüências desagradáveis para o usuário.

Em estudos mais sofisticados, onde as informações são obtidas através de levantamentos amostrais, é comum o usuário ficar tão envolvido na apuração e interpretação dos dados que "esquece" de verificar possíveis viéses originários do protocolo de escolha da amostra.

O uso de amostras que produzam resultados confiáveis e livres de viéses é o desejo de todos. Entretanto, estes conceitos não são triviais e precisam ser estabelecidos para o uso científico dos processos amostrais. Desse modo, necessita-se de teoria que descreva as propriedades e impropriedades de alguns protocolos de obter amostras. Esse é o objetivo do livro: apresentar os princípios básicos de uma "Teoria de Amostragem". Cursos introdutórios de inferência estatística também ensinam a fornecer resultados para o todo, baseando-se em resultados da amostra, porém a ênfase é dada para populações infinitas, ou o que é muito mais comum, a amostra é retirada de uma distribuição de probabilidade. Não se discute muito como a amostra é obtida, garante-se apenas que as observações foram obtidas independentemente, com igual probabilidade, e retiradas de uma mesma população teoricamente infinita. Aqui a população será finita, e possivelmente enumerável ou passível de descrição.

Neste capítulo, pretende-se dar uma visão geral das questões envolvidas em um plano amostral e que servirá para um primeiro contato com aspectos metodológicos emergentes de uma pesquisa de tal natureza.

1.1 Palavras-chave

Toda teoria, e amostragem não foge à regra, necessita de um conjunto de conceitos e termos técnicos sobre o qual ela se fundamenta. Estes conceitos irão aparecendo pelos diversos capítulos conforme se tornarem necessários. Porém, é conveniente para unificar a linguagem e tornar mais clara a explicação, definir alguns desses conceitos, mesmo que de forma abreviada. No Apêndice, A estão listadas e descritas algumas palavras-chave que atendem a esse objetivo. Recomendamos ao leitor consultá-lo sempre que tiver dúvidas em relação a algum dos conceitos mencionados.

1.2 Guia para um levantamento amostral

Ao optar por uma pesquisa quantitativa, levantamento ou experimentação, é necessário que o pesquisador planeje, execute, corrija e analise adequadamente o procedimento proposto e usado. Isto significa tomar uma série de medidas e cuidados antes da realização, durante a aplicação e depois da pesquisa efetuada. Sem esses passos, dificilmente pode-se garantir resultados convincentes e confiáveis. Um estatístico experiente desenvolve os seus próprios procedimentos, escritos ou não, para conduzir ou orientar uma pesquisa quantitativa, mas terá muita dificuldade em transmitir esses conhecimentos sem a prática e o convívio cotidiano com o aprendiz. Um dos métodos para transferir conhecimento e agilizar o treinamento nesta atividade é através da apresentação de uma lista de tópicos que devam ser abordados em uma pesquisa quantitativa, ou melhor, apresentando o chamado “checklist”. Estas listas nunca são definitivas ou completas. Em primeiro lugar elas traduzem as idiossincrasias de seus formuladores e, em segundo, dificilmente conseguem prever todas as possíveis situações de um mundo tão rico e complexo como as pesquisas quantitativas. Portanto, devem ser usadas como um guia aproximado para planejamento e execução de um plano amostral.

Apresentamos no Apêndice B a nossa lista de pontos. Ela é resultante de nossas discussões, conhecimento, aprendizado, experiência e prática. Além de servir como referência, aproveitaremos a relação para abordar alguns tópicos que raramente aparecem em livros de técnicas de amostragem. Tais assuntos são fundamentais para aqueles que tenham que conduzir ou assessorar um levantamento amostral, e ousamos afirmar que, se estes procedimentos metodológicos não forem adequados, não existe técnica estatística, por melhor ou mais sofisticada que seja, que possa produzir resultados idôneos.

Embora exista alguma aparente ordem na seqüência das atividades, a prática nem sempre age deste modo. Salta-se de um ponto para outro de acordo com as necessidades, lembranças e informações que vão aparecendo. Entretanto, seguir os pontos mencionados terá a vantagem de uma apresentação aparentemente mais racional, servindo também como roteiro para apresentação do relatório.

As seções seguintes abordarão alguns dos itens mencionados, procurando explicar um pouco mais sobre o seu significado. Os assuntos não serão obrigatoriamente tratados nem na ordem nem no grupo onde apareceram mencionados. Os demais capítulos deste livro, relacionados com as técnicas de amostragem, abordam com maior profundidade os itens contidos no grupo intitulado **Planejamento e Seleção de Amostra**.

1.3 O que se pretende conhecer?

1.3.1 Qual a questão a ser respondida?

Usualmente, o objetivo geral de uma pesquisa é óbvio. Na maioria das vezes, pode ser resumido em uma pergunta. As dificuldades começam ao se procurar respostas a esta pergunta. Qual o potencial do mercado no município X para consumir um novo produto cultural? Deve-se investigar as pessoas mais ricas ou as de maior nível educacional? O conhecimento substantivo do assunto abordado ajuda muito a estabelecer os melhores caminhos em busca de uma resposta? Estudar levantamentos semelhantes realizados no passado, ou em outras regiões, é uma das melhores fontes para identificar e operacionalizar objetivos, bem como obter sugestões de como o problema pode ser resolvido. Pode-se aprender muito com erros cometidos por outros pesquisadores.

Portanto, uma das maiores dificuldades de qualquer pesquisa é a formulação correta dos seus objetivos gerais e operacionais. Exige muito conhecimento específico da área de interesse, muito trabalho de pesquisa bibliográfica e grande habilidade criativa por parte dos pesquisadores envolvidos. Em pesquisas quantitativas, a situação agrava-se pela necessidade de transformar estes objetivos em questões operacionais quantificáveis. A literatura, e a experiência mais ainda, é rica em exemplos e situações onde a distância entre o objetivo genérico e a resposta quantitativa operacional é muito grande. Pense, por exemplo, na questão: renda é uma boa maneira de operacionalizar o conceito de classe social para uma família? Caso a resposta seja afirmativa, o que é melhor: renda familiar total ou renda familiar per capita?

Pode-se até postular que "um problema corretamente definido já está resolvido", pois em sua formulação vem embutida a solução.

Quase sempre um levantamento amostral tem múltiplos objetivos, mas para efeitos práticos é conveniente prender-se a um conjunto pequeno de questões-chave e que precisam ser respondidas. Isto facilitará o trabalho de planejamento. As demais questões farão parte de um conjunto de objetivos secundários, que poderão ou não ser adequadamente respondidos pela pesquisa. Deve-se evitar fortemente a tentação de acrescentar questões só para aproveitar o levantamento.

1.3.2 A operacionalização dos conceitos

Um dos maiores desafios das pesquisas quantitativas é a criação de bons indicadores (variáveis, escalas) que representem adequadamente os conceitos (constructos) de interesse. São exemplos de constructos: inteligência, nível sócio-econômico, desempenho escolar, potencial de mercado, ansiedade, satisfação, etc. Para inteligência é bem conhecido o quociente de inteligência (QI) como um indicador. O critério Brasil, antigo ABA/ABIPEME, aquele que combina grau educacional, condições da moradia e bens possuídos é muito usado para expressar o nível sócio-econômico. O Ministério da Educação aplica uma série de provas para avaliar desempenho escolar (SAEB, ENEM, Provão, Pisa, etc.). Já para o potencial de mercado, procura-se criar uma escala medindo as componentes do conceito operacional: "pessoas, com dinheiro e disponibilidade para gastar". Estas escalas, muitas vezes mal entendidas e erroneamente empregadas, são aceitas e largamente usadas por terem sido validadas, isto é, foram criadas, analisadas contextualmente, comparadas e verificada a pertinência entre os valores na escala e o significado dentro do conceito. Alguns indicadores são medidos por meio de uma única variável mensurável, outros, que é o mais comum, são combinações de resultados de várias perguntas quantificáveis. Boa parte dos conteúdos dos livros de metodologia de pesquisa dedica-se a prescrever métodos e processos para transformar conceitos teóricos em escalas confiáveis e validadas. Dentro da vasta literatura disponível, recomenda-se o livro de Pedhazur e Schmelkin (1991), pela sua abordagem mais quantitativa.

1.3.3 Variáveis e atributos

Associada a cada *unidade elementar* (UE - veja a definição na Seção 1.4.1) existirá uma ou mais características de interesse à pesquisa. São as chamadas variáveis ou atributos. Por exemplo, em um estudo onde a UE é a família pode-se estar interessado na renda familiar total, no número de membros, no sexo ou educação do chefe, etc. Já para a UE empresa, o interesse pode ser no faturamento total, lucratividade, ramo de atividade econômica, consumo de energia elétrica, etc.

O objetivo específico da pesquisa é que orienta a escolha e definição da UE e das variáveis a serem coletadas. Em pesquisa de Marketing, sobre o poder de compra, uma das variáveis mais usadas é a renda **familiar** total. Já para um estudo sobre política de emprego é mais indicado analisar a renda **individual** do trabalhador. Em algumas situações, a escolha da UE é muito mais complexa. Por exemplo, em um estudo sobre o comportamento de setores ligados à indústria de alimentação, como tratar o restaurante dentro de uma grande montadora de automóveis? Observe que dependendo da definição, o mesmo estabelecimento poderia ser tratado de modo diferente, caso a exploração fosse própria ou terceirizada.

1.3.4 Especificação dos parâmetros

Com os conceitos de interesse da pesquisa traduzidos em variáveis mensuráveis, necessita-se tornar bem claro quais as características populacionais (**parâmetros**) que deverão ser estimados pela amostra. A falta de uma inequívoca definição inicial tem sido fatal para muitas pesquisas.

Suponha-se que o objetivo de um levantamento seja medir o crescimento das vendas das empresas do setor de vestuário em um determinado ano. Isso pode ser medido, pelo menos, de duas maneiras: (i) como a média do crescimento de cada empresa (vendas deste ano/vendas do ano anterior, para cada empresa) ou, (ii) razão entre o total de vendas de todas as empresas neste ano dividido pelo total de vendas das empresas no ano passado. Estes resultados podem ser bem diferentes, principalmente se as grandes empresas tiverem comportamento distinto das pequenas. A escolha de um outro parâmetro é fundamental na orientaçào do desenho amostral.

Quando o levantamento exige, além de estimativas para a população toda, também para estratos e/ou subpopulações, deve-se redobrar o cuidado no planejamento para garantir estimadores adequados para o todo e as partes. É bom lembrar que podem ser usadas diferentes formas de parâmetros para variáveis em estratos distintos.

1.4 De quem se está falando

1.4.1 Unidade elementar, amostral e resposta

A **unidade elementar**, ou simplesmente elemento de uma população, é o objeto ou entidade portadora das informações que pretende-se coletar. Pode ser uma pessoa, família, domicílio, loja, empresa, estabelecimento, classe de alunos, escola, etc. É muito importante que a unidade elementar seja claramente definida, para que o processo de coleta e análise tenha sempre um significado preciso e uniforme. Por exemplo, o conceito de família parece ser "natural", mas, sem uma definição adequada pessoas distintas teriam dificuldade de dar uma mesma classificação para situações especiais. Veja um destes casos: suponha que em um domicílio vive um casal com filhos adultos, inclusive uma de suas filhas casada, com o genro e um neto. Deve-se considerar uma ou duas famílias? Suponha, agora, que a filha é divorciada, e claro, o genro não vive com eles: mudaria alguma coisa na sua definição? Nestas situações, em vez de tentar criar definições próprias, recomenda-se fortemente buscar estudos já realizados, onde esses problemas já foram estudados e as definições serão mais amplas e permitirão comparações entre diferentes pesquisas. Para o exemplo citado acima, sugere-se consultar os manuais de metodologia de pesquisa editados pelo IBGE.

Qualquer plano amostral fará recomendações para selecionar elementos da população por meio das **unidades amostrais.** Pode ser formado por uma única unidade elementar ou por várias. Uma pesquisa eleitoral usa eleitores como sendo a unidade elementar. Um levantamento pode escolher um ponto da cidade e entrevistar os cem primeiros eleitores que passam por lá. Usou-se a unidade elementar como unidade amostral. Um plano alternativo decidiu selecionar domicílios e entrevistar todos os eleitores residentes nos domicílios escolhidos. A unidade elementar continua sendo eleitor, mas agora a unidae amostral passou a ser domicílio, um conjunto de unidades elementares. Como será visto mais à frente, os planos amostrais em múltiplos estágios empregam diferentes unidades amostrais em um mesmo planejamento. Por exemplo, uma amostra de eleitores pode ser obtida selecionando primeiro algumas cidades, quateirões dentro das cidades, domicílios dentro dos quateirões e finalmente eleitores dentro dos domicílios.

Às vezes, é conveniente ressaltar quem é a unidade respondente ou a **unidade de resposta**. Um exemplo pode ajudar a entender o conceito. O censo demográfico tem uma primeira parte com questões simples sobre cada morador do domicílio, tais como sexo, idade, grau de instrução, etc. Um único morador pode responder por todos os outros; usualmente, elege-se o chefe, ou cônjuge, como unidade de resposta.

1.4.2 As diversas populações possíveis

Como já foi dito, o objetivo da amostragem é fazer afirmações sobre uma **população**, baseando-se no resultado (informação) de uma amostra. Assim, não se sabendo exatamente de onde foi retirada a amostra, não se sabe para quem pode-se estender as conclusões, ou seja, para que população pode ser feita a inferência.

Inicialmente convém lembrar que se entende por **população** a reunião de todas as unidades elementares definidas no item anterior.

Como no caso dos objetivos, começa-se falando de uma população genérica e freqüentemente óbvia. Por exemplo, na pesquisa de potencial de mercado mencionada acima, decide-se investigar a renda individual dos moradores do município. Portanto, a população é formada por todos os moradores do município. Será que os jovens irão consumir o produto? E os moradores da região rural? Assim, em uma segunda aproximação operacional, a população passa a ser os adultos (maiores de 18 anos), moradores da região urbana de X. Restam ainda outras dúvidas: como tratar os inativos e aqueles que não têm renda? Conforme a resposta, pode ser necessário redefinir a **população objetivo** (ou população-alvo).

A obtenção de uma amostra, qualquer que seja o plano amostral adotado, necessita de uma relação das unidades elementares. O ideal seria dispor de um rol seqüencial dessas unidades para que se pudesse fazer uma escolha conveniente das unidades que comporiam a amostra. Entretanto, raramente dispõe-se de tais listas. No exemplo acima, dever-se-ia dispor da relação dos moradores de X, o que parece ser bem pouco provável que exista. Felizmente, existem informações, mais ou menos atualizadas, que podem ser usadas como alternativas para (descrever) a relação das unidades. Podem ser mapas, várias listas que, reunidas, descrevem boa parte do universo, censos, etc. Essas fontes que descrevem o universo a ser investigado formam o chamado **sistema de referências**. As unidades que aparecem nessas listas muitas vezes são chamadas de **unidades de listagem**.

Para o exemplo de potencial mencionado acima, pode-se usar como sistema de referência a relação dos Setores Censitários (SC) empregada pelo IBGE nos Censos Demográficos. O município é dividido em pequenas áreas que, reunidas, recobrem toda a área do município. Durante a realização do censo, cada SC é designado a um entrevistador que se encarrega de aplicar o questionário em todos os moradores de cada domicílio. Aos interessados, o IBGE fornece o mapa do SC, o número e tipo de domicílios existentes, o total de moradores e uma série de outras informações agregadas. Na região urbana, cada SC engloba cerca de 300 domicílios. Essas informações são atualizadas de 10 em 10 anos, e algumas vezes em prazos menores. Analisando-se a relação de SC do município X, observa-se que em alguns deles existem quartéis, internatos, alojamentos, etc., os chamados **domicílios coletivos**. Também constata-se que alguns SCs são formados especificamente por favelas e, neste momento, não interessaria ao levantamento. Decide-se, assim, não entrevistar os domicílios coletivos e nem as favelas. Informações recentes sobre o crescimento da cidade, desde a última atualização dos SCs, informa que a cidade já está invadindo SCs que são classificados como rurais, mas não se sabe quais. Assim, devido à particularidade do sistema de referência, a população que servirá de base para a escolha da amostra pode ser definida como: "todos os moradores adultos, com residência em domicílios particulares classificados no último censo como moradores de região urbana, excluindo moradores de favelas". Repare que a definição operacional baseada no sistema de referência não é obrigatoriamente a mesma que a população-alvo. Chamaremos esta de **população referenciada** ou população referida.

Selecionada a amostra, passa-se ao trabalho de campo, onde os dados serão coletados. Por diversas razões, não se conseguem informações sobre algumas unidades selecionadas, e em compensação aparecem dados para outras unidades que não estavam previstas inicialmente. Unidades inexistentes, recusas, domicílios vagos, ou fechados, impossibilidade de acessar a unidade (condomínios fechados) são alguns dos motivos para se perder unidades. Criação de novos conjuntos habitacionais, transformação de casas em cortiços, etc. podem ser motivos de aparecimento de unidades não selecionadas a priori. Em todo caso, tem-se uma amostra que foi retirada de uma população que não é exatamente a referida. Se a cidade tiver muitos condomínios fechados, aos quais não foi permitido o acesso, e sabendo-se que nestes locais moram pessoas de alta renda, a estimativa do potencial de mercado será subestimada. Assim, a inferência referir-se-á apenas a uma nova população: a **população amostrada**. Ela só pode ser descrita, após a realização do levantamento de campo, e procura-se ressaltar quais as possíveis diferenças que ela possa ter com a população referida.

A Figura 1.1 procura ilustrar as relações existentes entre as diferentes populações. Como a amostra foi retirada da população amostrada, é apenas sobre ela que valem as inferências estatísticas. A análise qualitativa, e algumas vezes até a quantitativa, das características das unidades perdidas e das agregadas permite avaliar quais as conseqüências em estender estas conclusões para a população referida. O conhecimento substantivo do assunto de pesquisa e das características das unidades distintas nas duas populações permite ao pesquisador avaliar as conseqüências de usar as conclusões da população referida para a população-alvo.

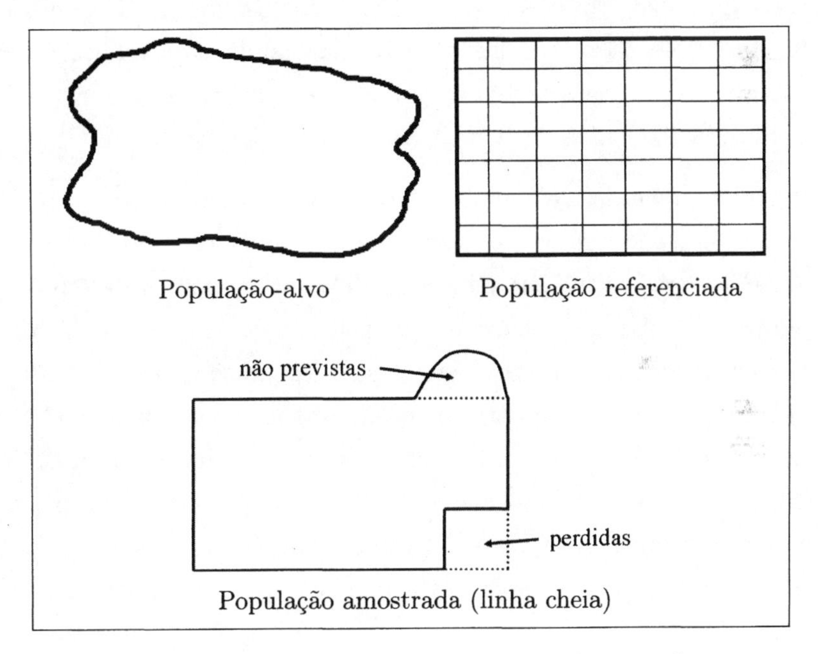

Figura 1.1: Comparações das populações-alvo, referenciada e amostrada

No exemplo em questão, estima-se estatisticamente qual o potencial relativo de pessoas na população amostrada. Para a população referida, pode-se apenas dizer que essa porcentagem deve ser maior que a da população amostrada. Não se saberia precisar o quanto, pois deixaram-se de lado informações desconhecidas sobre moradores mais ricos da cidade. Ao se eliminarem do sistema de referência as favelas e os domicílios coletivos, elimina-se também uma parte dos mais pobres. Se este contingente for maior que o dos moradores dos condomínios fechados, então o potencial relativo da população-alvo é menor do que o da população amostrada. Novamente, não se sabe precisar os valores do potencial sem outros estudos ou informações.

Em sua opinião, e ainda usando o exemplo acima, de que modo a inclusão dos moradores rurais na população-alvo, afetaria o potencial de compra da cidade?

Caso a pesquisa deva produzir respostas para partes preestabelecidas da população, isto deve ser conhecido antes da definição do plano amostral. Suponha-se que no exemplo anterior pretendia-se conhecer o mercado potencial separado dos moradores das regiões sul e norte. Assim, antes de definir a amostra, devia-se separar o sistema de referências nos SCs do sul e do norte, ou seja, é como se estivesse trabalhando com duas populações. Cada uma dessas subpopulações é chamada de um **estrato**. Estratificação é uma das estratégias mais usadas em desenhos amostrais. É utilizada tanto para dar respostas a partes da população como para melhorar os processos de estimação. Será visto em outros capítulos como a estratificação é um recurso poderosíssimo dentro da Amostragem.

Existe uma forte tentação em usar a pesquisa amostral para conhecer detalhes de todas as partes da população, e para tanto, exagera-se no estabelecer o número de estratos. Esta opção freqüentemente implica em tamanhos de amostras economicamente inviáveis. Uma solução de compromisso é considerar os fatores básicos como estratos e os secundários como subclasses. Estas são partes da subpopulação que não entram no desenho amostral, mas são analisados a posteriori. Novamente, no exemplo em pauta, controla-se a amostra garantindo representantes do sul e do norte. Mas, pretende-se também conhecer o potencial segundo o sexo do respondente. Observe que, por não ter sido controlado o fator sexo, a amostra pode ter um número insignificante de representantes de uma das categorias de gênero, invalidando qualquer conclusão.

Solicita-se a atenção para a diferença entre estrato e subclasse. Ambos representam partes da população, porém o primeiro é contemplado no desenho amostral garantindo-se, a priori, estimativas confiáveis. Já na segunda, a qualidade das estimativas dependerá da presença ou não de unidades suficientes em cada subclasse. Maiores esclarecimentos sobre estas diferenças aparecerão nos capítulos técnicos.

Uma última palavra de advertência sobre os cuidados em definir as populações. Não se duvida em afirmar que o sucesso de um levantamento amostral baseia-se fortemente no conhecimento que se tem sobre a população. Deve-se gastar boa parte do tempo (mais de 50%) estudando e definindo a população. Dever-se-ia conhecer tanto sobre ela que talvez fosse até dispensável a realizacão da pesquisa.

1.5 Como obter os dados?

1.5.1 Tipos de investigação

Uma das etapas importantes de uma pesquisa quantitativa, e muitas vezes relegada a um segundo plano, é o levantamento dos dados da(s) característica(s) de interesse. Um exemplo bem conhecido de coleta de dados são os chamados censos populacionais, realizados no Brasil pelo IBGE, que procuram determinar o número de pessoas existentes no país, segundo algumas características importantes como sexo, idade, nível educacional, etc. Porém, mesmo no censo, nem todas as variáveis são obtidas entrevistando todas as pessoas. Devido aos altos custos envolvidos, e o uso das informações de forma mais agregada, outras características como renda, ocupação, etc., são obtidas através de amostras, entrevistando-se apenas os moradores de parte dos domicílios, algo em torno de um em cada dez domicílios. Outro exemplo de levantamento amostral bastante divulgado ultimamente são as pesquisas de intenção de votos.

Tipos de levantamento como os divulgados acima são mais "passivos," pois procuram identificar características da população sem interferir nos resultados. São as chamadas pesquisas de levantamento de dados (*survey*, em inglês). Outras vezes, deseja-se saber o que acontece com determinada variável quando as unidades são submetidas a tratamentos especiais controlados. Por exemplo, o uso de determinada vacina diminui a incidência de certa doença? A altura com que um produto é exposto na gôndola aumenta a oportunidade de venda? Nesses casos, é necessário trabalhar com grupos que recebam o tratamento e outros que sirvam como controle. São os conhecidos planejamentos de experimentos, ou simplesmente experimentação.

Outros critérios poderiam ser utilizados para identificar tipos de pesquisa. Na Figura 1.2, apresentam-se quatro possíveis critérios dicotômicos para classificar uma pesquisa. Só a combinação de suas alternativas já produziria 16 possíveis tipos de pesquisas quantitativas.

Neste livro, a preocupação maior será em apresentar pesquisas do tipo levantamento, com objetivos descritivos de dados simples obtidos de amostras. Eventualmente, serão tratados dados multivariados.

1.5.2 Métodos de coleta de dados

Escolhido o tipo de investigação, é necessário decidir que método será usado para obter os dados. Os comentários feitos a seguir serão muito mais adequados para

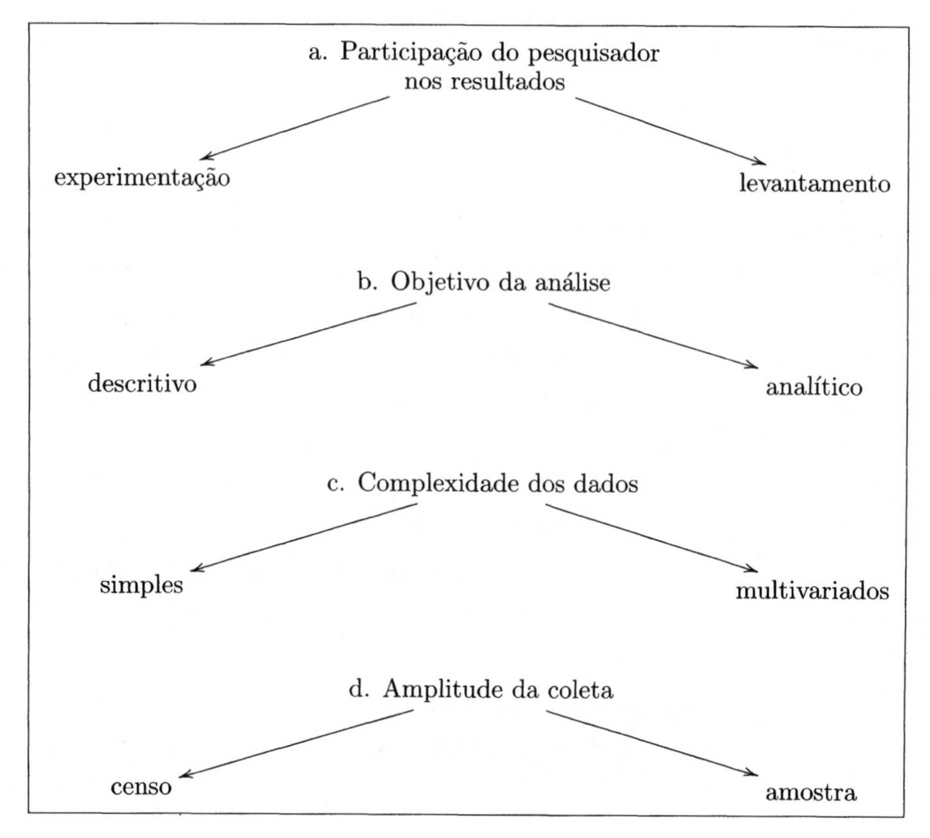

Figura 1.2: Critérios para classificar pesquisas

pesquisas amostrais, embora se apliquem também para outras situações.

Ter uma visão abrangente dos possíveis métodos de mensuração é muito útil para decidir qual seria o mais adequado para o levantamento que se pretende fazer. Um primeiro critério de classificação dos métodos pode ser aquele que avalia o processo de mensuração, ou seja, a utilização ou não de um instrumento formalizado para coleta das informações. Quando não utiliza instrumentos formalizados, o pesquisador vai anotando livremente o que observa em cada UE, procurando aprofundar aqueles aspectos que lhe pareçam mais interessantes. Assim, sempre são obtidas informações semelhantes que permitam a condensação em tabelas resumidas. São ilustrações deste método os chamados estudos de caso, de profundidade ou ainda de conteúdo. Por exemplo, para investigar como a população mais carente resolve seus problemas de saúde, pode-se começar perguntando a um líder comunitário como ele ajuda a resolver problemas de saúde apresentados por membros de sua comunidade. Em seguida, entrevistar um farmacêutico da região para saber qual o seu papel, depois a "benzedeira" local e assim por diante. Usualmente, este tipo de pesquisa não é indicado para fazer inferências sobre a população, mas é muito útil para aprofundar o conhecimento sobre determinado assunto. Os instrumentos estruturados são mais usados em levantamentos e a sua versão mais conhecida é o questionário, preferencialmente com questões fechadas. Estes instrumentos formalizados traduzem a operacionalização dos conceitos que deverão ser obtidos, daí a importância de serem elaborados cuidadosamente, pré-testados e pré-analisados. Existe uma larga literatura no assunto, a qual é recomendada àqueles que pretendem fazer algum levantamento. Outros exemplos de instrumentos formalizados são: as planilhas de levantamento de estoques para medir consumo de certo produto; os "peoplemeters", pequenos aparelhos que registram o canal a que a televisão está ligada em pesquisas de audiência, e as cadernetas de consumo para o estabelecimento de um sistema de ponderação em pesquisa de custo de vida.

Um segundo critério para classificar os métodos de coleta dos dados é a forma de comunicação empregada: verbalizada ou não verbalizada. Estão classificados na segunda alternativa os chamados estudos observacionais. Na categoria verbalizada pode-se considerar a comunicação oral ou escrita. Estudos observacionais são usados, por exemplo, para analisar o comportamento de consumidores, para levantar opiniões em discussões de grupo, etc. Já a comunicação verbal é muito usada em levantamentos com populações humanas. A combinação destes critérios, aliados a outros, produzem uma gama de diferentes métodos de coleta espalhados pela literatura com os mais diversos nomes. Em amostragem, a combinação mais usada é a de comunicação verbal com mensuração estruturada. O uso de questionário com entrevista pessoal oral talvez seja a combinação mais utilizada em levantamentos. Variações muito comuns são as entrevistas pelo correio ou telefone.

Não há necessidade de ressaltar a importância do conhecimento do método de coleta dos dados no planejamento da amostragem. O número de elementos de um levantamento por correio costuma ser bem maior do que um semelhante, mas realizado com entrevista pessoal. Por quê?

1.5.3 Planejamento e seleção da amostra

Suponha que, após cuidadosa análise dos objetivos e orçamento, conclui-se que uma amostra é o procedimento indicado para análise de dados. **Amostra**, como o próprio nome indica, é qualquer parte da população.

Portanto, supõem-se já fixadas as unidades de análise, os instrumentos de coletas de dados, bem como a relação das unidades componentes da população, ou seja, o sistema de referências. Desse modo, consideram-se também identificados e listados os elementos pertencentes à população de referência.

O propósito da amostra é o de fornecer informações que permitam descrever os parâmetros do universo, da maneira mais adequada possível. *A boa amostra permite a generalização de seus resultados dentro de limites aceitáveis de dúvidas.* Além disso, os seus custos de planejamento e execução devem ter sido minimizados. Embora estes conceitos sejam de fácil aceitação, a sua implementação não é assim tão trivial.

Qualquer amostra fornece informações, porém não é qualquer uma que permite estender os resultados para a população da qual foi retirada. Ouve-se freqüentemente o argumento de que uma boa amostra é aquela que é **representativa**. Quando se indaga sobre a definição de uma amostra representativa, a resposta mais comum é algo como: "Aquela que é uma microrrepresentação do universo". Mas para se ter certeza de que uma amostra seja uma microrrepresentação do universo para uma dada característica de interesse, deve-se conhecer o comportamento dessa mesma característica da população. Então, o conhecimento da população seria tão grande que se tonaria desnecessária a coleta da amostra.

Outras vezes, o significado da microrrepresentação confunde-se com o de uma amostra estratificada proporcional. Ou seja, a população é dividida em subpopulações (estratos) segundo alguma variável auxiliar, e de cada estrato sorteia-se uma amostra de tamanho proporcional ao seu tamanho. Este tipo de amostra não conduz obrigatoriamente a resultados mais precisos. Veja um exemplo a seguir.

Suponha que o objetivo é estudar a renda familiar de certa cidade. O conhecimento da geografia da cidade possibilita agrupar, aproximadamente, os bairros em mais ricos (**A**), médios (**B**) e pobres (**C**). Uma consulta aos registros da prefeitura permite afirmar que 10% dos domicílios pertencem à classe **A**, 30% à classe **B** e os restantes 60% à classe **C**. Se o orçamento garante entrevistar 1.000 domicílios, a amostra "representativa" seria selecionar 100 do estrato **A**, 300 do estrato B e 600 do estrato **C**. Observe que uma outra amostra "não representativa" que alocasse 600 ao estrato **A**, 300 ao **B** e 100 ao **C** pode apresentar resultados mais confiáveis. Basta lembrar que no estrato **C** os salários são muito parecidos, assim uma amostra de 600 domicílios seria um exagero. Já 100 unidades para o estrato **A**, onde as rendas variam muito, pode ser considerada muito pequena. Volte a contemplar este exemplo após estudar amostragem estratificada no Capítulo 4.

Diante da dificuldade em definir amostra representativa, os estatísticos preferem trabalhar com o conceito de amostra probabilística, que são os procedimentos onde cada possível amostra tem uma probabilidade conhecida, a priori, de ocorrer. Desse modo, tem-se toda a teoria de probabilidade e inferência estatística para dar suporte às conclusões. Para generalizar as conclusões por meio de um outro procedimento, amostras intencionais, por exemplo, você deveria basear-se em teoria apropriada, digamos, teoria da intencionalidade, caso exista.

Embora este livro seja dedicado a estudar procedimentos da amostragem probabilística, na seção seguinte mencionam-se brevemente alguns outros tipos de procedimentos amostrais.

1.5.4 Tipos básicos de amostras

Jessen (1978) propõe um modelo interessante para identificar tipos de amostras, usando o cruzamento de dois critérios. O primeiro indica a presença ou ausência de um mecanismo probabilístico no plano de seleção da amostra, enquanto o segundo indica a existência ou não de um procedimento objetivo por parte do "amostrista" na seleção operacional da amostra. Procedimento objetivo é qualquer um, cujo protocolo descritivo é inequívoco. Ou seja, quando utilizado por pessoas distintas, produz a mesma amostra, ou uma com as mesmas propriedades. Um procedimento subjetivo é aquele que permite ao usuário usar seus julgamentos ou sentimentos para selecionar uma "boa" amostra. A combinação desses dois critérios permite criar os quatro tipos de planos amostrais apresentados na Tabela 1.1.

Tabela 1.1: Tipos de amostras

Critério do	Procedimento de seleção	
"amostrista"	probabilístico	não probabilístico
objetivo	amostras probabilísticas	amostras criteriosas
subjetivo	amostras quase-aleatórias	amostras intencionais

Neste livro, às vezes será usado imprecisamente o termo amostras como sinônimo de planos amostrais. Assim, por exemplo, pode aparecer mencionado tanto plano aleatório simples como amostras aleatórias simples para descrever um determinado procedimento de seleção. Entendem-se por amostras aleatórias simples as amostras obtidas através de um protocolo de seleção chamado plano aleatório simples.

Alguns exemplos de planos amostrais:

- probabilístico: amostragem aleatória estratificada proporcional;
- quase-aleatório: amostragem por quotas;

- criterioso: uso do conceito de cidade típica;
- intencional: júri de especialistas, voluntários.

1.5.5 Classificação de amostras probabilísticas

A qualidade do sistema de referências e outras informações disponíveis orientam o desenho do plano amostral mais adequado para atingir os objetivos da pesquisa. As múltiplas possibilidades dessas características podem gerar uma grande variedade de planos amostrais. Como sempre, a apresentação sistemática destas possibilidades fica mais fácil quando agrupadas por alguns critérios, gerando tipologias de planos amostrais. Usar-se-ão aqui os critérios propostos por Kish (1965) e resumidos na Figura 1.3.

A combinação dos resultados de cada um desses critérios apontados gera 32 possíveis planos amostrais. Por exemplo, usando-se as primeiras opções de cada critério tem-se o conhecido plano de **Amostragem Aleatória Simples**. Ou seja, cada unidade elementar é sorteada com igual probabilidade, individualmente, sem estratificação, e com um único estágio e seleção aleatória. Neste livro, serão abordados alguns destes planos e fornecidos instrumentos para que sejam exploradas as principais propriedades dos demais.

Quando o sistema de referências (SR) é *perfeito*, isto é, quando ele lista uma a uma todas as unidades de análise, é possível então usar um processo, onde cada unidade é sorteada diretamente com igual probabilidade de pertencer à amostra. A melhor maneira para definir este plano é descrevendo o processo de sorteio que seria o seguinte: "Da relação de unidades do SR sorteie, com igual probabilidade de pertencer à amostra, o primeiro elemento da amostra, repita o processo para o segundo e, assim sucessivamente, até sortear o último elemento programado para a amostra". As amostras assim obtidas definem o plano de **Amostragem Aleatória Simples** (AAS). Introduzindo-se o critério da reposição ou não da unidade sorteada antes do sorteio seguinte, obtém-se uma primeira dicotomia deste plano: Amostragem Aleatória Simples com e sem reposição (AASc e AASs). Do ponto de vista prático, dever-se-ia usar sempre amostras sem reposição, pois não estaria sendo incorporada nova informação se uma mesma unidade fosse sorteada novamente. Entretanto, do ponto de vista estatístico, a reposição recompõe o universo tornando mais fácil deduzir as propriedades dos modelos teóricos (independência). O plano AAS é o mais simples deles e serve como base para muitos outros. Além disso o plano AASc é aquele usualmente utilizado nos livros de inferência estatística.

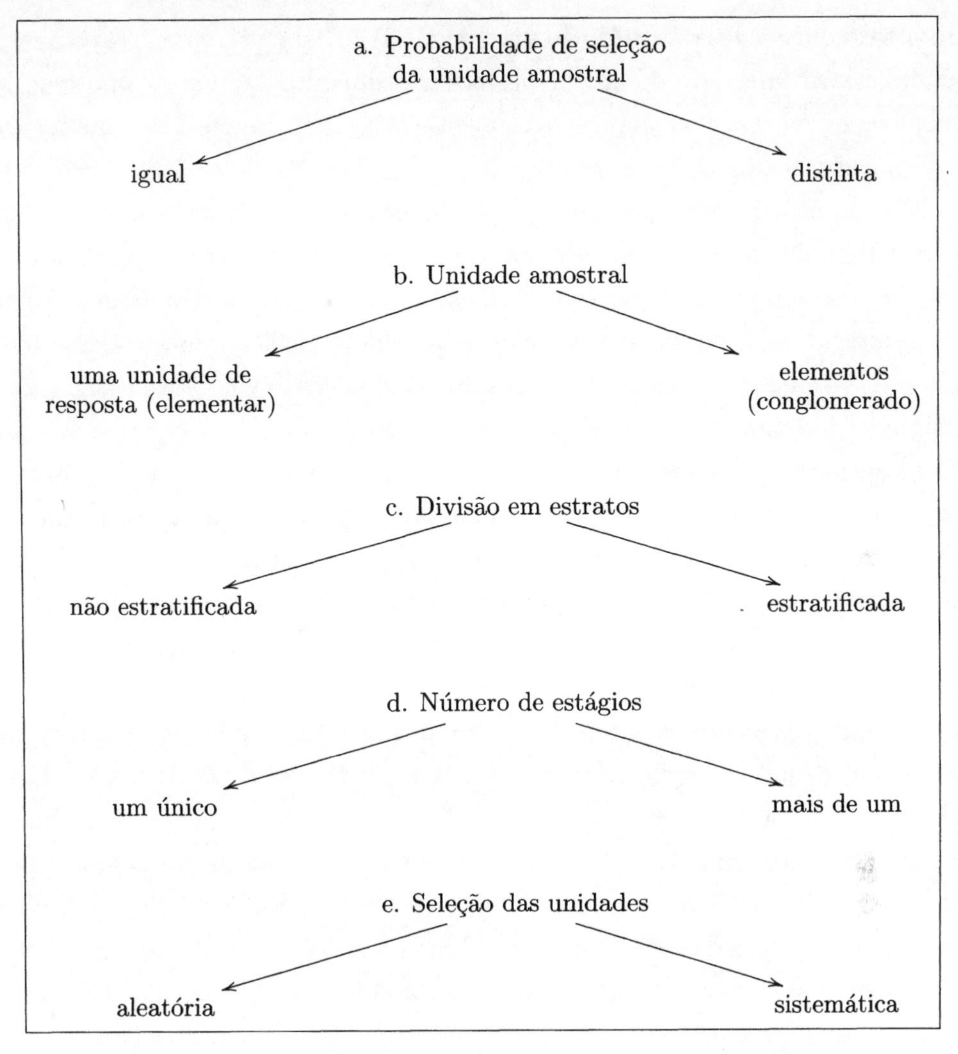

Figura 1.3: Critérios para classificar amostras probabilísticas

O sorteio das unidades com igual probabilidade é apenas uma estratégia que simplifica muito o desenvolvimento das propriedades matemáticas associadas ao plano, mas em algumas situações é conveniente sortear as unidades com probabilidades desiguais. Nesta última situação, e se ainda não for feita reposição, os modelos de análise tornam-se bastante difíceis de serem derivados.

Nem sempre, tem-se à disposição um sistema de referência completo. É muito comum ter-se uma relação descrevendo um grupo de unidades elementares. Por exemplo, em pesquisa sobre intenção de votos, onde a unidade elementar é eleitor, é muito comum contar com o SR como sendo a relação de domicílios. Ou seja, a unidade de sorteio será formada por um grupo de eleitores. Nem sempre a **unidade**

elementar coincide com a **unidade amostral**. Tecnicamente, esse agrupamento de unidades elementares será designado por **conglomerado**. Os planos amostrais selecionando conglomerados de unidades elementares serão chamados de **Amostragem por Conglomerados**.

Mesmo usando-se amostragem por conglomerados, o interesse continua sendo a análise das unidades amostrais, e a obtenção de informação é feita nas unidades elementares. Voltando-se ao exemplo acima, embora tenha sido sorteado um domicílio, deve-se obter a intenção de voto de cada eleitor do domicílio. Pode-se alegar, entretanto, que entrevistar todos os elementos do conglomerado é um desperdício, já que as opiniões no seu interior tendem a ser muito semelhantes. Isto sugere a adoção de um sorteio em dois estágios: na primeira etapa sorteia-se o conglomerado (domicílio) e, dentro do conglomerado selecionado, sorteia-se a unidade elementar (eleitor). São os chamados planos de amostragem em **múltiplos estágios**. Este é um tipo de amostragem muito usado em populações humanas, onde inicialmente se sorteiam as cidades, depois os bairros, quarteirões, domicílios e finalmente moradores. O uso de várias unidades de sorteio define em cada estágio uma diferente unidade amostral. Assim, no primeiro estágio, tem-se a **Unidade Primária de Amostragem (UPA)**, no segundo estágio a **Unidade Secundária de Amostragem (USA)**, etc.

O uso de informações adicionais é fundamental para aprimorar um desenho amostral. Por exemplo, em uma pesquisa sobre renda familiar média, conhecem-se de antemão as regiões da cidade onde predominam moradias de diferentes classes de renda. Esse conhecimento pode ser usado para definir subpopulações homogêneas segundo a renda, e então sortear amostras dentro de cada uma das regiões. Este procedimento é conhecido como a divisão da população em estratos e, conseqüentemente, definem os **Planos de Amostragem Estratificada**. A estratificação procura explorar a idéia de que, quanto mais homogênea for a população, mais preciso são os resultados amostrais. Suponha por absurdo que um processo de estratificação consiga reunir em um estrato todas as famílias com uma mesma renda. Para estimar este valor basta então sortear uma única família desse estrato. Quase todos os planos amostrais reais adotam a estratificação em algumas de suas etapas. A maneira de alocar as unidades amostrais pelos estratos define diferentes famílias de Amostragem Estratificada que serão estudadas nos capítulos correspondentes.

Finalmente, o sorteio das amostras pode ser feito aleatoriamente um a um, ou então criar conglomerados especiais agrupando unidades eqüidistantes umas das outras e sorteando um ou mais destes conglomerados. Por exemplo, pode-se formar um conglomerado contendo as unidades elementares com as posições 1, 11, 21, 31, etc. do SR; outro conglomerado contendo os elementos 2, 12, 22, 32, etc. e assim por diante. Desse modo, haveria 10 possíveis conglomerados artificiais e o sorteio de um deles forneceria uma amostra de 10% do total da população. Esse procedimento, muito usado no passado, é conhecido como sorteio sistemático. Ele facilita muito o sorteio das unidades, mas introduz alguns problemas técnicos difíceis de serem resolvidos.

1.5.6 Estimadores e erros amostrais

Suponha que, a esta altura da pesquisa, já estão definidos e escolhidos: o sistema de referências, a(s) variável(eis) e respectivo(s) parâmetro(s) de interesse, o plano amostral e tamanho de amostra; resta então escolher a(s) característica(s) da amostra que será(ão) usada(s) para responder aos objetivos específicos da pesquisa. Para facilitar a exposição, suponha que o interesse principal é conhecer um parâmetro θ associado a uma variável Y de interesse da população. A questão passa a ser que estatística (característica) t será usada para estimar θ. A teoria para escolha do "melhor" estimador encontra-se desenvolvida nos livros de Inferência Estatística e os próximos capítulos serão dedicados a estudar algumas propriedades de estimadores simples para alguns planos amostrais particulares. Nesta seção, dar-se-á um tratamento menos formal para o assunto.

O uso de um levantamento amostral introduz algum tipo de erro, que pode ser resumido na diferença entre o valor observado na amostra e o parâmetro de interesse na população. Esta diferença pode ocorrer apenas, devido à particular amostra escolhida, ou então, devido a fatores externos do plano amostral. O primeiro são os chamados erros amostrais, objeto de avaliação estatística do plano amostral. Em seção futura, serão estudados alguns outros tipos de erros envolvidos em um levantamento amostral. Evidentemente, a avaliação de um plano amostral passa pelo conhecimento e mensuração da magnitude possível do erro global, ou seja, aquele englobando os dois tipos de erros.

O estudo do erro amostral consiste, basicamente, em estudar o comportamento da diferença $t - \theta$, quando t percorre todas as possíveis amostras que poderiam ser formadas através do plano amostral escolhido. Se o valor esperado desta diferença for igual a zero, tem-se um estimador **não viesado**. Já o valor esperado do quadrado desta diferença, o **erro quadrático médio (EQM)** informa sobre a precisão do estimador. Procuram-se usualmente estimadores com baixos EQM. Quando o estimador é não viesado, o EQM passa a ser a variância do estimador, calculada em relação à distribuição amostral do estimador. Para recuperar a mesma unidade da variável, usa-se o desvio padrão, que nada mais é que a raiz quadrada da variância. Neste caso particular, o desvio padrão recebe o nome de erro padrão do estimador, que pode ser visto como indicador do erro médio esperado pelo uso deste estimador e deste plano amostral.

Do ponto de vista estatístico, o objetivo ao escolher-se um estimador e desenhar um plano amostral, é poder controlar o erro padrão usualmente traduzido pelos intervalos de confiança que podem ser construídos. Mais ainda, o objetivo é conseguir erro padrão baixo.

O uso de informações adicionais para melhorar as estimativas, como no caso da estratificação acima, é muito empregado em amostragem. Entretanto, essa informação às vezes é usada para melhorar os estimadores, e não o plano amostral. Por exemplo, deseja-se estimar através de amostragem o número de desempregados em determinada região. Os dados do registro civil fornecem informações precisas sobre a população em idade ativa (PIA - pessoas com mais de 15 anos). Pode-se usar a taxa de desemprego em relação à PIA obtida na amostra, combinada com os dados do registro civil para produzir melhores estimativas. Neste livro, serão analisados dois tipos de estimadores que incorporam informações adicionais através de variáveis auxiliares: razão e regressão.

1.5.7 Tamanho da amostra

O erro padrão do estimador, como será visto em capítulos posteriores, decresce à medida que aumenta o tamanho da amostra. Assim, um ponto-chave de um levantamento amostral é a fixação do tamanho da amostra.

Uma amostra muito grande pode implicar em custos desnecessários, enquanto uma amostra pequena pode tornar a pesquisa inconclusiva. Suponha um levantamento amostral, cujo objetivo é prever qual dentre os dois únicos possíveis partidos terá maior porcentagem de votos válidos - excluídos nulos e brancos. Aceite também que foi utilizado um plano amostral aleatório simples (AAS) e um dos partidos obteve 56% dos votos. Caso tivesse sido usada uma amostra de 100 eleitores, o intervalo de 95% de confiança indicaria um número entre 46% e 66%, portanto inconclusivo para afirmar se o partido ganharia ou não a eleição. Já uma amostra de 400 eleitores indicaria o intervalo entre 51% e 61%, sugerindo a vitória do partido. Por outro lado, uma amostra de 1.600 eleitores definiria o intervalo entre 53,5% e 59,5%, implicando no uso desnecessário de 1.200 unidades a mais. O problema real é muito mais complexo que o apresentado aqui, mas o exemplo dá uma boa ilustração dos problemas estatísticos envolvidos na determinação do tamanho da amostra.

Um dos aspectos pouco discutidos em cursos de amostragem é aquele associado aos custos de um levantamento. Este tópico é fundamental para o delineamento de toda a pesquisa, desde a definição dos objetivos possíveis de serem respondidos, passando pelo tamanho da amostra economicamente viável e chegando até a escolha da sofisticação do modelo de análise a ser adotado. Recomenda-se àqueles que venham a se dedicar à prática de amostragem que estudem mais profundamente este aspecto, podendo consultar principalmente o livro de Kish (1965) e Lansing e Morgan (1971).

Como já foi mencionado, muitas vezes a precisão estatística desejada para a pesquisa esbarra nas limitações impostas pelo orçamento, obrigando a decidir entre realizar a pesquisa baixando a precisão desejada ou não realizar o levantamento. Isto nos remete ao compromisso para fixar o tamanho da amostra, ou mesmo para a pesquisa como um todo, em *procurar dentro das restrições impostas pelo orçamento, desenhar uma amostra que atinja os objetivos, produzindo estimativas com a menor imprecisão possível.*

Embora neste livro a determinação do tamanho da amostra será sempre feita levando em conta os aspectos da precisão estatística, acredita-se que, na maioria dos casos, a decisão segue a proposição acima. Isto é, as limitações orçamentárias definem o tamanho da amostra e então estima-se a precisão possível. Se os dois interesses coincidirem, então se realiza a pesquisa.

1.5.8 Censo ou amostragem

Usa-se aqui o termo levantamento tanto para indicar a pesquisa feita para um recenseamento (ou censo), como para uma amostra. O que as diferencia é o número de unidades entrevistadas: no primeiro são todas e no segundo uma parte.

Muitas pessoas acreditam que apenas através do censo é que se pode conhecer a "verdade" sobre a população. É claro que, em igualdade de condições, o censo produz resultados mais precisos que a amostra. Entretanto, como já foi mencionado, limitações orçamentárias impõem restrições que podem tornar o levantamento amostral mais fidedigno do que o censo. Imagine uma pesquisa com orçamento fixo, para conhecer o estado de saúde da população. Pode-se fazer um censo usando questionário como instrumento de coleta de informação, ou então uma amostra com exames clínicos e laboratoriais feitos por médicos e paramédicos. Parece que a segunda opção produzirá resultados muito mais informativos e precisos que o primeiro.

Recomenda-se o uso de censo quando a população é pequena, quando há erros amostrais grandes, informações baratas ou alto custo em tomar decisões erradas. O bom senso deve prevalecer em algumas decisões. Por exemplo, se a precisão estatística sugere uma amostra maior do que a metade da população é bem mais razoável fazer um censo, desde que os custos o permitam. O censo seria indicado para uma pesquisa sobre a participação dos chefes de departamentos em uma universidade, na definição da política de recrutamento de novos docentes.

Em contraposição, deve-se usar amostragem quando a população é muito grande e/ou o custo (em dinheiro e tempo) de obter informações é alto. Seria recomendada se, na universidade do exemplo acima, se quisesse conhecer a opinião dos alunos sobre a qualidade dos professores em sala de aula.

1.6 Coleta dos dados (trabalho de campo)

Para o sucesso de um levantamento, não basta um plano amostral tecnicamente perfeito, se as informações não forem recolhidas com fidedignidade. Imagine uma pesquisa sobre salários, onde o entrevistador não foi instruído para anotar se a informação refere-se a salário líquido ou bruto. Como será possível analisar os dados? Ou ainda, em pesquisa domiciliar onde apenas um elemento da casa será entrevistado, deixar esta escolha para o entrevistador. Sem dúvida, ele escolherá um membro presente na casa, na hora da entrevista, introduzindo um viés na pesquisa. Provavelmente, este levantamento terá uma proporção bem maior de mulheres. Se não forem tomados cuidados, o trabalho de campo pode arruinar totalmente uma pesquisa. Assim, deve-se planejar e usar procedimentos que minimizem os erros, ou viéses introduzidos na coleta de dados.

Jessen (1978) resume estes cuidados na seguinte frase: *"As medidas são aquelas óbvias; selecionar boas pessoas, treiná-las bem e verificar se fazem o trabalho corretamente"*.

O volume de trabalho para operacionalizar essas medidas irá depender principalmente do tamanho da pesquisa e do fato de a pesquisa ser pontual (ad-hoc) ou periódica. Para pesquisas pequenas, o treinamento de pessoal envolvido é bem reduzido, podendo chegar ao caso de ser apenas o próprio pesquisador. Em pesquisas periódicas o esforço deve ser maior para elaborar manuais e material de consulta que serão usados freqüentemente. Entretanto, pode-se apresentar sucintamente alguns comentários em como evitar viéses nos cuidados mencionados por Jessen.

Recrutamento. Para pesquisas grandes, realizadas uma única vez, recomenda-se a contratação de empresas especializadas que possuam pesquisadores profissionais e que estejam acostumados com a aplicação e administração deste tipo de trabalho. A alternativa, freqüentemente mais barata, será a de executar o trabalho todo de contratar entrevistadores, listadores, supervisores, checadores, etc., cada um deles com um perfil próprio, desenvolver programas de qualidade da coleta, etc. Com uma seleção imprópria ou "caseira", corre-se o risco de pagar caro pelo noviciado. Para pesquisas periódicas, e com a necessidade constante de renovação e substituição de pessoas envolvidas, pode-se criar um núcleo permanente de seleção de pessoal, com a vantagem adicional de a escolha ser dirigida para os objetivos específicos do trabalho.

Treinamento. O pessoal de pesquisa deve ser bem treinado não apenas com os conceitos, definições, uso do instrumento de mensuração, etc., mas também com os melhores procedimentos para extrair as informações desejadas. Existem técnicas bem desenvolvidas acerca de como abordar as pessoas, de postura, de entonação de voz e outras. Ou ainda, o treinamento para uma pesquisa frente a frente é bem diferente de uma por telefone. Em pesquisas muito grandes, os problemas envolvidos com o treinamento são enormes e requerem muitas vezes o uso de mecanismos bastante especiais. Apenas imagine os cuidados que devem ser tomados para o treinamento de mais de 150 mil entrevistadores para a realização do censo populacional brasileiro. Nestes casos, e na maioria deles, recomenda-se a adoção de manuais escritos para cada uma das tarefas: listagem, entrevistas, checagem, codificações, etc.

Embora o treinamento procure prever todas as situações que serão encontradas, é preciso dar instruções sobre situações imprevistas. Por exemplo, na casa sorteada, há mais de um domicílio e várias famílias, ou ainda, não se consegue encaixar a profissão do chefe em nenhum dos casos listados. O entrevistador deveria entrar em contato com a supervisão, ou então anotar o maior número possível de informações para possível correção no escritório.

Verificação. É importante que se tenha um processo de controle contínuo da qualidade do trabalho de campo. A verificação deve ser realizada em várias etapas do trabalho do pesquisador. No início da pesquisa, deve-se fazer um acompanhamento mais meticuloso para verificação do entendimento correto dos conceitos, da identificação exata das unidades selecionadas e de resposta, aprimorando e corrigindo-as imediatamente. Além de verificações rotineiras, deve-se ter um plano de verificação aleatória, onde uma subamostra é reentrevistada para apurar desde fraude até a qualidade das informações obtidas. Este procedimento permite avaliar a magnitude de alguns viéses introduzidos pelo trabalho de coleta de dados.

A supervisão de campo deve estar em permanente contato com os responsáveis do planejamento para obter os esclarecimentos sobre questões ambíguas e decisões a serem tomadas para casos imprevistos. Também, o contato com os responsáveis pelo processamento dos dados ajuda a esclarecer e remover informações desencontradas e os erros mais comuns cometidos pelo pessoal de campo.

Registro. Muitas ocorrências e decisões imprevistas acontecem nesta fase e é muito importante que se mantenha um registro atualizado das mesmas para futuras avaliações do desempenho do levantamento. As estatísticas e qualificações sobre as unidades perdidas e as incluídas indevidamente é que permitirão a descrição pormenorizada da *população amostrada*. As dúvidas e inadequações apresentadas pelos entrevistadores, bem como os esclarecimentos prestados ajudarão a entender a qualidade, significado e fidedignidade das respostas obtidas.

1.7 Preparação dos dados

Se não for devidamente avaliada, planejada e executada, a construção inicial do banco de dados pode-se tornar a etapa mais demorada de um processo de levantamento de informações.

Usando-se uma imagem bastante simplificada, pode-se descrever o banco de dados como sendo uma matriz de $n + 1$ linhas por $p + 1$ colunas. As linhas correspondem às n unidades respondentes e as colunas, às p variáveis de interesse. A primeira coluna descreve a identificação da unidade respondente, enquanto a primeira linha denomina as variáveis. A célula (i,j) contém os dados codificados da j-ésima variável para a i-ésima unidade respondente. Estes dados devem estar disponíveis em um meio que permita o fácil acesso e manipulação. Imagina-se um meio eletrônico conveniente.

A construção desta tabela exige: (i) transcrição; (ii) minucioso escrutínio da qualidade e (iii) disponibilização das informações.

Transcrição. Esta tem sido a fase mais demorada do processo, porém tem sido aquele segmento onde a tecnologia vem apresentando soluções bem competentes. Quanto menos haja intervenção na transcrição de um meio para outro, menor a possibilidade de introdução de erros na pesquisa. Deve-se procurar balancear o custo de uso de recursos mais sofisticados com a qualidade e rapidez para a execução desta tarefa.

Qualidade dos dados. Antes de liberar os dados para a análise, deve-se ter certeza da boa qualidade dos mesmos. O escrutínio crítico dos dados passa pela identificação de erros de transcrição, de inconsistências e outros tipos de enganos. A correção pode ser feita com a ajuda da lembrança e interpretação dos pesquisadores, com o apoio de processos automáticos e, quando for necessário, revisitando a unidade sorteada.

A utilização de programas automáticos de análise da consistência lógica das respostas é uma das ferramentas mais poderosas na detecção de vários tipos de erros. O conhecimento substantivo do instrumento de pesquisa associado à habilidade do pesquisador possibilita a construção de bons mecanismos de detecção automática de erros. Hoje em dia, com o uso de instrumentos eletrônicos de entrada de dados, este tipo de controle vem sendo feito no ato de coleta, não aceitando a entrada de dados inconsistentes.

Ainda nesta fase, quando programado, é necessária a utilização de procedimentos de imputação de dados. São usados principalmente para imputar valores baixos deixados em branco para itens fundamentais do levantamento, ou ainda para substituir dados incompatíveis. Como exemplo desta última situação, temos procedimentos especiais para transformar dados sobre salários líquidos em brutos.

Em grandes pesquisas, o treinamento da equipe de transcrição e crítica deve seguir os mesmos cuidados apresentados na coleta. Manuais de críticas garantem a homogeneidade dos critérios empregados nas correções e imputações.

Banco de dados. Terminadas a entrada e a crítica das informações coletadas, a base de dados está quase pronta e apta a receber os primeiros tratamentos estatísticos. Para completá-la e facilitar o sucesso, é muito importante que esta base venha acompanhada de informações precisas sobre o seu conteúdo. É comum encontrar no banco de dados apenas uma coleção de algarismos e símbolos, sem nenhuma descrição do significado das variáveis, sua formatação, recomendações sobre a qualidade, sistema de ponderação, etc. Desse modo, o banco de dados deve vir acompanhado de documentação que permita a qualquer pessoa, vinculada ou não à pesquisa, usar os dados sem muita dificuldade. Voltaremos a tocar nesse assunto na Seção 1.11.

1.8 Análises estatísticas

A partir da base de dados, várias análises podem ser feitas, cada uma delas com seu objetivo específico.

Análise exploratória. Na ausência de uma expressão melhor, considerar-se-á este nome para indicar as primeiras manipulações estatísticas. Deve-se começar estudando a distribuição de freqüências de cada variável (ou campo) do banco de dados, acompanhada de algumas medidas e resumos. Além de tornar o pesquisador mais íntimo dos dados, a análise exploratória permite-lhe identificar erros não detectados pela crítica, a existência de elementos desajustados, quantidade de respostas em branco e, com um pouco mais de sofisticação, a descoberta de possíveis viéses introduzidos pelos entrevistadores ou outro trabalho de campo. É muito comum encontrar determinadas características com alta concentração de respostas em um nível de categoria, tornando praticamente inútil o uso desta "variável" nos estudos. O emprego de tabelas cruzadas para algumas características decompostas pelos estratos, ou por fatores geográficos, econômicos, demográficos, etc., permite adquirir maior conhecimento de seus significados. A comparação com resultados de outras pesquisas confiáveis, tais como os censos, permite avaliar a qualidade do levantamento.

Plano tabular. Com esse título, entende-se aquele conjunto mínimo de tabelas e modelos estatísticos que foram definidos "a priori" para responder aos objetivos iniciais da pesquisa.

O exercício, realizado antes da obtenção dos dados, de imaginar operacionalmente como os dados recolhidos na pesquisa responderiam aos objetivos da pesquisa, além de ajudar, e muito, o planejamento amostral, evita divulgar os resultados em prazos distantes do trabalho de campo tornando-os desinteressantes. Serve também para que sejam previamente preparados, escolhidos e testados os programas computacionais necessários para sua execução. Usualmente, estas primeiras respostas são fornecidas por tabelas de duplas entradas, daí o nome de plano tabular.

Junto com a divulgação da aplicação do plano tabular, recomenda-se que também sejam apresentados os erros amostrais, permitindo avaliar qual a confiabilidade apresentada pela pesquisa. Para pesquisas com um número muito grande de variáveis, deve-se procurar modos adequados e resumidos para divulgação dos erros. Pode-se encontrar exemplos de como divulgar os erros amostrais, consultando-se os compêndios de metodologia publicados pelo IBGE.

Análises adicionais. Os levantamentos estatísticos de um modo geral possuem muito mais informações do que aquelas usadas para responder aos objetivos iniciais. Pode-se, em uma segunda etapa, voltar a explorar os dados para testar novas hipóteses ou mesmo para especular sobre relações inesperadas. Um único levantamento amostral sobre condições de vida realizado pela Fundação SEADE produziu mais de 10 trabalhos em um período de 3 anos. Durante pelo menos 10 anos, até que um novo seja realizado, os censos demográficos são investigados, em várias dimensões e por pesquisadores de diversas instituições.

Também os modelos de análise podem ser bem mais sofisticados do que simples tabelas descritivas, desde que haja tempo para investigar a adequação e pertinência dos mesmos. Na mencionada pesquisa da Fundação SEADE, alguns estudos foram novamente analisados, empregando-se modelos para dados categóricos e outros modelos multivariados.

Uma das consequências mais importantes da análise dos dados é a possibilidade de criação de novas variáveis (índices) resultantes da combinação de outras, e que descrevam de maneira mais adequada os conceitos pretendidos. Voltando-se à pesquisa do SEADE, usaram-se combinações do grau de educação do chefe e de um segundo membro da família para criar um grau de educação da família. De modo mais sofisticado, e com técnicas estatísticas, criou-se uma condição de qualidade de emprego da família.

1.9 Erros

Todo levantamento, amostral ou não, está sujeito a produzir diferenças entre o parâmetro populacional θ, de interesse, e o valor t empregado para estimá-lo. A diferença $t - \theta$ é considerada como o **erro da pesquisa**. Vários fatores podem agir sobre esta diferença e fazem parte da avaliação detectá-las, tentar medi-las e avaliar suas conseqüências. Para facilitar a exposição, dividir-se-ão os fatores que afetam esta diferença em dois grandes grupos:

- erros devidos ao plano amostral;
- erros devidos a outros fatores.

Os primeiros deles, já mencionados na Seção 1.5.6, talvez sejam equivocadamente chamados de erro. Melhor seria chamá-los de desvio, objeto controlado pelos processos estatísticos que serão devidamente tratados nos demais capítulos deste livro. Estes desvios tendem a desaparecer com o crescimento do tamanho da amostra.

Os erros do segundo grupo são resultantes de inadequações dos processos de mensuração, entrevistas, codificações, etc. Eles permanecem mesmo em censos populacionais. Eles serão analisados nas seções abaixo.

A qualidade do levantamento está associada à capacidade do pesquisador em evitar, ou se não for possível, procurar manter esta diferença em níveis aceitáveis. O conceito mais amplo da qualidade do levantamento deveria ser expresso em uma medida do erro total, contendo a mensuração dos erros amostrais e avaliações, qualitativas ou quantitativas, dos possíveis efeitos dos demais erros. Para estes últimos, é extremamente desejável que seja feita uma interpretação substantiva das possíveis conseqüências das direções e magnitudes dos seus vieses.

1.9.1 Erros amostrais

Conforme já definido anteriormente, considera-se um erro amostral aquele desvio devido apenas ao processo amostral, e não de problemas de mensuração e obtenção das informações.

Quando o plano adotado é do tipo probabilístico, a qualidade traduz-se pela estimativa do seu erro padrão, como já foi definido anteriormente. Boa parte deste livro dedicar-se-á ao estudo do desenvolvimento de técnicas para mensurar este erro. Entretanto, para alguns planos amostrais bastante complexos o conhecimento estatístico existente não é suficiente para prover expressões explícitas para estes erros, sendo necessário o recurso de técnicas especiais aproximadas. Às vezes, por ignorância ou facilidade de cálculo, emprestam-se fórmulas de um plano mais simples para o cálculo do erro padrão de outros planos amostrais mais complexos, praticando-se um “erro técnico”. Quando esta escolha é consciente, sugere-se que o pesquisador informe este fato, acompanhado do possível tipo de distorção introduzida por esta decisão.

Já para planos não probabilísticos, o maior desafio, e de difícil aceitação, é o de estender o resultado da amostra para a população e o de prover uma teoria para mensurar o erro cometido. Esta avaliação é feita usualmente através do arrazoado qualitativo, nem sempre convincente.

1.9.2 Erros não amostrais

Quando o desvio ocorre devido a fatores independentes do plano amostral, e que ocorreriam mesmo se a população toda fosse investigada, será considerado como erro não amostral. Eles podem aparecer em qualquer etapa do levantamento amostral (definições, coleta de dados, codificações e análise), e se não forem identificados e avaliadas as possíveis distorções introduzidas, podem comprometer seriamente um plano amostral tecnicamente perfeito.

Um modo de analisar este tipo de erro é explicar os seguintes pontos:

i. a etapa onde o erro ocorreu;
ii. quais as causas possíveis;
iii. a correção empregada, caso haja;
iv. e a avaliação qualitativa e/ou quantitativa, dos efeitos sobre os resultados.

Alguns autores preferem agrupar os erros na seguinte classificação dicotômica:

a. erros de observação, ocorridos durante o levantamento dos dados;
b. outros erros, ocorridos em outros momentos.

Recomendamos ao leitor interessado buscar mais informações em livros como o de Jessen (1978).

Apresentam-se abaixo, de modo bem abreviado, algumas possíveis ocorrências de erros não amostrais.

A. Unidades perdidas (falta de resposta), fatores para não resposta:

   i. Falta de resposta total

      a. Falta de contato com a unidade
      b. Recusa
      c. Abandono durante a pesquisa

d. Incapacidade em responder
e. Perda de documento

ii. Falta de resposta parcial

a. Recusa em questões sensíveis - renda
b. Incompreensão
c. Dados incoerentes

B. Falhas na definição e administração:

a. Sistemas de referência

i. Erros de omissão (cobertura incompleta), exclusão de elementos de interesse. Resulta de diferenças entre as diversas populações.
ii. Erros de comissão. Inclusão de elementos não sorteados ou de outras populações.

b. Efeito do entrevistador
c. Insuficiência do questionário - redação
d. Erros de codificação e digitação

C. Avaliação das conseqüências:

a. Comparação com resultados de outras pesquisas
b. Efeito do processo de imputação, caso tenha sido usado
c. Programas de consistência de dados
d. Volume de não respondentes
e. Diferença de perfil de respondentes e não respondentes

1.10 Apresentação dos resultados

O relatório do plano amostral presta contas para uma determinada audiência sobre os procedimentos adotados para escolha e coleta das unidades elementares portadoras dos dados de interesse do levantamento.

Um plano amostral tecnicamente perfeito e corretamente aplicado pode não ter sua qualidade reconhecida, devido a um relatório mal escrito e/ou mal organizado. As propostas para desenvolver competências em se comunicar são bem conhecidas e não serão abordadas aqui. Apenas insiste-se, que sejam consultadas as bibliotecas especializadas e praticadas as recomendações sugeridas. Há muita similaridade entre relatórios descrevendo planos amostrais e outros tipos de relatórios científicos. Desse modo, sugerimos consultar também livros que tratam deste assunto, tais como Eco (1977) ou Babbie (1999). Ressaltam-se a seguir, na elaboração do relatório, alguns pontos específicos que devem ser considerados.

Como os relatórios podem ter diferentes formatos e tamanhos, deve-se em primeiro lugar decidir para qual audiência eles estão sendo escritos. Caso seja dirigido a um público afeito à linguagem de amostragem, será possível usar um vocabulário mais técnico do que aquele destinado ao público leigo.

Algumas vezes, o relatório do plano amostral é apenas uma pequena parte dentro da seção de metodologia, devendo então ser bastante conciso e direto. Outras vezes, ele é o produto final de seu trabalho, devendo incluir a descrição de todas as etapas, bem como a descrição, construção e análise do banco de dados e, neste caso o relatório será muito mais amplo e detalhado.

Sugere-se como prática de trabalho escrever sempre um relatório completo, elaborado conforme o desenrolar do levantamento. Ele servirá como uma espécie de diário e memória. A partir dele, você poderá extrair outros produtos que sejam de interesse. Você poderá usar os itens mencionados no Apêndice B como guia, sem a necessidade de respeitar a ordem apresentada.

Resumindo, qualquer que seja o tipo de relatório usado, ele deve mencionar pelo menos os seguintes itens: propósitos, as diversas populações, sistema de referência, unidades amostrais, plano de seleção, procedimento de coleta, desempenho da amostra, tamanho, sistema de ponderação, fórmulas para os erros amostrais e avaliações dos possíveis efeitos dos erros não amostrais.

Quando o relatório também inclui a análise, distinga bem os resultados descritivos da amostra dos que fazem inferências populacionais. Para grandes volumes de dados, onde a apresentação dos erros amostrais pode poluir e dificultar a leitura de cada tabela, sugere-se a adoção de procedimentos agregados que avaliem erros aproximados globais. Grandes institutos de pesquisa costumam usar este tipo de apresentação para os erros amostrais (consulte, por exemplo, as publicações do IBGE).

1.11 Divulgação do banco de dados (disponibilidade)

Falta à maioria dos bancos de dados, obtidos por levantamentos amostrais, uma documentação bem elaborada "que descreva a utilidade das variáveis e liste os vínculos entre os códigos e os atributos que compõem as variáveis" (Babie, 1999), conforme mencionado na Seção 1.7. Essa ausência deve-se ao fato de que, na maioria das vezes, os dados serão produzidos e analisados por uma única pessoa ou grupo, tornando-se aparentemente dispensável esse trabalho. Entretanto, esse descuido já causou muitos prejuízos, tempo perdido e duplicação de trabalho, ao se analisar o mesmo banco de dados em ocasiões distintas.

Manter um banco de dados organizado e documentado deve ser uma preocupação prioritária dos "amostristas" e dos analistas de dados. Os primeiros usam-no para bem caracterizar os sistemas de ponderação e recodificções, e os segundos para descrever as recodificações, novas variáveis e indicadores criados.

O Banco de Dados junto com esse dicionário descritivo permite oferecer mais um serviço: disponibilizar a pesquisa para um público maior, graças as facilidades oferecidas hoje pela comunicação eletrônica. Como orientação para organizar esse serviço, sugere-se consultar os bancos de dados disponíveis no IBGE e SEADE.

Exercícios

1.1 Apresente uma questão ligada à sua área de interesse e que poderia ser respondida por um levantamento amostral. Aproveite para definir claramente quais seriam os seguintes conceitos na sua pesquisa:

a. unidade de pesquisa;

b. população;

c. instrumento de coleta de dados;

d. unidade respondente;

e. possível sistema de referência;

f. unidade amostral mais provável;

g. unidades amostrais alternativas.

Discuta também como você fixaria o tamanho da amostra a outros tópicos que achar relevantes.

1.2 Desenhe um plano amostral, ressaltando os pontos discutidos neste capítulo para responder ao seguinte problema: "*Deseja-se conhecer o número total de palavras existentes no livro texto Elementos de Amostragem por Bolfarine e Bussab*".

1.3 Planeja-se uma pesquisa para determinar a proporção de crianças do sexo masculino com idade inferior a 15 anos, moradoras de uma cidade. Sugerem-se três procedimentos:

a. Para cada menino de uma amostra de n meninos (retirada da população de meninos menores de 15 anos) pede-se informar quantos irmãos e irmãs ele tem;

b. Toma-se uma amostra de n famílias e pergunta-se o número de meninos e meninas menores de 15 anos existentes;

c. Procura-se casualmente n crianças de 15 anos e, além de anotar o sexo do entrevistado, pergunta-se o número de irmãos e irmãs que eles possuem na faixa etária de interesse.

Analise os planos amostrais acima e justifique suas afirmações. Diga e justifique qual deles você usaria, ou então proponha um outro.

1.4 A comissão de pós-graduação de sua universidade pretende fazer uma pesquisa cuja, população-alvo é formada por todos os alunos de pós-graduação. Um dos principais objetivos é estimar a proporção dos favoráveis a uma determinada mudança nas exigências do exame de qualificação, e espera-se que essa proporção seja da ordem de 5%. Imagine a situação na sua universidade e proponha um plano amostral, destacando: sistema de referência, tamanho da amostra, UPA, USA, fórmulas de estimadores e variâncias.

1.5 Sugira um esquema amostral aproximado para escolher amostras aleatórias nos seguintes casos:

a. Árvores em uma floresta;

b. Crianças abaixo de 5 anos e que tiveram sarampo;

c. Operários em indústrias têxteis.

Em cada caso, sugira uma variável que poderia ser estudada, qual a lista de elementos a que você teria acesso e faça as suposições (razoáveis) necessárias para resolver o problema.

1.6 Uma rede bancária tem filiais espalhadas por todo o país e seu pessoal especializado (cerca de 20 mil) é removido freqüentemente de um ponto para outro. Deseja-se selecionar uma amostra de 10% do atual pessoal especializado, para uma pesquisa contínua durante os próximos anos. Pretende-se obter informações sobre o progresso da firma, mudança de emprego, etc. A seleção de uma amostra aleatória de 2 mil indivíduos seria muito cara, por questões de identificação. Foi proposto então que se sorteasse uma letra (digamos S) e todos os funcionários com sobrenomes começando com essa letra fariam parte da amostra. A inicial do sobrenome tem a vantagem de ser facilmente identificável, porque as fichas dos funcionários são arquivadas em ordem alfabética. Quais as críticas que você faria a este plano? Sugira um plano "melhor", mas ainda baseado nas vantagens da ordem alfabética. Descreva sucintamente o seu novo plano.

1.7 Descreva sucintamente como pode ser incorporado num plano amostral o conhecimento de variáveis auxiliares da população.

1.8 O IME-USP formou no ano passado a sua sétima turma de bacharéis em Estatística e deseja fazer um levantamento através de amostra, com múltiplos propósitos. Os principais objetivos são: estimar a proporção de formandos que realmente exercem a profissão e estimar o salário médio. Proponha um esquema amostral e aponte as dificuldades que provavelmente serão encontradas.

1.9 Faça uma lista de pontos essenciais para propor, executar e analisar um levantamento amostral.

1.10 Um pesquisador pretende estimar o consumo médio de água por domicílio em uma cidade. Discuta as vantagens e desvantagens em usar as seguintes UPAs:

a. Unidade domiciliar;

b. Blocos de domicílios: casa, prédio de apartamentos, vilas, etc.;

c. Quarteirões.

1.11 Um engenheiro florestal quer estimar o total de pinheiros de uma área reflorestada com diâmetro superior a 30 cm. Discuta como planejar uma pesquisa amostral para esse problema.

1.12 Um especialista em trânsito quer estimar a proporção de carros com pneus carecas na cidade de Pepira. Ele poderá usar sorteio de carros ou grupos de carros em estacionamento ou na rua. Discuta as vantagens de um ou de outro procedimento. Qual você usaria?

1.13 Discuta os méritos em usar entrevista pessoal, por telefone, correio ou internet como método de coleta de dados para cada uma das situações abaixo:

a. Diretor de marketing de uma rede de televisão quer estimar a proporção de pessoas no país assistindo a determinado programa.

b. Um editor quer conhecer a opinião dos leitores a respeito dos tipos de notícias do seu jornal.

c. Um departamento de saúde quer estimar o número de cachorros vacinados contra a raiva no ano passado.

Capítulo 2

Definições e notações básicas

Neste capítulo consideram-se formalmente os conceitos introduzidos no capítulo anterior. Estas definições serão usadas com bastante freqüência nos capítulos seguintes. A primeira seção define os parâmetros (funções paramétricas) populacionais de interesse, quantidades estas que são funções das características populacionais associadas a cada unidade. Nas seções seguintes, trata-se das quantidades relacionadas com amostras que são os estimadores e estimativas dos parâmetros populacionais.

Ressalta-se que estas apresentações estarão restritas primordialmente às populações "finitas", embora sejam facilmente exportáveis para as populações infinitas (modelos teóricos, distribuições de probabilidade). A teoria e abordagem, nestas últimas populações, são bastante exploradas em livros de inferência estatística, básicos ou avançados. Veja, por exemplo, Bussab e Morettin (2004). Para estudos mais aprofundados, distinções e integração dos dois conceitos sugere-se o livro de Cassel et al. (1977).

2.1 População

População ou Universo é o conjunto $\mathcal{U}$ de todas as unidades elementares de interesse. É indicado por

$$\mathcal{U} = \{1, 2, \ldots, N\},$$

onde N é o tamanho fixo e algumas vezes desconhecido da população.

Elemento Populacional é a nomenclatura usada para denotar qualquer elemento $i \in \mathcal{U}$. É também conhecido por unidade elementar.

Característica(s) de Interesse é a nomenclatura que será usada para denotar a variável ou o vetor de informações associado a cada elemento da população.

Será representado por

$$Y_i, \quad i \in \mathcal{U},$$

ou, no caso multivariado,

$$\mathbf{Y}_i = (Y_{i1}, \ldots, Y_{ip}), \quad i \in \mathcal{U}.$$

A unidade elementar pode ser, por exemplo, estabelecimento agrícola e a característica de interesse, a variável produção (em dinheiro) agrícola ou o número de tratores, ou ainda a variável qualitativa "tipo de apropriação da terra" (dono, meeiro, alugado, etc.).

Parâmetro Populacional é a nomenclatura utilizada para denotar o vetor correspondente a todos os valores de uma variável de interesse que se denota por

$$\mathbf{D} = (Y_1, \ldots, Y_N),$$

no caso de uma única característica de interesse, e pela matriz

$$\mathbf{D} = (\mathbf{Y}_1, \ldots, \mathbf{Y}_N),$$

no caso em que para cada unidade da população tem-se associado um vetor $\mathbf{Y}_i$ de características de interesse.

Função Paramétrica Populacional é uma característica numérica qualquer da população, ou seja, uma expressão numérica que condensa funcionalmente os Y_i's (ou $\mathbf{Y}_i$'s), $i \in \mathcal{U}$. Tal função numérica será denotada por

$$\theta(\mathbf{D}).$$

Esta função pode ser, por exemplo, o total, as médias, ou ainda o quociente de dois totais. É comum utilizar-se para esta definição a expressão parâmetro populacional de interesse, ou simplesmente parâmetro populacional.

Exemplo 2.1 Considere a população formada por três domicílios $\mathcal{U} = \{1, 2, 3\}$ e que estão sendo observadas as seguintes variáveis: nome (do chefe), sexo, idade, fumante ou não, renda bruta (mensal em salários mínimos) familiar e número de trabalhadores. A população está descrita na Tabela 2.1.
Portanto, para os dados descritos na Tabela 2.1, os seguintes parâmetros populacionais podem ser definidos:

i. para a variável idade,

$$\mathbf{D} = (20, 30, 40) = \mathbf{Y};$$

Tabela 2.1: População de três domicílios

Variável	Valores			Notação
unidade	1	2	3	i
nome do chefe	Ada	Beto	Ema	A_i
sexo[1]	0	1	0	X_i
idade	20	30	40	Y_i
fumante[2]	0	1	1	G_i
renda bruta familiar	12	30	18	F_i
nº de trabalhadores	1	3	2	T_i

[1] 0: feminino; 1: masculino.

[2] 0: não fumante; 1: fumante.

ii. para o vetor $(F_i, T_i)'$,

$$\mathbf{D} = \begin{pmatrix} 12 & 30 & 18 \\ 1 & 3 & 2 \end{pmatrix}.$$

Com relação às funções paramétricas populacionais, tem-se:

i. idade média,

$$\theta(\mathbf{Y}) = \theta(\mathbf{D}) = \frac{20 + 30 + 40}{3} = 30;$$

ii. média das variáveis renda e número de trabalhadores,

$$\theta(\mathbf{D}) = \begin{pmatrix} \frac{12+30+18}{3} \\ \frac{1+3+2}{3} \end{pmatrix} = \begin{pmatrix} 20 \\ 2 \end{pmatrix};$$

iii. renda média por trabalhador,

$$\theta(\mathbf{D}) = \frac{12 + 30 + 18}{1 + 3 + 2} = 10.$$

Para uma variável de interesse, os parâmetros populacionais mais usados são:

a. total populacional,

$$\theta(\mathbf{D}) = \theta(\mathbf{Y}) = \tau = \sum_{i=1}^{N} Y_i;$$

b. média populacional,

$$\theta(\mathbf{D}) = \theta(\mathbf{Y}) = \mu = \overline{Y} = \frac{1}{N} \sum_{i=1}^{N} Y_i;$$

c. variância populacional, representada por

$$\theta(\mathbf{D}) = \theta(\mathbf{Y}) = \sigma^2 = \frac{1}{N}\sum_{i=1}^{N}(Y_i - \mu)^2,$$

ou, às vezes,

$$\theta(\mathbf{D}) = \theta(\mathbf{Y}) = S^2 = \frac{1}{N-1}\sum_{i=1}^{N}(Y_i - \mu)^2.$$

Conforme será visto nos capítulos seguintes, a variância populacional aparece diretamente na expressão das variâncias dos estimadores considerados.

Para vetores bidimensionais, isto é, duas variáveis de interesse, representadas por (X, Y), são bastante usuais os seguintes parâmetros:

d. covariância populacional,

$$\begin{aligned}\theta(\mathbf{D}) &= \sigma_{XY} = Cov[X, Y] \\ &= \frac{1}{N}\sum_{i=1}^{N}(X_i - \mu_X)(Y_i - \mu_Y),\end{aligned}$$

ou, às vezes,

$$\theta(\mathbf{D}) = S_{XY} = \frac{1}{N-1}\sum_{i=1}^{N}(X_i - \mu_X)(Y_i - \mu_Y),$$

onde $\mu_X = \sum_{i=1}^{N} X_i/N$ e $\mu_Y = \sum_{i=1}^{N} Y_i/N$ denotam as médias populacionais correspondentes às variáveis X e Y, respectivamente.

Pode-se também ter interesse pela:

e. correlação populacional,

$$\theta(\mathbf{D}) = \rho_{XY} = \frac{\sigma_{XY}}{\sigma_X \sigma_Y};$$

f. razão populacional,

$$\theta(\mathbf{D}) = \frac{\tau_Y}{\tau_X} = \frac{\mu_Y}{\mu_X} = R,$$

onde $\tau_X = \sum_{i=1}^{N} X_i$ e $\tau_Y = \sum_{i=1}^{N} Y_i$;

g. razão média populacional,

$$\theta(\mathbf{D}) = \overline{R} = \frac{1}{N}\sum_{i=1}^{N}\frac{Y_i}{X_i}.$$

2.2 Amostras

Considere uma população de tamanho fixo

$$\mathcal{U} = \{1, 2, \ldots, N\}.$$

Definição 2.1 *Uma seqüência qualquer de* n *unidades de* $\mathcal{U}$ *é denominada uma amostra ordenada de* $\mathcal{U}$*, isto é,*

$$\mathbf{s} = (k_1, \ldots, k_n)$$

tal que

$$k_i \in \mathcal{U}.$$

O rótulo k_i *é chamado de* i*-ésimo componente de* $\mathbf{s}$*.*

Exemplo 2.2 Seja $\mathcal{U} = \{1, 2, 3\}$. Os vetores $\mathbf{s}_1 = (1, 2)$, $\mathbf{s}_2 = (2, 1)$, $\mathbf{s}_3 = (1, 1, 3)$, $\mathbf{s}_4 = (3)$ e $\mathbf{s}_5 = (2, 2, 1, 3, 2)$ são exemplos de amostras ordenadas de $\mathcal{U}$.

Definição 2.2 *Seja* $f_i(\mathbf{s})$ *a variável que indica o número de vezes (freqüência) que a* i*-ésima unidade populacional aparece na amostra* $\mathbf{s}$*. Seja* $\delta_i(\mathbf{s})$ *a variável binária que indica a presença ou não da* i*-ésima unidade na amostra* $\mathbf{s}$*, isto é,*

$$\delta_i(\mathbf{s}) = \begin{cases} 1, & se\ i \in \mathbf{s} \\ 0, & se\ i \notin \mathbf{s} \end{cases}.$$

Exemplo 2.3 Usando as amostras do Exemplo 2.2, tem-se para a variável freqüência f que $f_1(\mathbf{s}_1) = 1$, $f_2(\mathbf{s}_1) = 1$, $f_3(\mathbf{s}_1) = 0$, $f_1(\mathbf{s}_5) = 1$, $f_2(\mathbf{s}_5) = 3$ e $f_3(\mathbf{s}_5) = 1$. Com relação à variável presença δ, temos, por exemplo, que $\delta_1(\mathbf{s}_1) = 1$, $\delta_2(\mathbf{s}_1) = 1$, $\delta_3(\mathbf{s}_1) = 0$, e $\delta_1(\mathbf{s}_5) = 1$, $\delta_2(\mathbf{s}_5) = 1$, $\delta_3(\mathbf{s}_5) = 1$.

Definição 2.3 *Chama-se de tamanho* $n(\mathbf{s})$ *da amostra* $\mathbf{s}$ *a soma das freqüências das unidades populacionais na amostra, isto é,*

$$n(\mathbf{s}) = \sum_{i=1}^{N} f_i(\mathbf{s}).$$

Chama-se de tamanho efetivo $\nu(\mathbf{s})$ *da amostra* $\mathbf{s}$ *o número de unidades populacionais distintas presentes na amostra* $\mathbf{s}$*, isto é,*

$$\nu(\mathbf{s}) = \sum_{i=1}^{N} \delta_i(\mathbf{s}).$$

Exemplo 2.4 Usando os dados do Exemplo 2.3, observa-se que:

$$n(\mathbf{s}_1) = 1 + 1 + 0 = 2, \quad \text{enquanto} \quad \text{que} \quad \nu(\mathbf{s}_1) = 1 + 1 + 0 = 2.$$

Também,

$$n(\mathbf{s}_5) = 1 + 3 + 1 = 5 \quad \text{enquanto} \quad \text{que} \quad \nu(\mathbf{s}_5) = 1 + 1 + 1 = 3.$$

Verifique que: $n(\mathbf{s}_2) = 2$ e $\nu(\mathbf{s}_2) = 2$, enquanto que $n(\mathbf{s}_4) = 1$ e $\nu(\mathbf{s}_4) = 1$.

Definição 2.4 *Seja $\mathcal{S}(\mathcal{U})$, ou simplesmente $\mathcal{S}$, o conjunto de todas as amostras (seqüências ordenadas) de $\mathcal{U}$, de qualquer tamanho. E seja $\mathcal{S}_n(\mathcal{U})$, a subclasse de todas as amostras de tamanho n.*

Muitas vezes, $\mathcal{S}(\mathcal{U})$ é denominado espaço amostral.

Exemplo 2.5 (Continuação do Exemplo 2.4) Como $\mathcal{U} = \{1, 2, 3\}$, então:

$$\mathcal{S}(\mathcal{U}) = \{(1), (2), (3), (1,1), (1,2), (1,3), (2,1), \ldots, (2,2,1,3,2), \ldots\}$$

e

$$\mathcal{S}_2(\mathcal{U}) = \{(1,1), (1,2), (1,3), (2,1), (2,2), (2,3), (3,1), (3,2), (3,3)\}.$$

Quando não houver dúvidas em relação ao universo, usa-se a notação simplificada:

$$\mathcal{S} = \{1, 2, 3, 11, 12, 13, 21, \ldots, 22132, \ldots\}$$

e

$$\mathcal{S}_2 = \{11, 12, 13, 21, 22, 23, 31, 32, 33\}.$$

Algumas vezes, como será visto adiante, é interessante trabalhar com amostras não ordenadas. Por exemplo, as amostras (1,2) e (2,1) são consideradas a mesma. No caso de amostras não ordenadas sem reposição, uma amostra é um subconjunto de elementos de $\mathcal{U}$. O número de amostras ordenadas de tamanho n, com reposição, é N^n, enquanto que, sem reposição, é dado pelo coeficiente binomial $\binom{N}{n}$.

2.3 Planejamento amostral

Conforme mencionado anteriormente, o objetivo é apresentar procedimentos amostrais probabilísticos, ou seja, aqueles que permitem associar a cada amostra uma probabilidade conhecida de ser sorteada. O modo como essas probabilidades são associadas é que irá definir um planejamento amostral. Isto leva à seguinte definição:

Definição 2.5 *Uma função* $P(\mathbf{s})$ *definida em* $\mathcal{S}(\mathcal{U})$, *satisfazendo*

$$P(\mathbf{s}) \geq 0, \quad \text{para} \quad \text{qualquer} \quad \mathbf{s} \in \mathcal{S}(\mathcal{U})$$

e tal que

$$\sum_{\{\mathbf{s};\mathbf{s}\in\mathcal{S}\}} P(\mathbf{s}) = 1,$$

é chamado um planejamento amostral ordenado.

Exemplo 2.6 Considere $\mathcal{U} = \{1, 2, 3\}$ e o respectivo $\mathcal{S}(\mathcal{U})$ construído no Exemplo 2.5. Considere os seguintes exemplos de planejamentos amostrais:

- **Plano A**,

$$\begin{aligned}
&P(11) = P(12) = P(13) = 1/9\\
&P(21) = P(22) = P(23) = 1/9\\
&P(31) = P(32) = P(33) = 1/9\\
&P(\mathbf{s}) = 0, \text{ para as demais } \mathbf{s} \in \mathcal{S};
\end{aligned}$$

- **Plano B**,

$$\begin{aligned}
&P(12) = P(13) = P(21) = P(23) = P(31) = P(32) = 1/6\\
&P(\mathbf{s}) = 0, \text{ para as demais } \mathbf{s} \in \mathcal{S};
\end{aligned}$$

- **Plano C**,

$$\begin{aligned}
&P(2) = 1/3\\
&P(12) = P(32) = 1/9\\
&P(112) = P(132) = P(332) = P(312) = 1/27\\
&P(111) = P(113) = P(131) = P(311) = 1/27\\
&P(133) = P(313) = P(331) = P(333) = 1/27\\
&P(\mathbf{s}) = 0, \text{ para as demais } \mathbf{s} \in \mathcal{S};
\end{aligned}$$

- **Plano D**,

$$\begin{aligned}
&P(12) = 1/10 \qquad P(21) = 1/6\\
&P(13) = 1/15 \qquad P(31) = 1/12\\
&P(23) = 1/3 \qquad\; P(32) = 1/4\\
&P(\mathbf{s}) = 0, \text{ para as demais } \mathbf{s} \in \mathcal{S};
\end{aligned}$$

- **Plano E**,

$$\begin{aligned}
&P(12) = P(32) = 1/2\\
&P(\mathbf{s}) = 0, \text{ para as demais } \mathbf{s} \in \mathcal{S}.
\end{aligned}$$

Do exposto acima, constata-se que é possível criar infinitos planejamentos amostrais. Entretanto, descrever probabilidades associadas a cada amostra passa a ser uma tarefa bastante árdua, principalmente para populações grandes. Seria muito mais fácil se existissem descrições que permitissem associar, ou calcular, as probabilidades correspondentes a cada amostra de $\mathcal{S}$. No Exemplo 2.6, plano C, o planejamento amostral poderia ser descrito mais facilmente, da seguinte maneira: "*Sorteie uma unidade após a outra, repondo a unidade sorteada antes de sortear a seguinte, até o surgimento da unidade 2 ($i = 2$) ou até que 3 unidades tenham sido sorteadas*". É fácil verificar que com esta descrição reproduzem-se as probabilidades consideradas naquele exemplo.

Podem ser usados vários tipos de descritores para representar as probabilidades associadas a cada amostra. Um deles muito utilizado na abordagem clássica da amostragem é a descrição do planejamento através das regras para o sorteio da amostra.

Exemplo 2.7 Seja $\mathcal{U} = \{1, 2, 3\}$, como no Exemplo 2.6, e a seguinte regra de sorteio:

i. Sorteia-se com igual probabilidade um elemento de $\mathcal{U}$, e anota-se a unidade sorteada;

ii. Este elemento é devolvido à população e sorteia-se um segundo elemento do mesmo modo.

Com estas regras, a probabilidade de ocorrer a amostra 11 será

$$\begin{aligned} P(11) &= P(1 \text{ no } 1^{\text{o}} \text{ sorteio})P(1 \text{ no } 2^{\text{o}} \text{ sorteio}|1 \text{ no } 1^{\text{o}} \text{ sorteio}) \\ &= \frac{1}{3} \times \frac{1}{3} = \frac{1}{9}. \end{aligned}$$

De modo análogo, conclui-se que só terão probabilidades não nulas as amostras de $\mathcal{S}_2$, isto é,

$$\mathcal{S}_2 = \{11, 12, 13, 21, 22, 23, 31, 32, 33\}.$$

Quanto ao planejamento amostral, este será dado por

$$P(\mathbf{s}) = \begin{cases} 1/9, & \text{se } i \in \mathbf{s} \\ 0, & \text{se } i \notin \mathbf{s} \end{cases}.$$

Observe que este é o mesmo plano amostral descrito no Exemplo 2.6, plano A. Incidentalmente, este plano amostral, um dos mais simples, é conhecido como Amostragem Aleatória Simples, com reposição, e será estudado detalhadamente no próximo capítulo.

Observa-se que na maioria dos planejamentos, atribui-se probabilidade nula para muitas amostras de $\mathcal{S}$. Por isso é comum, ao apresentar-se um plano amostral A, restringir $\mathcal{S}$ a alguma subclasse $\mathcal{S}_A$, contendo apenas as amostras $\mathbf{s}$, tais que $P(\mathbf{s}) > 0$. Isto facilita bastante a apresentação dos resultados. É evidente que, quanto mais complexas as regras que descrevem os planos amostrais, mais difíceis serão os procedimentos para a determinação das probabilidades associadas ao espaço amostral $\mathcal{S}$. Neste livro serão abordados os planos amostrais mais simples e mais usados, e que servem de base para planos amostrais mais complexos.

Outro conjunto de planos muito úteis e simples são aqueles de tamanho fixo, ou seja, possuem probabilidades diferentes de zero apenas para a subclasse $\mathcal{S}_n$ (veja o Exemplo 2.7). Será visto que as suas probabilidades são mais simples de serem determinadas.

Exemplo 2.8 Retorne aos dados do Exemplo 2.1, lembrando que $\mathcal{U} = \{1, 2, 3\}$ e que o domicílio 1 tem um trabalhador, o 2 tem três enquanto que o 3 tem dois. Considere o seguinte plano amostral A, que será mais tarde chamado de PPT (Probabilidade Proporcional ao Tamanho).

i. Sorteia-se um elemento de $\mathcal{U}$ com probabilidade proporcional ao número de trabalhadores;

ii. Sem repor o domicílio selecionado, sorteia-se um segundo também com probabilidade proporcional ao número de trabalhadores.

Então,

$$\mathcal{S}_A = \{12, 13, 21, 23, 31, 32\},$$

de modo que

$$\begin{aligned} P(12) &= P(1 \text{ no } 1^o \text{ sorteio})P(1 \text{ no } 2^o \text{ sorteio}|1 \text{ no } 1^o \text{ sorteio}) \\ &= \frac{1}{6} \times \frac{3}{5} = \frac{1}{10}. \end{aligned}$$

De modo similar,

$$\begin{gathered} P(21) = \tfrac{3}{6} \times \tfrac{1}{3} = \tfrac{1}{6}, \\ P(13) = \tfrac{1}{6} \times \tfrac{2}{5} = \tfrac{1}{15}, \\ P(31) = \tfrac{2}{6} \times \tfrac{1}{4} = \tfrac{1}{12}, \\ P(23) = \tfrac{3}{6} \times \tfrac{2}{3} = \tfrac{1}{3} \text{ e} \\ P(32) = \tfrac{2}{6} \times \tfrac{3}{4} = \tfrac{1}{4}. \end{gathered}$$

Observe que este plano é o mesmo apresentado no Exemplo 2.6, plano D.

Deste último exemplo, observa-se claramente a facilidade em calcular as probabilidades associadas com os planos amostrais "equiprobabilísticos", e aqueles em que reposição está presente nas regras de seleção. Consideram-se equiprobabilísticos aqueles planos A, onde cada $\mathbf{s} \in \mathcal{S}_A$ tem a mesma probabilidade de ser sorteada.

Os tipos de planejamentos amostrais mais utilizados e que serão abordados com mais detalhes nos capítulos seguintes são:

Amostragem Aleatória Simples (AAS). Seleciona-se seqüencialmente cada unidade amostral com igual probabilidade, de tal forma que cada amostra tenha a mesma chance de ser escolhida. A seleção pode ser feita com ou sem reposição.

Amostragem Estratificada (AE). A população é dividida em estratos (por exemplo, pelo sexo, renda, bairro, etc.) e a AAS é utilizada na seleção de uma amostra de cada estrato.

Amostragem por Conglomerados (AC). A população é dividida em subpopulações (conglomerados) distintas (quarteirões, residências, famílias, bairros, etc.). Alguns dos conglomerados são selecionados segundo a AAS e todos os indivíduos nos conglomerados selecionados são observados. Em geral, é menos eficiente que a AAS ou AE, mas por outro lado é bem mais econômica. Tal procedimento amostral é adequado quando é possível dividir a população em um grande número de pequenas subpopulações.

Amostragem em Dois Estágios (A2E). Neste caso, a população é dividida em subpopulações como na AE ou na AC. Num primeiro estágio, algumas subpopulações são selecionadas usando a AAS. Num segundo estágio, uma amostra de unidades é selecionada de cada subpopulação selecionada no primeiro estágio. A AE e a AC podem ser consideradas, para certas finalidades, como casos particulares da A2E.

Amostragem Sistemática (AS). Quando existe disponível uma listagem de indivíduos da população, pode-se sortear, por exemplo, um nome entre os 10 primeiros indivíduos, e então observar todo décimo indivíduo na lista a partir do primeiro indivíduo selecionado. A seleção do primeiro indivíduo pode ser feita de acordo com a AAS. Os demais indivíduos, que farão parte da amostra, são então selecionados sistematicamente.

Também serão estudados os estimadores razão e regressão para o total e a média populacionais, que exploram uma possível relação linear entre a variável de interesse y e alguma variável auxiliar x, usualmente conhecida como variável independente na teoria de regressão linear.

2.4 Estatísticas e distribuições amostrais

Como já foi discutido, o objetivo principal da amostragem é adquirir conhecimentos sobre variáveis (características) de interesse e, desse modo, é necessário caracterizar as variáveis de interesse também na amostra. Conforme já foi comentado na Seção 2.1, associada a cada unidade i, tem-se uma característica $\mathbf{Y}_i$, que pode ser reunida na matriz (ou vetor) de dados populacionais $\mathbf{D}$. Agora, fixada uma amostra $\mathbf{s}$,

$$\mathbf{s} = (k_1, k_2, \ldots, k_n),$$

sabe-se que, associado a cada elemento k_j, tem-se um vetor de características $\mathbf{Y}_{k_j}$.

Definição 2.6 *Chama-se de dados da amostra* $\mathbf{s}$ *a matriz ou vetor das observações pertencentes à amostra, isto é,*

$$\mathbf{d_s} = (Y_{k_1}, Y_{k_2}, \ldots, Y_{k_n}) = (Y_{k_i}, k_i \in \mathbf{s}).$$

Quando $\mathbf{s}$ *percorre todos os pontos possíveis de um plano amostral* $\mathcal{S}_A$, *tem-se associado um vetor aleatório que será representado por*

$$\mathbf{d} = \mathbf{y} = (y_1, \ldots, y_i, \ldots, y_n),$$

onde y_i *é a variável aleatória que indica os valores possíveis de ocorrer na i-ésima posição da amostra.*

Observação: *Quando as observações são multidimensionais, os dados da amostra passam a ser a matriz* $\mathbf{d_s} = (\mathbf{Y}_{k_i}, k_i \in \mathbf{s})$, *e tem-se associada a matriz aleatória* $\mathbf{d} = (\mathbf{y}_1, \ldots, \mathbf{y}_n)$.

Neste texto, considera-se que as n unidades são amostradas seqüencialmente, de modo que, associadas às n unidades selecionadas, têm-se as variáveis aleatórias

$$y_1, \ldots, y_n, \tag{2.1}$$

onde cada y_i pode assumir valores do parâmetro populacional $\mathbf{D} = (Y_1, \ldots, Y_N)$. Para uma particular amostra $\mathbf{s}$, tem-se que $(y_1, \ldots, y_n) = \mathbf{d_s}$.

Definição 2.7 *Qualquer característica numérica dos dados correspondentes à amostra* $\mathbf{s}$ *é chamada de estatística, ou seja, qualquer função* $h(\mathbf{d_s})$ *que relaciona as observações da amostra* $\mathbf{s}$.

Exemplo 2.9 Voltando ao Exemplo 2.1, considere a amostra $\mathbf{s} = (12)$. Desse modo, tem-se para o vetor $(F_i, T_i)'$ a seguinte matriz de dados da amostra:

$$\mathbf{d_s} = \begin{pmatrix} 12 & 30 \\ 1 & 3 \end{pmatrix}.$$

As médias

$$\overline{f} = \frac{12+30}{2} = 21$$

e

$$\overline{t} = \frac{1+3}{2} = 2,$$

ou, a razão

$$r = \frac{12+30}{1+3} = 10,5,$$

são exemplos de estatísticas calculadas na amostra acima.

Escolhido um plano amostral A, tem-se associada o par $(\mathcal{S}_A, P_A)$ dos respectivos pontos amostrais e suas probabilidades. Fixada agora uma estatística $h(\mathbf{d_s})$, quando $\mathbf{s}$ percorre $\mathcal{S}_A$, ter-se-á associado uma variável aleatória $H(\mathbf{d_s})$ associada ao par $(\mathcal{S}_A, P_A)$. E considere também a notação

$$p_h = P_A(\mathbf{s} \in \mathcal{S}_A; H(\mathbf{d_s}) = h),$$

que denota a probabilidade sobre o conjunto de todas as amostras $\mathbf{s}$ tais que $H(\mathbf{d_s}) = h$. Conhecendo-se todos os valores de h e as suas respectivas probabilidades, tem-se bem identificada a (distribuição da) variável aleatória H (reveja o conceito de variável aleatória, por exemplo, em Bussab e Morettin, 2004). Tem-se então:

Definição 2.8 *A distribuição amostral de uma estatística* $h(\mathbf{d_s})$, *segundo um plano amostral* A, *é a distribuição de probabilidades de* $H(\mathbf{d_s})$, *definida sobre* $\mathcal{S}_A$, *com função de probabilidade dada por*

$$p_h = P_A(\mathbf{s} \in \mathcal{S}_A; H(\mathbf{d_s}) = h) = P(h).$$

Exemplo 2.10 Para o conhecido exemplo, onde $\mathcal{U} = \{1, 2, 3\}$ com os dados amostrais

$$\mathbf{D} = \begin{pmatrix} 12 & 30 & 18 \\ 1 & 3 & 2 \end{pmatrix} = \begin{pmatrix} F_i \\ T_i \end{pmatrix},$$

$i \in \mathcal{U}$, considere a estatística $r = h(\mathbf{d_s})$ como sendo a razão entre o total da renda familiar e o número de trabalhadores na amostra. Considere também os planos amostrais A e B estudados no Exemplo 2.6. Assim, encontram-se as seguintes distribuições amostrais:

a. Plano amostral A (A=AAS com reposição=AASc)

$\mathbf{s}$:	11	12	13	21	22	23	31	32	33
$P(\mathbf{s})$:	1/9	1/9	1/9	1/9	1/9	1/9	1/9	1/9	1/9
$h(\mathbf{d_s}) = r$:	12	10,5	10	10,5	10	9,6	10	9,6	9

de modo que

Tabela 2.2: Distribuição amostral de r na AASc

h:	9	9,6	10	10,5	12
p_h:	1/9	2/9	3/9	2/9	1/9

b. Plano amostral B (A=AAS sem reposição=AASs)

$\mathbf{s}$:	12	13	21	23	31	32
$P(\mathbf{s})$:	1/6	1/6	1/6	1/6	1/6	1/6
$h(\mathbf{d_s}) = r$:	10,5	10	10,5	9,6	10	9,6

de modo que

Tabela 2.3: Distribuição amostral de r na AASs

h:	9,6	10	10,5
p_h:	1/3	1/3	1/3

A distribuição amostral e conceitos derivados são básicos para o uso e avaliação inteligente dos procedimentos amostrais. Eles serão usados aqui para avaliar as propriedades e vantagens de um plano amostral, e/ou estatísticas, sobre seus concorrentes.

Considere dados: um plano amostral A, uma estatística $H(\mathbf{d_s})$, $s \in \mathcal{S}_A$ e seja p_h a função de probabilidade correspondente ao plano amostral. Então, **o valor esperado (média)** da variável H será

$$E_A[H] = \sum hp_h,$$

com a somatória estendida a todos os valores distintos de h. Pode-se modificar um pouco esta definição para expressá-la em função das probabilidades de cada amostra. É fácil verificar, para $\mathbf{s} \in \mathcal{S}_A$, que

$$\begin{aligned} p_h &= P_A(\mathbf{s} \in \mathcal{S}_A; H(\mathbf{d_s}) = h) \\ &= \sum_{\{\mathbf{s};\mathbf{s}\in\mathcal{S}_A\}} P(H(\mathbf{d_s}) = h) = \sum_{\{\mathbf{s}\in\mathcal{S}_A; h(\mathbf{d_s})=h\}} P_A(\mathbf{s}) \end{aligned}$$

e permite escrever a expressão acima do seguinte modo:

$$E_A[H] = \sum_{\{\mathbf{s};\mathbf{s}\in\mathcal{S}_A\}} h(\mathbf{d_s})P_A(\mathbf{s}).$$

Quando não houver dúvidas, deixar-se-á de lado o índice do somatório.

Também são importantes os seguintes conceitos:

- **variância** de uma estatística H, ou seja,

$$Var_A[H] = \sum_{\{\mathbf{s};\mathbf{s}\in\mathcal{S}_A\}} \{h(\mathbf{d_s}) - E_A[H]\}^2 P_A(\mathbf{s})$$

e quando houver duas estatísticas $H(\mathbf{d_s})$ e $G(\mathbf{d_s})$, pode-se usar a

- **covariância** ou **correlação**, que são, respectivamente,

$$Cov_A[H,G] = \sum_{\mathbf{s}\in\mathcal{S}_A} \{h(\mathbf{d_s}) - E_A[H]\} \{g(\mathbf{d_s}) - E_A[G]\} P_A(\mathbf{s})$$

e

$$Corr_A[H,G] = \frac{Cov_A[H,G]}{\sqrt{Var_A[H]Var_A[G]}}.$$

Exemplo 2.11 Usando-se os dados do exemplo anterior e o plano amostral (a), tem-se:

$$E_{\text{AASc}}[r] = 12\frac{1}{9} + 10,5\frac{1}{9} + \ldots + 9\frac{1}{9} = \frac{91,2}{9} \cong 10,13$$

e

$$Var_{\text{AASc}}[r] = (12 - 10,13)^2\frac{1}{9} + (10,5 - 10,13)^2\frac{1}{9} + \ldots + (9 - 10,13)^2\frac{1}{9} \cong 0,6289.$$

Tabela 2.4: Distribuição amostral de $\overline{f}$ na AASc

s:	11	12	13	21	22	23	31	32	33
$\overline{f}$:	12	21	15	21	30	24	15	24	18
$P(\mathbf{s})$:	1/9	1/9	1/9	1/9	1/9	1/9	1/9	1/9	1/9

Considere agora também a estatística $\overline{f}$, média da variável F na amostra observada, cuja distribuição amostral é apresentada na Tabela 2.4. Tem-se $E_{\text{AASc}}[\overline{f}] = 20$, $Var_{\text{AASc}}[\overline{f}] = 28$ e

$$\begin{aligned} Cov_{\text{AASc}}[r, \overline{f}] &= (12 - 10{,}13)(12 - 20)\frac{1}{9} + (10{,}5 - 10{,}13)(21 - 20)\frac{1}{9} + \cdots \\ &\quad + (9 - 10{,}13)(18 - 20)\frac{1}{9} = -1{,}80 \end{aligned}$$

Deste modo, tem-se que

$$Corr_{\text{AASc}}[r, \overline{f}] \cong \frac{-1{,}80}{\sqrt{0{,}6289 \times 28}} \cong -0{,}4289.$$

Para outras propriedades de r veja o Exercício 2.4.

Definido um plano amostral A, as variáveis $f_i(\mathbf{s})$ e $\delta_i(\mathbf{s})$, da Definição 2.2, também passam a possuir uma distribuição de probabilidade associada, cujas propriedades serão muito úteis no estudo dos futuros planos amostrais. Indicar-se-ão estas variáveis por $f_i(A)$ e $\delta_i(A)$.

Exemplo 2.12 Considere o plano amostral A definido no Exemplo 2.6. Para cada amostra, têm-se associadas as variáveis f_1, f_2, f_3, δ_1, δ_2, δ_3, cujos valores e respectivas probabilidades são dados na Tabela 2.5. Ou resumindo, não é difícil verificar

Tabela 2.5: Distribuições amostrais de f_1, f_2, f_3, δ_1, δ_2, δ_3 na AASc

s:	11	12	13	21	22	23	31	32	33
$P(\mathbf{s})$:	1/9	1/9	1/9	1/9	1/9	1/9	1/9	1/9	1/9
f_1:	2	1	1	1	0	0	1	0	0
f_2:	0	1	0	1	2	1	0	1	0
f_3:	0	0	1	0	0	1	1	1	2
δ_1:	1	1	1	1	0	0	1	0	0
δ_2:	0	1	0	1	1	1	0	1	0
δ_3:	0	0	1	0	0	1	1	1	1

Tabela 2.6: Distribuição de f_1 na AASc

$h(\mathbf{d_s}) = f_1$:	0	1	2
p_h:	4/9	4/9	1/9

Tabela 2.7: Distribuição de δ_1 na AASc

$h(\mathbf{d_s}) = \delta_1$:	0	1
p_h:	4/9	5/9

que as variáveis f_2 e f_3 têm a mesma distribuição que f_1, enquanto que δ_2 e δ_3 têm a mesma distribuição que δ_1 (Tabelas 2.6 e 2.7), com $E_A[f_1] = 2/3 \cong 0,67$ e $E_A[\delta_1] = 5/9 \cong 0,56$, que representam, respectivamente, o número médio (esperado) de vezes que o elemento (1, 2 ou 3) pertence à amostra e o valor esperado de uma amostra conter o elemento (1, 2 ou 3).

Devido à sua importância, considere agora a definição abaixo.

Definição 2.9 *Indica-se por $\pi_i(A)$ a probabilidade de o i-ésimo elemento de $\mathcal{U}$, pertencer à amostra segundo o planejamento A, e $\pi_{ij}(A)$ a probabilidade de o i-ésimo e j-ésimo elementos pertencerem simultaneamente à amostra. Deste modo,*

$$\begin{aligned}\pi_i(A) &= P_A(\delta_i = 1) \\ &= \sum_{\{\mathbf{s};\mathbf{s}\in\mathcal{S}_A\}} P_A(\delta_i(\mathbf{s}) = 1) = \sum_{\{\mathbf{s};\mathbf{s}\supset i\}} P_A(\mathbf{s}).\end{aligned}$$

De maneira similar, tem-se que

$$\pi_{ij}(A) = \sum_{\{\mathbf{s};\mathbf{s}\supset\{i,j\}\}} P_A(\mathbf{s}).$$

Exemplo 2.13 Continuando-se o exemplo anterior, verifica-se que

$$\pi_1 = \pi_2 = \pi_3 = \frac{5}{9}$$

e que

$$\pi_{12} = \pi_{13} = \pi_{23} = \frac{2}{9}.$$

Para melhor familiarização com a Definição 2.9, recomenda-se trabalhar o Exercício 2.3.

2.5 Estimadores e suas propriedades

O objetivo principal da amostragem é produzir estimadores para parâmetros populacionais desconhecidos. Isto é feito escolhendo-se uma estatística que tenha propriedades convenientes em relação ao parâmetro populacional. Quando se associa uma estatística com a expressão que irá "estimar" o parâmetro populacional ela recebe o nome de **estimador**. O valor numérico do estimador, para dada amostra, chama-se **estimativa**.

Simbolicamente, o objetivo é estimar um parâmetro populacional $\theta(\mathbf{D})$. Isto será feito através de uma estatística obtida a partir dos dados amostrais $\mathbf{d_s}$. O estimador resultante será representado por $\hat{\theta}(\mathbf{d_s})$. Quando não houver dúvidas quanto às características que estão sendo estimadas, os símbolos acima serão abreviados para θ e $\hat{\theta}(\mathbf{s})$, respectivamente.

Como já foi discutido, as propriedades de um estimador dependem da sua distribuição amostral, e as principais qualidades procuradas em amostragem são: pequenos viéses (vícios) e pequenas variâncias. Além da variância já definida, também são usados os seguintes conceitos:

Definição 2.10 *Um estimador $\hat{\theta}(\mathbf{d_s})$ é dito não viciado segundo um plano amostral A, se*

$$E_A\left[\hat{\theta}\right] = \theta.$$

Caso ele seja viciado, tem-se

Definição 2.11 *O viés (ou vício) do estimador $\hat{\theta}(\mathbf{d_s})$, segundo o plano amostral A, é dado por*

$$B_A\left[\hat{\theta}\right] = E_A\left[\hat{\theta} - \theta\right] = E_A\left[\hat{\theta}\right] - \theta;$$

e o Erro Quadrático Médio por

$$EQM_A\left[\hat{\theta}\right] = E_A\left[\hat{\theta} - \theta\right]^2.$$

Com essa definição, é fácil verificar que

$$EQM_A\left[\hat{\theta}\right] = Var_A\left[\hat{\theta}\right] + B_A^2\left[\hat{\theta}\right].$$

Observe que para uma amostra particular $\mathbf{s}$, a diferença $\hat{\theta}(\mathbf{s}) - \theta$ mostra o desvio entre o valor estimado e o valor que se desejaria conhecer, ou seja, o erro cometido pelo uso da amostra e do estimador $\hat{\theta}$ para estimar a quantidade de interesse (parâmetro) θ. Esse desvio é usualmente conhecido por erro amostral. Para uma dada amostra, o erro amostral só pode ser calculado, na situação improvável de θ ser conhecido. Por isso, a estratégia de avaliação em amostragem não é julgar o resultado particular de uma amostra, mas do plano amostral. Isto é, usando-se um plano amostral A, quais as propriedades do estimador, segundo estas últimas medidas, avaliadas principalmente pelo viés e o EQM.

Exemplo 2.14 Usando-se os resultados do Exemplo 2.11 tem-se

$$E_{\text{AASc}}[r] \cong 10,13 \quad \text{e} \quad Var_{\text{AASc}}[r] \cong 0,6289.$$

Suponha que o parâmetro de interesse seja a renda média por trabalhador, R, ou seja,

$$R = \frac{12 + 30 + 18}{1 + 3 + 2} = \frac{60}{6} = 10.$$

Observa-se então que r é um estimador viesado para R, pois $E_{\text{AASc}}[r] \neq R$. O vício é dado por

$$B_{\text{AASc}}[r] \cong 10,13 - 10 = 0,13,$$

de modo que

$$EQM_{\text{AASc}}[r] \cong 0,6289 + 0,13^2 = 0,6458.$$

Suponha agora que o parâmetro de interesse seja a renda média familiar $\mu_F = 20$. Observe que

$$E_{\text{AASc}}\left[\overline{f}\right] = 20$$

e

$$Var_{\text{AASc}}\left[\overline{f}\right] = 28,$$

implicando que $\overline{f}$ é não viciado para μ_F, ou seja,

$$B_{\text{AASc}}\left[\overline{f}\right] = 0,$$

de modo que

$$EQM_{\text{AASc}}\left[\overline{f}\right] = Var_{\text{AASc}}\left[\overline{f}\right] = 28.$$

2.6 Expressões úteis

Nesta seção, serão apresentadas algumas expressões muito usadas na derivação das propriedades de estimadores que serão abordadas nos próximos capítulos. Considera-se então:

- **soma dos desvios quadráticos**

$$\sum_{i=1}^{N} (Y_i - \mu)^2 = \sum_{i=1}^{N} Y_i^2 - N\mu^2; \tag{2.2}$$

- **soma dos produtos dos desvios de duas variáveis**

$$(2.3) \qquad \sum_{i=1}^{N} (Y_i - \mu_Y)(X_i - \mu_X) = \sum_{i=1}^{N} X_i Y_i - N\mu_X \mu_Y;$$

- **soma dos produtos de uma mesma variável**

$$(2.4) \qquad \sum_{i \neq j} Y_i Y_j = -\sum_{i=1}^{N} Y_i^2 + N^2 \mu^2.$$

A expressão (2.4) é obtida elevando-se ao quadrado ambos os membros da igualdade $\sum_{i=1}^{N} Y_i = N\mu$. Expressões equivalentes também valem para a amostra observada.

O tamanho $n(\mathbf{s})$ de uma amostra é dada por

$$(2.5) \qquad n(\mathbf{s}) = \sum_{i=1}^{N} f_i(\mathbf{s}).$$

Assim, fixado um plano amostral A, o tamanho médio (ou esperado) e a variância do tamanho da amostra serão

$$(2.6) \qquad E_A[n] = \sum_{i=1}^{N} E_A[f_i]$$

e

$$(2.7) \qquad Var_A[n] = \sum_{i=1}^{N} Var_A[f_i] + \sum_{i \neq j} Cov_A[f_i, f_j],$$

respectivamente. Ressalte-se que a soma $\sum_{i \neq j}$ envolve um total de $N(N-1)$ parcelas. Existe uma classe bastante grande e importante de planos amostrais que são "simétricos", ou seja, para os quais as esperanças, variâncias e covariâncias são as mesmas para todas as variáveis, isto é,

$$E_A[f_i] = E_A[f], \quad Var_A[f_i] = Var_A[f] \quad \text{e} \quad Cov_A[f_k, f_l] = Cov_A[f, f'],$$

para $i = 1, \ldots, N$, com $f = f_k$ e $f' = f_l$, $k \neq l = 1, \ldots, N$. Para estes planos amostrais, tem-se que

$$(2.8) \qquad Var_A[n] = NVar_A[f] + N(N-1)Cov_A[f, f'].$$

Para aqueles planos que, além da propriedade acima, possuem tamanho fixo, tem-se também $Var_A[n] = 0$, implicando em:

$$(2.9) \qquad Cov_A[f, f'] = -\frac{Var_A[f]}{N-1}.$$

Entre os planos amostrais com a propriedade (2.9) (ou seja, simétricos e fixos), destacam-se os planos AAS com e sem reposição.

Para uma amostra $\mathbf{s}$, considere a estatística t correspondente à soma dos valores observados na amostra, isto é,

$$t(\mathbf{s}) = \sum_{k_i \in \mathbf{s}} Y_{k_i}. \tag{2.10}$$

Correspondendo ao espaço amostral $\mathcal{S}_A$, tem-se associada a váriavel aleatória

$$t = \sum_{i=1}^{n} y_i,$$

onde as variáveis aleatórias y_i estão dadas em (2.1). Usando a variável auxiliar f_i, pode-se reescrever a expressão acima, como função de todas as observações da população, ou seja,

$$t(\mathbf{s}) = \sum_{i \in \mathbf{s}} Y_i = \sum_{i=1}^{N} f_i(\mathbf{s}) Y_i \tag{2.11}$$

Note que a variável aleatória t definida acima pode ser escrita em termos das variáveis aletórias f_i como

$$t = \sum_{i=1}^{N} f_i Y_i.$$

Para um plano amostral A, têm-se as propriedades:

$$E_A[t] = \sum_{i=1}^{N} Y_i E_A[f_i] \tag{2.12}$$

e

$$Var_A[t] = \sum_{i=1}^{N} Y_i^2 Var_A[f_i] + \sum_{i \neq j} Y_i Y_j Cov_A[f_i, f_j]. \tag{2.13}$$

Para a classe dos planos amostrais simétricos e de tamanho fixo considerados acima, tem-se que

$$E_A[t] = E_A[f] \sum_{i=1}^{N} Y_i = E_A[f] \tau \tag{2.14}$$

e, além disto, usando-se (2.9),

$$\begin{aligned} Var_A[t] &= Var_A[f] \sum_{i=1}^{N} Y_i^2 - \frac{Var_A[f]}{N-1} \sum_{i \neq j} Y_i Y_j \\ &= Var_A[f] \left\{ \sum_{i=1}^{N} Y_i^2 - \frac{1}{N-1} \sum_{i \neq j} Y_i Y_j \right\} \end{aligned}$$

$$\overset{(2.4)}{=} \quad Var_A[f]\left\{\sum_{i=1}^{N} Y_i^2 - \frac{1}{N-1}\left(-\sum_{i=1}^{N} Y_i^2 + N^2\mu^2\right)\right\}$$

$$= \quad Var_A[f]\frac{N}{N-1}\sum_{i=1}^{N}(Y_i-\mu)^2$$

$$(2.15) \qquad = \quad Var_A[f]NS^2.$$

Dado que $Var_A[t] = E_A\left[t^2\right] - E_A^2[t]$, pode-se tirar uma relação adicional muito útil, ou seja,

$$E_A\left[t^2\right] = Var_A[t] + E_A^2[t],$$

que no caso simples (n fixo e simetria), usando-se (2.14) e (2.15), passa a ser

$$(2.16) \qquad E_A\left[t^2\right] = Var_A[f]NS^2 + E_A^2[f]\tau^2.$$

Outra estatística bastante útil é a soma de quadrados das observações da amostra, isto é,

$$(2.17) \qquad s_q^2(\mathbf{s}) = \sum_{i\in\mathbf{s}} Y_i^2 = \sum_{i=1}^{N} f_i(\mathbf{s})Y_i^2.$$

Logo,

$$E_A\left[s_q^2\right] = \sum_{i=1}^{N} Y_i^2 E_A[f_i].$$

No caso particular em que n é fixo e o plano é simétrico, vem

$$E_A\left[s_q^2\right] = E_A[f]\sum_{i=1}^{N} Y_i^2,$$

ou ainda, usando (2.2), tem-se que

$$(2.18) \qquad E_A\left[s_q^2\right] = E_A[f]\left(N\sigma^2 + N\mu^2\right) = E_A[f]N\left(\sigma^2 + \mu^2\right).$$

Para duas variáveis quaisquer f_i e f_j (ou δ_i e δ_j), correspondentes a um plano amostral A qualquer, pode-se mostrar também que

$$(2.19) \qquad E_A[f_i] = E_A\left\{E_A[f_i|f_j]\right\},$$

e

$$(2.20) \qquad Var_A[f_i] = E_A\left\{Var_A\left[f_i|f_j\right]\right\} + Var_A\left\{E_A\left[f_i|f_j\right]\right\},$$

$i \neq j = 1, \ldots, N$.

Exercícios

2.1 Usando um pacote computacional conveniente, simule uma população de tamanho $N = 100$, onde a característica de interesse Y é gerada a partir da distribuição normal com média 50 e variância 16, que denotamos por $N(50, 16)$. Encontre o total τ, a média populacional μ e a variância populacional S^2 da população que foi simulada.

2.2 Considere a população dada na Tabela 2.8, onde X denota o número de apartamentos nos condomínios observados e Y denota o número de apartamentos alugados. Os espaços em branco devem ser interpretados como zero. Encontre:

a. μ_Y, τ_Y e S_Y^2;

b. μ_X, τ_X e S_X^2;

c. a proporção P de condomínios com mais de 20 apartamentos alugados e a variância populacional correspondente à variável W_i que assume o valor 1, se o i-ésimo condomínio possui mais que 20 apartamentos alugados e 0 caso contrário, $i = 1, \ldots, 180$.

2.3 Para cada um dos planos amostrais B, C, D e E do Exemplo 2.6:

a. Construa as distribuições das variáveis f_i e δ_i;

b. Calcule $E[\delta_i]$ e $Var[\delta_i]$;

c. Encontre π_i e π_{ij}, para todo i e j.

2.4 Para os planos amostrais B, C, D e E definidos no Exemplo 2.6, calcule $EQM[r]$, $Cov\left[r, \overline{f}\right]$ e $Corr\left[r, \overline{f}\right]$, usando os dados do Exemplo 2.10.

2.5 Considere o Exemplo 2.1. Seja $\overline{z}$ a média de fumantes na amostra observada. Encontre $E\left[\overline{z}\right]$ e $Var\left[\overline{z}\right]$ para os planos amostrais A e B do Exemplo 2.6.

2.6 Considere uma população com $N = 6$ elementos, isto é, $\mathcal{U} = \{1, \ldots, 6\}$, com o vetor de características populacionais $\mathbf{D} = (2, 6, 10, 8, 10, 12)$. Desta população, uma amostra de $n = 2$ elementos é selecionada sem reposição. Considere o plano amostral A que associa a cada possível amostra de $\mathcal{S}_A$ a mesma probabilidade.

a. Calcule $Var_A[f_i]$ e $Cov_A[f_i, f_j]$, $i \neq j$, para algum i e j que você escolher. Você acha que o plano amostral é simétrico? Por quê?

b. Seja $t(\mathbf{s})$ o total da amostra **s**. Encontre a distribuição de $t(\mathbf{s})$. Calcule $E_A[t]$ e $Var_A[t]$.

c. Usando (b), verifique se a média amostral $\overline{y}$ é um estimador não viciado de μ. Calcule $Var\,[\overline{y}]$.

2.7 Para o plano amostral C definido no Exemplo 2.6:

a. Encontre $E[n]$ e $Var[n]$, onde n indica o tamanho da amostra;

b. Verifique se o plano amostral é simétrico;

c. Usando os dados do Exemplo 2.10, encontre a distribuição da razão r.

i. Verifique se r é um estimador não viciado de $R = \overline{F}/\overline{T}$, onde $\overline{F}$ e $\overline{T}$ são as médias populacionais das variáveis F_i e T_i.

ii. Calcule $EQM[r]$.

2.8 Para o plano amostral A do Exemplo 2.6, calcule $Cov[f_1, f_2]$ e verifique a validade de (2.9).

Teóricos

2.9 Verifique a validade das expressões (2.18) e (2.19).

2.10 Para a amostragem aleatória simples sem reposição (AASs), encontre a distribuição de $y_1, \ldots, y_n$ dadas em (2.1), para uma população com N elementos. Verifique que

$$E[y_i] = \overline{Y}, \quad Var[y_i] = \frac{N-1}{N}S^2,$$

$i = 1, \ldots, n$, e que

$$Cov[y_i, y_j] = -\frac{S^2}{N}.$$

Tabela 2.8: População de 180 condomínios

i	Y_i	X_i	i	Y_i	X_i	i	Y_i	X_i	i	Y_i	X_i	i	Y_i	X_i	i	Y_i	X_i
1	19	23	31	47	53	61	67	110	91	34	48	121	1	3	151	6	37
2	17	18	32	27	28	62	44	57	92	13	24	122	22	37	152	4	11
3	25	33	33	80	90	63	43	81	93	16	27	123	25	30	153	9	24
4	84	89	34	52	68	64	15	23	94	21	32	124	2	3	154	54	102
5	91	114	35	90	99	65	17	25	95	12	14	125	4	4	155	50	82
6	48	66	36	78	89	66	29	59	96	10	18	126	7	13	156	9	24
7	48	61	37	46	48	67	18	27	97	50	61	127	15	24	157	6	18
8	20	25	38	35	48	68	14	22	98	58	65	128	10	19	158	5	18
9	34	46	39	59	62	69	24	29	99	17	25	129	5	17	159	1	3
10	42	58	40	27	33	70	35	44	100	41	68	130	8	13	160	1	6
11	35	44	41	33	43	71	48	53	101	3	8	131	8	18	161		1
12	55	66	42	27	37	72	20	27	102	4	12	132		1	162	2	7
13	42	61	43	9	14	73	24	28	103	18	27	133	4	10	163	2	8
14	36	45	44	9	15	74	55	62	104	1	3	134	1	4	164	3	12
15	13	20	45	12	21	75	43	56	105	1	3	135	3	9	165	1	4
16	7	16	46	49	68	76	13	22	106	3	6	136		5	166	6	8
17	8	15	47	60	81	77	19	22	107	6	14	137	14	20	167	3	9
18	18	26	48	35	59	78	48	57	108	5	15	138	3	5	168	3	7
19	20	22	49	11	23	79	44	57	109	5	14	139	5	13	169	5	12
20	18	22	50	21	32	80	36	46	110	4	9	140		1	170	3	10
21		2	51	22	36	81	3	8	111		1	14 1	11	23	171		1
22	23	29	52	10	16	82	2	4	112		4	142	19	39	172		1
23		3	53	9	15	83	13	18	113	7	12	143	5	9	173		1
24	19	29	54	7	16	84	34	42	114	7	22	144		2	174	2	4
25	11	21	55	3	8	85	28	32	115	3	11	145	3	5	175		1
26	11	15	56	5	25	86	23	28	116	12	27	146	12	26	176		1
27	42	54	57	2	11	87	8	14	117	11	20	147	4	10	177		2
28	28	42	58	8	9	88	69	76	118	27	38	148	14	35	178	1	1
29	8	13	59	14	19	89	2	19	119	14	31	149		4	179		1
30		2	60	5	5	90	5	9	120	2	4	150	20	38	180		1

Capítulo 3

Amostragem aleatória simples

Amostragem aleatória simples (AAS) é o método mais simples e mais importante para a seleção de uma amostra. Além de servir como um plano próprio, o seu procedimento é usado de modo repetido em procedimentos de múltiplos estágios. Ele pode ser caracterizado através da definição operacional: "De uma lista com N unidades elementares, sorteiam-se com igual probabilidade n unidades". Vários métodos para sortear as unidades que farão parte da amostra serão comentados nas seções seguintes. Para simplificar a notação e estando o plano bem definido, usar-se-á a notação $E[\cdot]$ no lugar de $E_A[\cdot]$.

3.1 Definições e notações

A principal caracterização para o uso do plano AAS é a existência de um sistema de referências completo, descrevendo cada uma das unidades elementares. Deste modo, tem-se bem listado o universo

$$\mathcal{U} = \{1, 2, \ldots, N\}.$$

O plano é descrito do seguinte modo:

i. Utilizando-se um procedimento aleatório (tabela de números aleatórios, urna, etc.), sorteia-se com igual probabilidade um elemento da população $\mathcal{U}$;

ii. Repete-se o processo anterior até que sejam sorteadas n unidades, tendo sido este número prefixado anteriormente;

iii. Caso seja permitido o sorteio de uma unidade mais de uma vez, tem-se o processo AAS com reposição. Quando o elemento sorteado é removido de $\mathcal{U}$ antes do sorteio do próximo, tem-se o plano AAS sem reposição. O primeiro procedimento, também conhecido como AAS irrestrito, será indicado por AASc, enquanto que o segundo, conhecido como AAS restrito, será designado por AASs.

Do ponto de vista prático, o plano AASs é muito mais interessante, pois satisfaz o princípio intuitivo de que "não se ganha mais informação se uma mesma unidade aparece mais de uma vez na amostra". Por outro lado, o plano AASc, introduz vantagens matemáticas e estatísticas, como a independência entre as unidades sorteadas, que facilita em muito a determinação das propriedades dos estimadores das quantidades populacionais de interesse. Basta observar que, na maioria dos assuntos tratados em livros de inferência, impõe-se a independência para as unidades que fazem parte da amostra. Deste modo, iniciar-se-á este capítulo derivando-se as propriedades dos estimadores para o caso AASc, e depois para AASs. Também serão exploradas comparações entre os métodos, procurando ressaltar as respectivas vantagens e ganhos. Considere também associada a cada unidade i uma característica populacional unidimensional de interesse, Y_i, $i \in U$. Neste capítulo serão consideradas inferências para os seguintes parâmetros de interesse (já definidos na Seção 2.1):

$$\tau = \sum_{i=1}^{N} Y_i,\ \mu = \overline{Y} = \frac{1}{N}\sum_{i=1}^{N} Y_i,\ \sigma^2 = \frac{1}{N}\sum_{i=1}^{N}(Y_i - \mu)^2 \quad \text{e} \quad S^2 = \frac{1}{N-1}\sum_{i=1}^{N}(Y_i - \mu)^2 .$$

3.2 Amostragem aleatória simples com reposição

Inicialmente são apresentadas algumas propriedades gerais do plano AASc, como a sua implementação e também as probabilidades de inclusão de primeira e segunda ordem. Em seguida, apresentam-se estimadores para o total, a média e a variância populacionais, e são estudadas as suas propriedades, assim como vício e variância.

A AASc opera da seguinte forma:

i. A população está numerada de 1 a N, de acordo com o sistema de referências, ou seja,
$$\mathcal{U} = \{1, \ldots, N\};$$

ii. Utilizando-se uma tabela de números aleatórios, ou programa de computador, sorteia-se, com igual probabilidade, uma das N unidades da população;

iii. Repõe-se essa unidade na população e sorteia-se um elemento seguinte;

iv. Repete-se o procedimento até que n unidades tenham sido sorteadas.

Com o plano amostral AASc definido acima, é fácil verificar que a variável f_i, número de vezes que a unidade i aparece na amostra (ver Definição 2.2), apresenta as propriedades estabelecidas no teorema seguinte.

Teorema 3.1 *Para o plano amostral AASc, a variável f_i, número de vezes que a unidade i aparece na amostra, segue uma distribuição binomial com parâmetros n e $1/N$, denotados por*

$$f_i \sim b\left(n; \frac{1}{N}\right),$$

de modo que

$$E[f_i] = \frac{n}{N}, \tag{3.1}$$

$$Var[f_i] = \frac{n}{N}\left(1 - \frac{1}{N}\right), \tag{3.2}$$

$$\pi_i = 1 - \left(1 - \frac{1}{N}\right)^n, \tag{3.3}$$

$$\pi_{ij} = 1 - 2\left(1 - \frac{1}{N}\right)^n + \left(1 - \frac{2}{N}\right)^n, \tag{3.4}$$

$i, j = 1, \ldots, N$, e

$$Cov[f_i, f_j] = -\frac{n}{N^2},$$

$i, j \neq 1, \ldots, N$.

Prova. Os resultados (3.1) e (3.2) seguem diretamente do fato de que se a variável aleatória $X \sim b(n; p)$, então (ver Bussab e Morettin, 2004) a função de probabilidade de X é tal que

$$P(X = k) = \binom{n}{k} p^k (1-p)^{n-k},$$

com $E[X] = np$ e $Var[X] = np(1-p)$. Com relação às probabilidades de inclusão, tem-se que

$$\begin{aligned}
\pi_i &= P(f_i \neq 0) = 1 - P(f_i = 0) \\
&= 1 - \binom{n}{0}\left(\frac{1}{N}\right)^0\left(1 - \frac{1}{N}\right)^n = 1 - \left(1 - \frac{1}{N}\right)^n \\
&= \frac{N^n - (N-1)^n}{N^n}, \qquad (3.5)
\end{aligned}$$

e que

$$\begin{aligned}
\pi_{ij} &= P(f_i \neq 0 \cap f_j \neq 0) = 1 - P(f_i = 0 \cup f_j = 0) \\
&= 1 - P(f_i = 0) + P(f_j = 0) - P(f_i = 0 \cap f_j = 0) \\
&= 1 - \left(1 - \frac{1}{N}\right)^n + \left(1 - \frac{1}{N}\right)^n - \left(1 - \frac{2}{N}\right)^n \\
&= 1 - 2\left(1 - \frac{1}{N}\right)^n + \left(1 - \frac{2}{N}\right)^n \\
&= \frac{N^n - 2(N-1)^n + (N-2)^n}{N^n}, \qquad (3.6)
\end{aligned}$$

verificando assim (3.3) e (3.4). Note que em (3.5) o numerador denota o número de amostras que contêm a unidade i e o denominador denota o número total de amostras AASc de n unidades em uma população com N unidades. De maneira similar, em (3.6) o numerador denota o número de amostras AASc de tamanho n que contêm o par (i, j). Pelo plano AASc, cada tentativa é independente e qualquer um dos N elementos populacionais tem a mesma probabilidade $1/N$ de ser sorteado. Isso caracteriza para $(f_1, f_2, \ldots, f_N)$ a distribuição multinomial (ver Ross, 2002), com parâmetros $(n; 1/N, \ldots, 1/N)$, que denotamos por

$$(f_1, \ldots, f_N) \sim M(n; 1/N, \ldots, 1/N),$$

de onde segue que

$$Cov[f_i, f_j] = -n\frac{1}{N}\frac{1}{N} = -\frac{n}{N^2}, \qquad (3.7)$$

para todo $i \neq j = 1, \ldots, N$. Relembre que se $(X_1, \ldots, X_N) \sim M(n; p_1, \ldots, p_N)$ então,

$$E[X_i] = np_i, \quad Var[X_i] = np_i(1 - p_i)$$

e

$$Cov[X_i, X_j] = -np_ip_j,$$

$i = 1, \ldots, N$, $j = 1, \ldots, N$ e $i \neq j$. Note de (3.7) que a covariância de dois elementos quaisquer de $(f_1, \ldots, f_N)$ é constante, ou seja, é a mesma, qualquer que seja o par considerado. Isto é também decorrente do caráter simétrico do plano AASc. Ou seja, probabilidades associadas a eventos envolvendo os pares (f_i, f_j) não dependem dos índices i e j, $i, j = 1, \ldots, N$, $i \neq j$. Uma forma alternativa de obter o resultado (3.7) é através da expressão (2.9), pois, sendo $Cov[f_i, f_j] = constante$, para $i \neq j$ vem que

$$Cov[f_i, f_j] = -\frac{Var[f_i]}{N-1} = -\frac{1}{N-1}\frac{n}{N}\left(1 - \frac{1}{N}\right) = -\frac{n}{N^2}.$$

3.2.1 Propriedades da estatística $t(\mathbf{s})$

O resultado apresentado a seguir é bastante útil na obtenção das propriedades dos estimadores do total e da média populacional.

Teorema 3.2 *A estatística* $t(\mathbf{s})$*, total da amostra, definida por*

$$t(\mathbf{s}) = \sum_{i\in\mathbf{s}} Y_i$$

tem, para o plano AASc, as seguintes propriedades:

$$E[t] = n\mu$$

e

$$Var[t] = n\sigma^2.$$

Prova. Quando $\mathbf{s}$ percorre $\mathbf{S}_{\mathrm{AASc}}$, de (2.14) e do Teorema 3.1, vem que

$$E[t] = E[f]\sum_{i=1}^{N} Y_i = \frac{n}{N}\tau = n\mu$$

e combinando-se este resultado com (2.15), obtém-se

$$Var[t] = Var[f]NS^2 = \frac{n}{N}\left(\frac{N-1}{N}\right)NS^2 = n\frac{N-1}{N}S^2 = n\sigma^2,$$

onde f denota o número de vezes que uma unidade qualquer de $\mathcal{U}$ aparece na amostra.

3.2.2 Estimação do total e da média populacionais

Dos resultados acima, derivam-se estimadores não viesados para μ e τ, resumidos no seguinte teorema.

Teorema 3.3 *A média amostral*

$$\overline{y} = \frac{1}{n}\sum_{i\in\mathbf{s}} Y_i = \frac{t(\mathbf{s})}{n} = \hat{\mu} \tag{3.8}$$

é um estimador não viesado da média populacional μ *dentro do plano AASc, e ainda*

$$Var\left[\overline{y}\right] = \frac{\sigma^2}{n}. \tag{3.9}$$

Corolário 3.1 *Dentro do plano AASc, a estatística*

$$T(\mathbf{s}) = \hat{\tau} = N\overline{y} = \frac{N}{n}t(\mathbf{s}) \tag{3.10}$$

é um estimador não viesado do total populacional, com

$$Var[T] = N^2\frac{\sigma^2}{n}.$$

O estimador $T(\mathbf{s})$ em (3.10) é usualmente conhecido por estimador expansão do total populacional. Note que o total populacional pode ser escrito como $\tau = \sum_{i\in\mathbf{s}} Y_i + \sum_{i\notin\mathbf{s}} Y_i$ enquanto que $\hat{\tau} = n\overline{y} + (N-n)\overline{y}$, de modo que $(N-n)\overline{y}$ estima a parte não observada, $\sum_{i\notin\mathbf{s}} Y_i$, de τ.

3.2.3 Estimação da variância populacional

Nesta seção considera-se o problema da estimação das variâncias populacional e amostral.

Teorema 3.4 *Dentro do plano AASc, a estatística*

$$s^2 = \frac{1}{n-1}\sum_{i\in\mathbf{s}}(Y_i - \overline{y})^2 \tag{3.11}$$

é um estimador não viesado da variância populacional σ^2.

Prova. Note que

$$(n-1)s^2 = \sum_{i\in\mathbf{s}}(Y_i - \overline{y})^2 = \sum_{i\in\mathbf{s}} Y_i^2 - n\overline{y}^2 = s_q^2 - \frac{t^2}{n},$$

de modo que

$$E\left[(n-1)s^2\right] = E\left[s_q^2\right] - \frac{1}{n}E\left[t^2\right],$$

onde $s_q^2 = \sum_{i\in\mathbf{s}} Y_i^2$. Por outro lado, de (2.16), (2.18), (3.1) e (3.2), podemos escrever que

$$E\left[s_q^2\right] = N\left(\sigma^2+\mu^2\right)E[f] = N\left(\sigma^2+\mu^2\right)\frac{n}{N} = n\sigma^2 + n\mu^2$$

e que

$$\begin{aligned} E\left[t^2\right] &= NS^2Var[f] + \tau^2E^2[f] \\ &= NS^2\frac{n}{N}\left(1-\frac{1}{N}\right) + \frac{n^2}{N^2}\tau^2 = nS^2\left(\frac{N-1}{N}\right) + n^2\mu^2 \\ &= n\sigma^2 + n^2\mu^2, \end{aligned}$$

onde f denota o número de vezes que uma unidade qualquer de $\mathcal{U}$ aparece na amostra. Combinando os dois últimos resultados, obtém-se

$$E\left[(n-1)s^2\right] = n\sigma^2 + n\mu^2 - \sigma^2 - n\mu^2 = (n-1)\sigma^2,$$

o que demonstra o teorema.

Combinando os resultados apresentados nos teoremas e corolário apresentados acima, pode-se produzir estimadores não viesados para a variância dos estimadores de μ e τ, que estão condensados no corolário apresentado abaixo.

Corolário 3.2 *Para o plano amostral AASc, a estatística*

$$var\left[\overline{y}\right] = \widehat{Var}\left[\overline{y}\right] = \frac{s^2}{n} \tag{3.12}$$

é um estimador não viesado da variância da média amostral, $Var\left[\overline{y}\right]$, e

$$var[T] = \widehat{Var}[T] = N^2\frac{s^2}{n} \tag{3.13}$$

é um estimador não viesado de $Var[T]$.

Exemplo 3.1 Volte aos dados do Exemplo 2.1 e considere a variável renda familiar, onde o universo é $\mathcal{U} = \{1, 2, 3\}$ e o parâmetro populacional é $\mathbf{D} = (12, 30, 18)$, com as seguintes funções paramétricas: $\tau = 60$, $\mu = 20$ e $\sigma^2 = 168/3 = 56$. Definido o plano amostral AASc, com $n = 2$, tem-se associado a $\mathcal{U}$ o seguinte espaço amostral

$$\mathcal{S}_{\text{AASc}} = \{11, 12, 13, 21, 22, 23, 31, 32, 33\}.$$

A Tabela 3.1 apresenta os valores dos estimadores $\overline{y}$ e s^2, calculados para cada amostra em $\mathcal{S}_{\text{AASc}}$.

Tabela 3.1: Valores de $\overline{y}$, s^2 e $P(\mathbf{s})$ para as amostras $\mathbf{s}$ em $\mathcal{S}_{\text{AASc}}$

s:	11	12	13	21	22	23	31	32	33
$P(\mathbf{s})$:	1/9	1/9	1/9	1/9	1/9	1/9	1/9	1/9	1/9
$\overline{y}$:	12	21	15	21	30	24	15	24	18
s^2:	0	162	18	162	0	72	18	72	0

As Tabelas 3.2 e 3.3 apresentam as distribuições amostrais de $\overline{y}$ e s^2.

Tabela 3.2: Distribuição amostral de $\overline{y}$ na AASc

$\overline{y}$:	12	15	18	21	24	30
$P(\overline{y})$:	1/9	2/9	1/9	2/9	2/9	1/9

Tabela 3.3: Distribuição amostral de s^2 na AASc

s^2:	0	18	72	162
$P(s^2)$:	3/9	2/9	2/9	2/9

Têm-se, portanto, os seguintes resultados:

$$E[\overline{y}] = 20 \quad \text{e} \quad Var[\overline{y}] = \frac{56}{2} = 28.$$

Note também que

$$E\left[s^2\right] = \frac{504}{9} = 56 = \sigma^2,$$

como já era esperado, pois conforme visto no Teorema 3.4, s^2 é um estimador não viesado de σ^2.

3.2.4 Normalidade assintótica e intervalos de confiança

A medida que o tamanho da amostra aumenta, as distribuições de $\overline{y}$ e de T vão se aproximando da distribuição normal, de acordo com o Teorema do Limite Central (TLC), tanto para o caso da AASc como para a AASs. No Capítulo 10 são discutidas condições para a validade do TLC para várias classes de estimadores (veja também o Exercício 3.10). Então, para n suficientemente grande, temos, com relação à AASc, que

$$\frac{\overline{y} - \mu}{\sqrt{\sigma^2/n}} \overset{a}{\sim} N(0,1) \tag{3.14}$$

e

$$\frac{T - \tau}{N\sqrt{\sigma^2/n}} \overset{a}{\sim} N(0,1), \tag{3.15}$$

onde $N(0,1)$ denota uma variável aleatória com distribuição normal com média zero e variância 1. Os resultados (3.14) e (3.15) possibilitam a obtenção de intervalos de confiança aproximados para $\overline{y}$ e T. Então, com relação à média populacional, temos de (3.14) que, para n suficientemente grande,

$$P\left(\frac{|\overline{y} - \mu|}{\sqrt{\sigma^2/n}} \leq z_\alpha\right) \simeq 1 - \alpha, \tag{3.16}$$

onde z_α é a ordenada da $N(0,1)$, de tal forma que a área na densidade da $N(0,1)$ no intervalo $(-z_\alpha; z_\alpha)$ é igual a $1-\alpha$. Como σ^2 é desconhecido, ele é substituído por seu estimador não viciado s^2, que para n grande é bem próximo de σ^2. A expressão (3.16) pode ser escrita como

$$P\left(\overline{y} - z_\alpha\sqrt{\frac{s^2}{n}} \leq \mu \leq \overline{y} + z_\alpha\sqrt{\frac{s^2}{n}}\right) \simeq 1-\alpha,$$

de onde segue que

$$\left(\overline{y} - z_\alpha\sqrt{\frac{s^2}{n}}; \overline{y} + z_\alpha\sqrt{\frac{s^2}{n}}\right) \tag{3.17}$$

é um intervalo de confiança para μ com coeficiente de confiança aproximadamente igual a $1-\alpha$. A interpretação freqüentista do intervalo de confiança está baseada no fato de que, se forem observadas 100 amostras AAS, e construídos 100 intervalos de confiança baseados nestas amostras, então, aproximadamente $100(1-\alpha)\%$ dos intervalos devem conter μ.

3.2.5 Determinação do tamanho da amostra

Nesta seção, discute-se a determinação do tamanho da amostra n, de tal forma que o estimador obtido tenha um erro máximo de estimação igual a B, com determinado grau de confiança (probabilidade). De maneira mais específica, o problema consiste em determinarmos n, de modo que

$$P(|\overline{y} - \mu| \leq B) \simeq 1-\alpha. \tag{3.18}$$

De acordo com (3.14), tem-se, para n grande, que

$$P\left(|\overline{y} - \mu| \leq z_\alpha\sqrt{\frac{\sigma^2}{n}}\right) \simeq 1-\alpha. \tag{3.19}$$

Então, para B fixado, comparando-se (3.18) e (3.19), a solução para o problema acima consiste em determinar n de tal forma que

$$B = z_\alpha\frac{\sigma}{\sqrt{n}},$$

ou equivalentemente,

$$\frac{B^2}{z_\alpha^2} = \frac{\sigma^2}{n}. \tag{3.20}$$

Resolvendo (3.20) em n, obtém-se

$$n = \frac{\sigma^2}{(B/z_\alpha)^2} = \frac{\sigma^2}{D} \tag{3.21}$$

de modo que $D = B^2/z_\alpha^2$.

Para a determinação do tamanho da amostra, é preciso fixar o erro máximo desejado (B), com algum grau de confiança $1 - \alpha$ (traduzido pelo valor tabelado z_α) e possuir algum conhecimento a priori da variabilidade da população (σ^2). Os dois primeiros são fixados pelo pesquisador e, quanto ao terceiro, a resposta exige mais trabalho. O uso de pesquisas passadas, "adivinhações" estatísticas, ou amostras piloto são os critérios mais usados. Em muitos casos, uma amostra piloto pode fornecer informação suficiente sobre a população, de tal forma que se pode obter um estimador inicial razoável para σ^2. Em outros casos, pesquisas amostrais efetuadas anteriormente sobre a população também podem fornecer estimativas iniciais bastante satisfatórias para σ^2. Um outro procedimento, talvez menos dispendioso, seria considerar um intervalo onde aproximadamente 95% dos indivíduos da população estariam concentrados, e aí, igualar ao comprimento deste intervalo a quantidade 4σ. Teríamos então um valor aproximado para σ^2. Tal procedimento é baseado no fato de que no intervalo compreendido entre a média menos dois desvios padrões e a média mais dois desvios padrões (média $\pm\, 2DP$), tem-se, em populações (aproximadamente) simétricas, aproximadamente 95% da população.

Exemplo 3.2 Considere novamente a população do Exemplo 2.1. Suponha que uma amostra AASc de tamanho $n = 10$ da variável renda familiar apresente os valores: 12, 18, 12, 18, 18, 30, 12, 12, 18 e 30. Para esta amostra, $\overline{y} = 18$ e $s^2 = 48$. Portanto, de (3.17) segue que um intervalo de 95% de confiança para μ é dado por $18 \pm 1,96\sqrt{48/10}$, ou seja, $(13,71; 22,29)$. Com $s^2 = 48$, para ter uma amostra que apresenta uma estimativa com erro máximo $B = \sqrt{2}$ com $\gamma = 0,95$, de modo que $D \cong 2/(2^2) = 0,5$, é necessário que

$$n = \frac{48}{0,5} = 96.$$

Pode-se também considerar o tamanho da amostra que, com probabilidade γ, apresenta um erro máximo relativo r para a média populacional, ou seja,

$$P\left(\left|\frac{\overline{y} - \mu}{\mu}\right| \leq r\right) = \gamma.$$

Identificando-se a questão acima com aquela indicada pela expressão (3.18), tem-se que a solução para n é apresentada por (3.21) com $B = r\mu$. Assim, além de estimativa preliminar para σ^2 necessita-se também de uma estimativa preliminar para μ.

3.2.6 Estimação de proporções

De maneira geral, em muitas situações, existe interesse em estudar a proporção de elementos em certa população que possuem determinada característica, como ser ou não um item defeituoso, ser ou não eleitor de determinado partido político e assim por diante. Nestas situações, a cada elemento da população está associada a variável

$$Y_i = \begin{cases} 1, & \text{se o elemento } i \text{ possui a característica} \\ 0, & \text{caso contrário} \end{cases}$$

Então,

$$P = \frac{1}{N}\sum_{i=1}^{N} Y_i = \mu$$

é a proporção de unidades na população que possuem a característica de interesse.

No caso em que se está estudando a proporção de itens defeituosos produzidos em uma linha de produção, por exemplo, a população dos valores de Y não é de interesse primordial. É mais importante a obtenção de informação sobre a proporção P de tais itens que estão dentro de limites aceitáveis.

Desde que Y_i toma apenas os valores 0 e 1, pode-se escrever (veja o Exercício 3.31)

$$\sigma^2 = \frac{1}{N}\sum_{i=1}^{N}(Y_i - P)^2 = P(1-P). \tag{3.22}$$

Dada uma amostra observada $\mathbf{s}$ de tamanho n, seja m o número de elementos da amostra que possuem a determinada característica. De acordo com o Teorema 3.3, tem-se com relação à AASc que um estimador não viciado de P é dado por

$$p = \hat{P} = \overline{y} = \frac{1}{n}\sum_{i \in \mathbf{s}} Y_i = \frac{m}{n},$$

e que

$$Var\left[\hat{P}\right] = \frac{\sigma^2}{n} = \frac{PQ}{n},$$

onde $Q = 1 - P$. De acordo com o Teorema 3.4, tem-se que um estimador não viciado de σ^2 é dado por

$$s^2 = \frac{n}{n-1}\hat{P}\hat{Q} = \frac{n}{n-1}pq, \tag{3.23}$$

onde $q = \hat{Q} = 1 - \hat{P}$. Conseqüentemente, pelo Corolário 3.2, tem-se que um estimador não viciado de $Var[\hat{P}]$ é dado por

$$var[p] = \frac{\hat{P}\hat{Q}}{n-1}.$$

A seguir, há um resumo dos resultados obtidos acima.

Teorema 3.5 *Um estimador não viciado de P baseado na AASc é dado por*

$$p = \hat{P} = \overline{y} = \frac{m}{n},$$

com

$$Var\left[\hat{P}\right] = \frac{PQ}{n}. \quad (3.24)$$

Além disso, um estimador não viciado de $Var\left[\hat{P}\right]$ é

$$var[p] = \frac{\hat{P}\hat{Q}}{n-1}.$$

Utilizando-se a aproximação normal discutida na Seção 3.2.4, um intervalo de confiança aproximado para P é dado por

$$\left(\hat{P} - z_\alpha\sqrt{\frac{\hat{P}\hat{Q}}{n-1}}; \hat{P} + z_\alpha\sqrt{\frac{\hat{P}\hat{Q}}{n-1}}\right). \quad (3.25)$$

Notando-se que o produto PQ (e portanto $\hat{P}\hat{Q}$) é sempre menor que $1/4$, segue de (3.25) que um intervalo de confiança conservativo para P é dado por

$$\left(\hat{P} - z_\alpha\sqrt{\frac{1}{4(n-1)}}; \hat{P} + z_\alpha\sqrt{\frac{1}{4(n-1)}}\right).$$

Como no caso da média amostral, pode-se considerar o tamanho da amostra n, de tal forma que

$$P(|\hat{P} - P| \leq B) \simeq 1 - \alpha. \quad (3.26)$$

Utilizando-se os resultados obtidos para a média amostral da Seção 3.2.4, pode-se mostrar que o valor de n, tal que (3.26) é aproximadamente satisfeita, é dado por

$$n = \frac{PQ}{D}, \quad (3.27)$$

onde D é definido como em (3.21). Mas, para utilizar a fórmula (3.27), é necessário um valor (estimador) para P. Tal estimador pode ser obtido, utilizando-se pesquisas anteriores ou uma amostra-piloto. Uma forma alternativa, que produz um valor conservativo para n, consiste em utilizar o fato de que $PQ \leq 1/4$. Neste caso, tem-se de (3.27) que

$$n = \frac{1}{4D},$$

onde, como antes, $D = B^2/z_\alpha^2$.

Exemplo 3.3 Considere novamente a amostra AASc obtida no Exemplo 3.2. Pretende-se estimar a proporção P de pessoas na população com renda familiar maior do que 18 unidades. Portanto, da amostra selecionada obtém-se $p = 2/10 = 0,2$. Um intervalo de 95% de confiança para P baseado na amostra acima segue de (3.25) e é dado por $0,2 \pm 1,96\sqrt{0,2 \times 0,8/9}$, ou seja, $(0,00; 0,46)$, que é portanto bastante grande, dado que o tamanho da amostra é bastante pequeno.

3.2.7 Otimalidade de $\overline{y}$ na AASc

Nesta seção discute-se a otimalidade de $\overline{y}$ em relação à AASc sem reposição na classe dos estimadores lineares de μ. Consideram-se novamente as variáveis aleatórias $y_1, \ldots, y_n$ dadas em (2.1), ou seja, a variável y_i assume os valores $Y_1, \ldots, Y_N$, com probabilidade $1/N$, ou seja, $P(y_i = Y_j) = 1/N$, $j = 1, \ldots, N$. Note que, com relação à AASc, as variáveis y_i são independentes.

Definição 3.1 *Um estimador linear de μ é uma função de $\mathbf{d_s}$ dada por*

$$\overline{y}_{\mathbf{s}\ell} = \sum_{i=1}^{n} \ell_i y_i,$$

onde as ℓ_i são constantes conhecidas.

Note que $\overline{y}$ é linear com $\ell_i = 1/n$, $i = 1, \ldots, n$. O lema a seguir estabelece as condições para que $\overline{y}_{\mathbf{s}\ell}$ seja não viciado (veja o Exercício 3.36).

Lema 3.1 *Um estimador $\overline{y}_{\mathbf{s}\ell}$ é não viciado para μ se e somente se*

$$\sum_{i=1}^{n} \ell_i = 1.$$

Teorema 3.6 *Com relação à AASc, na classe dos estimadores lineares não viciados, $\overline{y}$ é o de menor variância (ótimo).*

Prova. Como as variáveis y_i são independentes, temos que

$$\begin{aligned} Var\left[\overline{y}_{s\ell}\right] &= \sigma^2 \sum_{i=1}^{n} \ell_i^2 \\ &= \sigma^2 \left\{ \sum_{i=1}^{n} \left(\ell_i - \overline{\ell}\right)^2 + n\overline{\ell}^2 \right\} \\ &= \sigma^2 \left\{ \sum_{i=1}^{n} \left(\ell_i - \frac{1}{n}\right)^2 + \frac{1}{n} \right\}, \end{aligned} \tag{3.28}$$

onde a última igualdade segue, devido a que $\overline{\ell} = 1/n$, de acordo com o Lema 3.1. Portanto, (3.28) é mínima quando $\ell_i = 1/n$, $i = 1, \ldots, n$, o que prova o resultado.

3.3 Amostragem aleatória simples sem reposição

A amostragem aleatória simples sem reposição (AASs) opera de modo idêntico à AASc, alterando-se apenas (iii), que passa a ser:

iii. Sorteia-se um elemento seguinte, com o elemento anterior sendo retirado da população.

Portanto, cada elemento da população só pode aparecer uma vez na amostra. Com esta definição, tem-se:

Teorema 3.7 *Com relação à AASs, a variável f_i, número de vezes que a unidade i aparece na amostra, obedece à distribuição de Bernoulli (ver Bussab e Morettin, 2004) com probabilidade de sucesso n/N, denotado por $f_i \sim b(1; n/N)$, e que satisfaz:*

$$P(f_i = 1) = \frac{n}{N} \quad e \quad P(f_i = 0) = 1 - \frac{n}{N},$$

de modo que

$$E[f_i] = \frac{n}{N},$$

$$Var[f_i] = \frac{n}{N}\left(1 - \frac{n}{N}\right),$$

$$\pi_i = \frac{n}{N},$$

$$\pi_{ij} = \frac{n}{N}\frac{n-1}{N-1},$$

e

$$Cov[f_i, f_j] = -\frac{n}{N^2}\frac{N-n}{N-1},$$

$i = 1, \ldots, n$ *e* $i \neq j = 1, \ldots, N$.

Prova. A demonstração deste teorema é similar àquela feita para a AASc, e fica a cargo do leitor (veja o Exercício 3.30).

Convém ressaltar ainda a similaridade entre muitos dos resultados que os dois planos apresentam, e que embora as fórmulas sejam diferentes, são próximas quando N, o tamanho da população, tende a ser grande quando comparado com o tamanho da amostra. Por exemplo, quando N é grande com relação a n,

$$\frac{N-n}{N-1} \simeq 1,$$

de modo que

$$Cov_{\text{AASc}}[f_i, f_j] = -\frac{n}{N^2}$$

e

$$Cov_{\text{AASs}}[f_i, f_j] = -\frac{n}{N^2}\frac{N-n}{N-1},$$

$i = 1, \ldots, n$, $i \neq j = 1, \ldots, n$, são muito próximos. Observe que para $n = 1$, as fórmulas coincidem (por quê?).

3.3.1 Propriedades da estatística $t(\mathbf{s})$

Apresentam-se a seguir algumas propriedades da estatística $t(\mathbf{s}) = \sum_{i \in \mathbf{s}} Y_i$, o total da amostra, que serão utilizadas na seção seguinte, quando são apresentados estimadores do total e da média populacionais e suas propriedades.

Teorema 3.8 *Com relação à AASs, a estatística $t(\mathbf{s})$ tem as seguintes propriedades:*

$$E[t] = n\mu$$

e

$$Var[t] = n(1-f)S^2,$$

onde $f = n/N$ é denominada fração amostral.

Prova. Quando $\mathbf{s}$ percorre $\mathcal{S}_{\text{AASs}}$, tem-se por (2.14) que

$$E[t] = E[f]\sum_{i=1}^{N} Y_i = \frac{n}{N}\tau = n\mu$$

e por (2.15) que

$$\begin{aligned} Var[t] &= Var[f]NS^2 \\ &= \frac{n}{N}\left(1-\frac{n}{N}\right)NS^2 = n(1-f)S^2. \end{aligned}$$

3.3.2 Estimação do total e da média populacionais

Como estimadores da média e do total populacionais, considera-se $\hat{\mu} = \sum_{i \in \mathbf{s}} Y_i/n$, a média amostral, e $\hat{\tau} = T(\mathbf{s}) = N\overline{y}$, respectivamente. O estimador $T(\mathbf{s})$ é usualmente conhecido como estimador expansão, pois pode ser escrito como $T(\mathbf{s}) = n\overline{y} + (N - n)\overline{y}$, de modo que as $N - n$ unidades fora da amostra são também estimadas por $\overline{y}$. Os resultados a seguir mostram que os estimadores acima são não viesados e apresentam também expressões para as suas variâncias com relação à AASs, denominadas variâncias amostrais.

Corolário 3.3 *Com relação à AASs, um estimador não viciado do total populacional é*

$$T(\mathbf{s}) = N\overline{y} = \frac{N}{n}t(\mathbf{s}),$$

cuja variância amostral é dada por

$$Var[T] = N^2(1 - f)\frac{S^2}{n}.$$

Corolário 3.4 *Com relação à AASs, a média amostral*

$$\overline{y} = \frac{1}{n}\sum_{i \in \mathbf{s}}^{n} Y_i = \frac{t(\mathbf{s})}{n}$$

é um estimador não viesado da média populacional, com variância amostral dada por

$$Var[\overline{y}] = (1 - f)\frac{S^2}{n}.$$

3.3.3 Estimação da variância populacional

Apresenta-se a seguir um estimador não viesado para a variância populacional S^2, com relação ao planejamento AASs. Tal estimador será usado na obtenção de estimadores não viesados para as variâncias amostrais apresentadas nos Corolários 3.3 e 3.4.

Teorema 3.9 *A variância da amostra*

$$s^2 = \frac{1}{n-1}\sum_{i \in \mathbf{s}} (Y_i - \overline{y})^2$$

é um estimador não viesado da variância populacional S^2 para o planejamento AASs.

Prova. Fica a cargo do leitor seguir os passos usados na demonstração do Teorema 3.4 para concluir a demonstração (veja o Exercício 3.33).

Corolário 3.5 *Para o plano amostral AASs, a estatística*

$$var[\overline{y}] = \widehat{Var[\overline{y}]} = (1-f)\frac{s^2}{n}$$

é um estimador não viesado de $Var[\overline{y}]$ *e*

$$var[T] = \widehat{Var[T]} = N^2(1-f)\frac{s^2}{n}$$

é um estimador não viesado de $Var[T]$.

Exemplo 3.4 Considere novamente os dados do Exemplo 2.1 e o interesse pela variável renda familiar, onde, como no Exemplo 3.1, $\mathcal{U} = \{1, 2, 3\}$ e o parâmetro populacional é $\mathbf{D} = (12, 30, 18)$, com as funções paramétricas $\tau = 60$, $\mu = 20$ e $S^2 = 84$. Definido o plano amostral AASs, com $n = 2$, tem-se associado a $\mathcal{U}$ o espaço amostral

$$\mathcal{S}_{\text{AASs}} = \{12, 21, 31, 13, 23, 32\}.$$

A Tabela 3.4 apresenta os valores de $\overline{y}$ e s^2 para cada uma das amostras em $\mathcal{S}_{\text{AASs}}$.

Tabela 3.4: Valores de $\overline{y}$, s^2 e $P(\mathbf{s})$ para as amostras $\mathbf{s}$ em $\mathcal{S}_{\text{AASs}}$

$\mathbf{s}$:	12	21	13	31	23	32
$P(\mathbf{s})$:	1/6	1/6	1/6	1/6	1/6	1/6
$\overline{y}$:	21	21	15	15	24	24
s^2:	162	162	18	18	72	72

As Tabelas 3.5 e 3.6 apresentam as distribuições amostrais de $\overline{y}$ e s^2, respectivamente.

Tabela 3.5: Distribuição amostral de $\overline{y}$ na AASs

$\overline{y}$:	15	21	24
$P(\overline{y})$:	1/3	1/3	1/3

Temos da Tabela 3.5 que

$$E[\overline{y}] = 20 \quad \text{e} \quad Var[\overline{y}] = \left(1 - \frac{2}{3}\right)\frac{84}{2} = 14.$$

Tabela 3.6: Distribuição amostral de s^2 na AASs

s^2:	18	72	162
$P(s^2)$:	1/3	1/3	1/3

Portanto, $\overline{y}$ é um estimador não viesado para μ e com variância bem menor que a variância apresentada pelo planejamento AASc. Da Tabela 3.6, tem-se que

$$E[s^2] = \frac{1}{3}(18 + 72 + 162) = 84,$$

um resultado já esperado, pois, conforme visto no Teorema 3.9, s^2 é um estimador não viesado de S^2.

3.3.4 Normalidade assintótica e intervalos de confiança

Todos os resultados apresentados para o caso com reposição têm o seu equivalente para a AASs, mudando apenas a expressão correspondente à variância amostral. Assim, para a AASs temos os seguintes resultados:

$$\frac{\overline{y} - \mu}{\sqrt{(1-f)s^2/n}} \overset{a}{\sim} N(0,1),$$

$$\frac{T - \tau}{N\sqrt{(1-f)s^2/n}} \overset{a}{\sim} N(0,1)$$

e

$$P\left(\frac{|\overline{y} - \mu|}{\sqrt{(1-f)s^2/n}} \leq z_\alpha\right) \simeq 1 - \alpha,$$

resultando no intervalo de confiança para μ,

$$\left(\overline{y} - z_\alpha\sqrt{(1-f)\frac{s^2}{n}}; \overline{y} + z_\alpha\sqrt{(1-f)\frac{s^2}{n}}\right).$$

Um intervalo de confiança para τ com coeficiente de confiança aproximadamente igual a $1 - \alpha$ pode ser construído de maneira análoga ao intervalo construído acima para μ. Veja o Exercício 3.34.

Exemplo 3.5 Uma pesquisa amostral foi conduzida com o objetivo de se estudar o índice de ausência ao trabalho em um determinado tipo de indústria. Uma AAS sem reposição de mil operários de um total de 36 mil é observada com relação ao número de faltas não justificadas em um período de 6 meses. Os resultados obtidos foram:

Faltas:	0	1	2	3	4	5	6	7	8
Trabalhadores:	451	162	187	112	49	21	5	11	2

Para esta amostra, tem-se que uma estimativa de μ é dada por $\overline{y} = 1,296$. Observa-se também que $s^2 = 2,397$. Usando-se a aproximação normal, tem-se que um intervalo de 95% de confiança para μ é dado por $(1,201; 1,391)$.

3.3.5 Determinação do tamanho da amostra

Para adaptar os resultados desenvolvidos na Seção 3.2.5 para o caso AASs, basta observar que

$$Var_{\text{AASs}}[\overline{y}] = (1-f)\frac{S^2}{n} = \frac{S^2}{n/(1-f)} = \frac{S^2}{n'},$$

onde

$$n' = \frac{n}{1-f},$$

obtendo-se uma expressão semelhante à do caso AASc, ou seja,

$$n' = \frac{S^2}{D}.$$

Para a obtenção do tamanho efetivo da amostra, note que, sendo

$$n' = \frac{n}{1-n/N},$$

obtém-se imediatamente que

$$n = \frac{n'}{1+n'/N},$$

de modo que

$$n = \frac{S^2/D}{1+\frac{S^2/D}{N}} = \frac{1}{D/S^2 + 1/N},$$

onde $D = B^2/z_\alpha^2$. Note que o tamanho da amostra, neste caso, é menor que o tamanho da população N. No caso da AASc, o tamanho da amostra para atingir determinada precisão (expressa através de B) pode ser maior que o tamanho da população. Todas as correções feitas anteriormente para o caso AASc também se aplicam para este caso. Pode-se mostrar, de maneira similar ao desenvolvimento acima, que o tamanho da amostra para que (veja o Exercício 3.35)

$$P(|T-\tau| \leq B) \simeq 1-\alpha,$$

é dado por

$$n = \frac{N}{D/(NS^2)+1}. \tag{3.29}$$

Exemplo 3.6 Considere a população dos operários faltosos do Exemplo 3.5. Pode-se encontrar n tal que $B = 0,05$, com $\alpha = 0,05$. Então, como, neste caso $D \cong (0,05/2)^2 = 0,00065$, tem-se que

$$n \cong \frac{1}{\frac{0,00065}{2,397} + \frac{1}{36.000}} \cong 3.466.$$

Pode-se também considerar o caso em que o interesse é pelo erro máximo relativo, como no caso da AASc considerado na Seção 3.2.5. Veja também o Exercício 3.42.

3.3.6 Estimação de proporções

Discute-se nesta seção a estimação de uma proporção P no caso de uma AASs de tamanho n de uma população de N "uns" (sucessos) e "zeros" (fracassos). Desde que Y_i toma apenas os valores 1 e 0, podemos escrever (veja o Exercício 3.31)

$$S^2 = \frac{1}{N-1}\sum_{i=1}^{N}(Y_i - P)^2 = \frac{N}{N-1}P(1-P). \tag{3.30}$$

Dada uma amostra observada $\mathbf{s}$ de tamanho n, seja m o número de elementos da amostra que possuem a determinada característica. De acordo com o Corolário 3.4, tem-se com relação à AASs que um estimador não viciado de P é dado por

$$p = \hat{P} = \overline{y} = \frac{1}{n}\sum_{i\in\mathbf{s}} Y_i = \frac{m}{n},$$

e que

$$Var[\hat{P}] = (1-f)\frac{S^2}{n} = \frac{N-n}{N-1}\frac{PQ}{n},$$

onde $Q = 1 - P$. De acordo com o Teorema 3.9, tem-se que um estimador não viciado de S^2 é dado por

$$s^2 = \frac{n}{n-1}\hat{P}\hat{Q} = \frac{n}{n-1}pq, \tag{3.31}$$

onde $q = \hat{Q} = 1 - \hat{P}$. Conseqüentemente, um estimador não viciado de $Var[\hat{P}]$ é dado por

$$var[p] = (1-f)\frac{\hat{P}\hat{Q}}{n-1}.$$

Utilizando-se a aproximação normal discutida na Seção 3.3.4, um intervalo de confiança aproximado para P é dado por

$$\left(\hat{P} - z_\alpha\sqrt{(1-f)\frac{\hat{P}\hat{Q}}{n-1}}; \hat{P} + z_\alpha\sqrt{(1-f)\frac{\hat{P}\hat{Q}}{n-1}}\right). \tag{3.32}$$

Notando-se que o produto PQ (e portanto $\hat{P}\hat{Q}$) é sempre menor que 1/4, segue de (3.32) que um intervalo de confiança conservativo para P é dado por

$$\left(\hat{P} - z_\alpha\sqrt{\frac{1-f}{4(n-1)}}; \hat{P} + z_\alpha\sqrt{\frac{1-f}{4(n-1)}}\right).$$

Como no caso da média amostral, pode-se considerar o tamanho da amostra n de tal forma que

$$P(|\hat{P} - P| \leq B) \simeq 1 - \alpha. \tag{3.33}$$

Utilizando-se os resultados obtidos para a média amostral na Seção 3.3.5, pode-se mostrar que o valor de n, tal que (3.33) é aproximadamente satisfeita, é dado por

$$n = \frac{N}{(N-1)D/(PQ) + 1}. \tag{3.34}$$

Mas, para utilizar a fórmula (3.34), é necessário um valor (estimador) para P. Tal estimador pode ser obtido utilizando-se pesquisas anteriores ou uma amostra-piloto. Uma forma alternativa, que produz um valor conservativo para n, consiste em utilizar o fato de que $PQ \leq 1/4$. Neste caso, tem-se de (3.34) que

$$n = \frac{N}{4(N-1)D + 1},$$

onde, como antes, $D = B^2/z_\alpha^2$.

Exemplo 3.7 No Exemplo 3.5, suponha que até 3 faltas (3 dias) em 6 meses sejam consideradas aceitáveis. Então, a proporção de trabalhadores tirando mais que 3 dias de folga não justificada em 6 meses é

$$p = \frac{88}{1000} = 0,088.$$

De (3.34), tem-se que um intervalo de confiança para P, com $\alpha = 0,05$, é dado por

$$0,088 \pm 1,96\sqrt{\left(1 - \frac{1.000}{36.000}\right)\frac{0,088 \times 0,912}{1.000 - 1}},$$

ou seja, $(0,071; 0,105)$. Para uma estimativa com $B = 0,01$ com $\gamma = 0,95$, temos que $D \cong (0,01/2)^2 = 0,000025$, de modo que de (3.34) segue que é preciso observar

$$n = \frac{36.000}{\frac{(36.000-1)\times 0,000025}{0,088\times 0,912} + 1} \cong 2.948.$$

3.3.7 Otimalidade de $\overline{y}$ na AASs

Como na Seção 3.2.7, considere a classe dos estimadores lineares $\overline{y}_{s\ell}$ da média populacional μ, com a condição de não viciosidade estabelecida pelo Lema 3.1, ou seja $\overline{\ell} = 1/n$. Note que, neste caso, as variáveis y_i não são independentes, pois, $P(y_i = Y_k, y_j = Y_l) = 1/N(N-1)$, $i \neq j = 1, \ldots, N$, e $k \neq l = 1, \ldots, N$.

Teorema 3.10 *Com relação à AASs, na classe dos estimadores lineares não viciados, $\overline{y}$ é o de menor variância (ótimo).*

Prova. Suponha, sem perda de generalidade, que $\mathbf{s} = \{1, \ldots, n\}$. Não é difícil mostrar que (veja o Exercício 3.37)

$$(3.35)\quad Var[\overline{y}_{s\ell}] = \frac{N-1}{N}S^2\sum_{i=1}^{n}\ell_i^2 - \frac{S^2}{N}\sum_{i=1}^{n}\sum_{j\neq i}\ell_i\ell_j = S^2\left(\sum_{i=1}^{n}\ell_i^2 - \frac{1}{N}\right).$$

Então, para que a variância (3.35) seja mínima, é necessário que

$$\sum_{i=1}^{n-1}\ell_i^2 + \left(1 - \sum_{i=1}^{n-1}\ell_i\right)^2$$

seja mínimo. Diferenciando com relação a ℓ_i e igualando a zero, temos que

$$\ell_i = 1 - \sum_{j=1}^{n-1}\ell_j = \ell_n, i = 1, \ldots, n-1.$$

Note que a segunda derivada com relação a ℓ_i é positiva. Assim, $\ell_i = \ell_n$, $i = 1, \ldots, n$, e como $\sum_{i=1}^{n}\ell_i = 1$, tem-se que

$$\ell_i = \frac{1}{n}, i = 1, \ldots, n.$$

Note que o estimador linear com $\ell_i = 1/n$, $i = 1, \ldots, n$ nada mais é do que $\overline{y}$.

De maneira análoga, pode-se concluir que T é o estimador ótimo de τ na classe dos estimadores lineares da Definição 3.1 (veja o Exercício 3.38).

3.4 Comparação entre AASc e AASs

Quando há dois planos amostrais, é importante saber qual deles é "melhor". Antes de continuar a discussão, é preciso fixar o critério pelo qual o plano será julgado. Como já foi discutido anteriormente, o critério mais adotado em amostragem é o

Erro Quadrático Médio, ou a variância quando os estimadores são não viesados. Devido a isso, existe um conceito bastante importante, que é o chamado *efeito do planejamento* (EPA, ou em inglês *design effect*, "deff"), que compara a variância de um plano qualquer com relação a um plano que é considerado padrão. A estatística $\overline{y}$ é em ambos os planos um estimador não viesado de μ. Assim,

$$EPA = \frac{Var_{\text{AASs}}[\overline{y}]}{Var_{\text{AASc}}[\overline{y}]} = \frac{(1-f)S^2/n}{\sigma^2/n} = \frac{N-n}{N-1}.$$

Quando o $EPA > 1$, tem-se que o plano do numerador é menos eficiente que o padrão. Quando $EPA < 1$, a situação é inversa. Da expressão acima vê-se que

$$\frac{N-n}{N-1} \leq 1,$$

ou seja, o plano AASs é sempre "melhor" do que o plano AASc. Só para amostras de tamanho 1 é que os dois se equivalem. Note que este resultado confirma a intuição popular de que amostras sem reposição são "melhores" do que aquelas com elementos repetidos. Esta medida, EPA, será usada para comparar planos amostrais nos demais capítulos.

Exercícios

3.1 Em uma população com $N = 6$, tem-se $\mathbf{D} = (8, 2, 2, 11, 4, 7)$. Um plano AASs de tamanho $n = 2$ é adotado.

a. Encontre a distribuição de $\overline{y}$ e mostre que $E[\overline{y}] = \mu$.

b. Mostre que $Var[\overline{y}]$ é como dada pelo Corolário 3.4.

c. Encontre a distribuição de s^2, definido em (3.11). Mostre que $E\left[s^2\right] = S^2$.

3.2 Considere o Exercício 3.1 agora com o plano AASc.

a. Encontre a distribuição de $\overline{y}$ e mostre que $E[\overline{y}] = \mu$.

b. Encontre $Var[\overline{y}]$ diretamente e utilizando o resultado (3.9).

c. Suponha que uma AAS com reposição de tamanho $n = 10$ retirada da população apresenta $\overline{y} = 5,435$ e $s^2 = 3,6$. Encontre um intervalo de confiança para μ com $\alpha = 0,02$.

3.3 No caso da AAS com reposição, determine o tamanho aproximado da amostra n tal que

$$P(|T - \tau| \leq B) \simeq 1 - \alpha,$$

onde B está fixado. Como fica n, quando $B = 0,03$, $\alpha = 0,01$ e $s^2 = 3,6$?

3.4 Um plano AASs com $n = 30$ foi adotado em uma área da cidade contendo 14.848 residências. O número de pessoas por residência na amostra observada foi $\mathbf{d} = (5,6,3,3,2,3,3,3,4,4,3,2,7,4,3,5,4,4,3,3,4,3,3,1,2,4,3,4,2,4)$.

a. Encontre uma estimativa do número médio de pessoas por residência na população e uma estimativa para a variância da estimativa obtida.

b. Encontre um intervalo de 90% de confiança para μ.

c. Suponha que seja de interesse uma estimativa duas vezes mais precisa que a obtida com a amostra acima. Qual o tamanho da amostra necessário para tal precisão?

3.5 Considere uma população com $N = 6$, onde $\mathbf{D} = (1,4,5,5,6,6)$. Adote um plano AASs com $n = 2$. Como estimador de μ, considere

$$\overline{y}_c = \begin{cases} \overline{y} + 1, & \text{se } \mathbf{d}_s \text{ contém } Y_1 \text{ e não } Y_6 \\ \overline{y} - 1, & \text{se } \mathbf{d}_s \text{ contém } Y_6 \text{ e não } Y_1 \\ \overline{y}, & \text{caso contrário} \end{cases},$$

onde $\overline{y}$ é a média amostral.

a. Encontre as distribuições de $\overline{y}$ e de $\overline{y}_c$. Verifique se estes estimadores são não viciados para μ.

b. Encontre $Var[\overline{y}]$ e $Var[\overline{y}_c]$. Qual o melhor estimador?

3.6 Considere a população do Exercício 3.5, com o estimador

$$\overline{y}_{st} = \frac{Y_1 + \overline{y}_{s2} + Y_6}{3},$$

onde $\overline{y}_{s2}$ é a média de uma amostra de tamanho $n = 2$ retirada dos remanescentes elementos $\{2,3,4,5\}$, isto é, $\overline{y}_{st}$ inclui Y_1, Y_6, e a média de uma amostra de tamanho 2 dos 4 elementos remanescentes. Encontre $Var[\overline{y}_{st}]$.

3.7 Dois dentistas, D_1 e D_2, fazem uma pesquisa amostral sobre o estado dos dentes de 200 crianças de certa escola estadual de determinada localidade. D_1 seleciona uma AASs de 20 crianças e conta o número de dentes cariados para cada criança, com os seguintes resultados:

Nº de dentes cariados:	0	1	2	3	4	5	6	7	8	9	10
Nº de crianças:	8	4	2	2	1	1	0	0	0	1	1

O outro dentista, D_2, usando a mesma técnica dental, examina as 200 crianças da escola, mas anota somente o número de crianças com dentes cariados. Ele encontra um total de 60 crianças sem nenhuma cárie. Estime o número de dentes cariados nas crianças da escola, quando se utilizam

i. somente os resultados de D_1;
ii. os resultados de D_1 e de D_2.

a. Qual dos estimadores é mais preciso?
b. É possível encontrar uma estimativa para a variância desses estimadores?

3.8 Uma amostra AASs de tamanho $n = 4 = n_1 + n_2$ é retirada de uma população $\mathcal{U}$ com $N = 6$ elementos, onde $\mathbf{D} = (8, 2, 2, 11, 4, 7)$. Uma amostral aleatória simples sem reposição de tamanho $n_1 = 2$ é retirada da primeira amostra, apresentando média $\overline{y}_1$. Seja $\overline{y}_2$ a média das n_2 unidades remanescentes na amostra original. Encontre $Var[\overline{y}_1 - \overline{y}_2]$ e $Var[\overline{y}_1 - \overline{y}]$, onde $\overline{y}$ é a média da amostra original.

3.9 Na Tabela 2.8, temos informações sobre o número de apartamentos (X) nos condomínios observados e o número de apartamentos alugados por condomínio (Y) em vários conjuntos habitacionais.

a. Selecione duas amostras, de tamanhos 10 e 20, adotando AASc e construa intervalos de confiança para μ com coeficiente de confiança $\gamma = 0,95$.
b. Considere a amostra de tamanho 20 de (a). Qual o tamanho necessário da amostra para que tenhamos uma estimativa duas vezes mais precisa que a de (a)?
c. Use a amostra de tamanho 20 de (a) para obter uma estimativa pontual e por intervalo, com $\gamma = 0,95$, para a proporção de residências com mais que 3 residentes. Qual o tamanho da amostra necessário para a obtenção de uma estimativa duas vezes mais precisa?

d. Refaça (a), (b) e (c) considerando agora AASs.

3.10 Considere a população definida no Exercício 2.1. Selecione 500 amostras de tamanho $n = 10$ sem reposição e, para cada uma delas, calcule $\overline{y}$. Represente graficamente a distribuição destes valores de $\overline{y}$ através de um histograma. Selecione novamente 500 amostras, agora de tamanho $n = 20$, sem reposição e refaça o histograma. O que você conclui a partir dos histogramas?

3.11 Considere uma população com $N = 6$, onde $\mathbf{D} = (0, 0, 1, 1, 1, 1)$. Deseja-se estimar P, a proporção de "uns" na população, utilizando uma amostra AASs de $n = 4$ unidades.

a. Encontre a distribuição da média amostral $\overline{y}$ e mostre que $\overline{y}$ é um estimador não viciado de P.

b. Sugira um estimador para $Var[\overline{y}]$. Verifique se seu estimador é não viciado.

3.12 Em uma amostra de 200 colégios particulares de uma população com 2.000 colégios, 120 colégios eram favoráveis a certa proposição, 57 eram contra e 23 eram indiferentes. Encontre o tamanho da amostra que fornece uma estimativa que não difira do valor exato do total de colégios na população favoráveis à proposição, por mais que 20, com probabilidade igual a 0,95. Justifique o procedimento utilizado.

3.13 Considere novamente o Exercício 3.4.

a. Encontre a probabilidade (aproximada) de que a estimativa do número total de pessoas não difira (em valor absoluto) do verdadeiro valor por mais que 100 pessoas.

b. Encontre a probabilidade (aproximada) de que a estimativa da porcentagem de domicílios com mais de dois residentes não difira do verdadeiro valor (em valor absoluto) por mais que 1%.

3.14 Refaça os Exercícios 3.4 e 3.13, considerando agora AASc.

3.15 Duas AAS de tamanhos 200 e 450 foram colhidas um após a outra (sem reposição), de uma população de 2.400 alunos de uma escola. Para cada estudante perguntou-se qual a distância em quilômetros de sua residência à escola.

As médias e variâncias obtidas foram as seguintes: $\overline{y}_1 = 5,14$, $\overline{y}_2 = 4,90$, $s_1 = 3,87$ e $s_2 = 4,02$. Construa um intervalo de confiança de 90% (aproximadamente) para a distância média das residências à escola.

3.16 A seção de Estatística de uma biblioteca é formada por 130 prateleiras de tamanhos similares. Sorteando-se uma amostra aleatória de 15 prateleiras, obteve-se o seguinte número de livros em cada uma: 28, 25, 23, 33, 31, 18, 22, 29, 30, 22, 26, 20, 21, 28, 25.

a. Construa um intervalo de confiança para T, o total de livros de Estatística.

b. Que tamanho deveria ter a amostra para que, com 95% de confiança, o erro em estimar T seja inferior a 100 livros?

3.17 Suspeita-se que a renda familiar média dos moradores de Pepira seja de aproximadamente 10 salários mínimos (SM) e o desvio padrão de 5 SM. Pretende-se usar AAS como plano amostral.

a. Que tamanho deve ter a amostra, para que o erro padrão de $\overline{y}$ seja de 0,5? Que suposições foram necessárias?

b. Como ficaria a resposta acima, se $N = 20.000$? E se $N = 1.000$?

c. Agora você quer planejar a amostra, de modo que o coeficiente de variação de $\overline{y}$, $CV[\overline{y}]$, seja inferior a 5%. Qual deve ser o tamanho da amostra?

3.18 Um levantamento amostral sobre a situação de saúde de uma população bastante grande visa estimar a incidência inicial de duas doenças. Suspeita-se que a incidência de uma delas é de 50% e a outra, mais rara, da ordem de 1%. Qual deve ser o tamanho da amostra em cada caso para manter o mesmo erro padrão de 0,5%? Agora, deseja-se garantir o mesmo coeficiente de variação do estimador igual a 5%. Qual deve ser o tamanho da amostra em cada caso? Que lição você aprende deste exercício?

3.19 Uma AAS de 400 pessoas, retirada de uma população com 2.000 pessoas, mostrou que 200 delas eram favoráveis a um projeto governamental.

a. Dê um intervalo de confiança 95% para a proporção P de favoráveis ao projeto na população. Que suposições foram feitas para construí-lo?

b. Que tamanho deveria ter a amostra para que tivéssemos 95% de confiança em estimar P, com erro inferior a 3%?

3.20 Você planejou uma amostra aleatória simples de n indivíduos, para estimar a média populacional μ de uma variável. Cerca de 20% recusaram-se a responder à entrevista. Que estimador você usaria para μ e qual o erro padrão? Justifique a resposta.

3.21 Um pesquisador deseja estimar a porcentagem de pessoas com sangue do tipo O, entre os 3.200 moradores de uma certa ilha. Ele quer garantir que o coeficiente de variação da estimativa não seja superior a 10%, com 95% de confiança. Ele também sabe que a proporção deve ser um número entre 20% e 30%. Que tamanho da amostra deve ser usado para um plano amostral aleatório simples

a. com reposição?

b. sem reposição?

3.22 A seção de pessoal de uma companhia mantém fichas cadastrais de seus 800 empregados. Sabe-se que algumas fichas estão incorretamente preenchidas e deseja-se estimar qual a proporção destas fichas. De 100 fichas escolhidas aleatoriamente, 25 estavam incorretas.

a. Estime o total de fichas incorretas no arquivo e estabeleça um intervalo de confiança para este número.

b. Que tamanho deveria ter a amostra, para que o erro de estimação fosse de 0,04?

3.23 Um programa de saúde irá vacinar todos os escolares, da 1ª à 4ª séries do ensino fundamental, pertencentes à rede oficial de um distrito educacional. Estimam-se em cerca de 15.000 alunos, distribuídos em nove escolas com aproximadamente o mesmo número de alunos em cada uma delas. O número médio de alunos por classe é 35. As escolas estão situadas geograficamente próximas (dentro de um círculo de 3 km de raio, aproximadamente). Pretende-se usar o plano de vacinação para colher uma amostra para responder a dois objetivos principais:

i. Estimar a proporção de crianças infectadas com doença de Chagas, a qual supõe-se não ser superior a 2%;

ii. Estimar a proporção de crianças nascidas fora da região, esperando-se que seja alta, da ordem de 40%.

Você foi encarregado de propor um plano amostral aleatório simples para essa pesquisa, indicando e justificando o tamanho da amostra, fórmulas de estimação e sugestões práticas para colher a amostra. Informe as suposições feitas para responder ao problema.

3.24 Para estimar a proporção P das 1.000 unidades rurais do município de Pepira dedicadas exclusivamente à pecuária, usou-se uma AAS de 100 unidades, das quais apenas 30 satisfaziam o requisito. Construa um intervalo de confiança de 95% para P.

3.25 Estuda-se o uso de amostragem para determinar o valor total de itens em estoque de uma empresa. O levantamento das 36 prateleiras de um dos armazéns apresentou os seguintes valores (em R$): 29, 38, 42, 44, 45, 47, 51, 53, 53, 54, 56, 56, 58, 58, 59, 60, 60, 60, 60, 61, 61, 61, 62, 64, 65, 67, 67, 68, 69, 71, 72, 74, 74, 77, 82 e 85. Um erro inferior a R$ 200 para o total do armazém, com 95% de confiança, é bastante aceitável. Alguém sugeriu usar uma AAS de 12 prateleiras. Você concorda com a sugestão?

3.26 Estudo odontológico realizado em uma população de 1.000 crianças revelou o aparecimento de 2,2 cáries em média, a cada 6 meses. Introduziu-se uma pasta dental com nova composição e após, um período de tratamento, sortearam-se dez crianças para verificar os primeiros resultados, obtendo-se os seguintes números de cáries: 0, 4, 2, 3, 2, 0, 3, 4, 1 e 1. Qual seria a sua resposta após analisar os resultados? Declare as suposições feitas para as suas respostas.

3.27 A prefeitura de Pepira pretende estimar o número de domicílios com pelo menos um morador com mais de 65 anos. Em uma amostra aleatória simples de 60 casas, 11 tinham pelo menos um morador idoso. A cidade tem 621 domicílios, segundo os registros da prefeitura.

a. Estime a proporção P de domicílios na cidade com moradores idosos, bem como o erro padrão.

b. Se você deseja que o erro de estimação não seja superior a oito pontos percentuais para mais ou para menos, que tamanho de amostra deveria ser usado?

3.28 Compare os planos AASc e AASs, destacando as principais vantagens de um e de outro. Em sua opinião, qual é melhor e por quê?

3.29 Uma amostra probabilística de 1.200 fazendas apresentou uma produtividade média de $\overline{y}_1 = 560$ caixas por alqueire e um erro padrão $\sqrt{var[\overline{y}_1]} = 15$.

a. Para a safra seguinte, você planeja uma amostra similar. Quanto você imagina que seja o erro padrão da diferença $\overline{y}_1 - \overline{y}_2$? Que suposições foram feitas para responder à questão anterior? Como ficaria a sua reposta, se as suposições não se verificassem?

b. Se a segunda amostra tivesse apenas 400 fazendas, qual seria o erro padrão da diferença $\overline{y}_1 - \overline{y}_2$? Quais as suposições necessárias? Como ficaria a resposta no caso de não serem verdadeiras?

c. Da primeira amostra de 1.200, decidiu-se comparar duas subcategorias (grandes e pequenas), cada uma com 1/10 dos elementos da amostra. Qual a magnitude do erro padrão de $\overline{y}_g - \overline{y}_p$? Que suposições foram feitas e como ficaria a resposta, quando não fossem verdadeiras?

Teóricos

3.30 Prove o Teorema 3.7.

3.31 Verifique a validade da expressão (3.22).

3.32 Para uma população $\mathcal{U}$ de tamanho N, com $\mathbf{D} = (Y_1, \ldots, Y_N)$, mostre que

$$\sum_{i=1}^{N} (Y_i - \overline{Y}) = 0.$$

3.33 Prove o Teorema 3.9.

3.34 Mostre que um intervalo de confiança para o total populacional τ com coeficiente de confiança aproximadamente igual a $1 - \alpha$ é dado por

$$\left(T - z_\alpha \sqrt{N^2(1-f)\frac{s^2}{n}}; T + z_\alpha \sqrt{N^2(1-f)\frac{s^2}{n}} \right).$$

Use o intervalo acima para construir um intervalo para o total de faltas no Exemplo 3.5.

3.35 Verifique a validade da expressão (3.29).

3.36 Prove o Lema 3.1.

3.37 a. Elevando ao quadrado a expressão $\sum_{i=1}^{N} Y_i = N\mu$, mostre que $\sum_{i=1}^{N}\sum_{j\neq i} Y_iY_j$ $(N-1)\left(S^2 - N\mu\right)$.

b. Verifique a validade da expressão (3.35), usando o item (b).

3.38 Considere a classe dos estimadores lineares $\overline{y}_{s\ell}$ dados na Definição 3.1. Encontre a condição para que $\overline{y}_{s\ell}$ seja não viciado para o total populacional τ. Usando este resultado, mostre que $\hat{\tau} = T = N\overline{y}$ é o estimador de menor variância na classe dos estimadores lineares não viciados, considerando AASc e também AASs.

3.39 Uma AASc de tamanho $n = 3$ é selecionada de uma população com N elementos. Mostre que a probabilidade de que a amostra contenha 1, 2 ou 3 elementos diferentes (por exemplo, aaa, aab e abc, respectivamente) é

$$P_1 = \frac{1}{N^2}, \quad P_2 = \frac{3(N-1)}{N^2}, \quad P_3 = \frac{(N-1)(N-2)}{N^2}.$$

Como um estimador de μ considere $\overline{y}'$, a média não ponderada sobre as unidades diferentes da amostra. Mostre que

$$Var\left[\overline{y}'\right] = S^2\left(\frac{N-1}{N}P_1 + \frac{N-2}{2N}P_2 + \frac{N-3}{3N}P_3\right),$$

e conclua que

$$Var\left[\overline{y}'\right] = \frac{(2N-1)(N-1)S^2}{6N^2} \simeq \left(1 - \frac{f}{2}\right)\frac{S^2}{3},$$

onde $f = n/N$ é a fração amostral.

3.40 Para $N = 3$ e AASs com $n = 2$, considere o estimador

$$\overline{y}_I = \begin{cases} \frac{1}{2}Y_1 + \frac{1}{2}Y_2, & \text{se } \mathbf{s}=\{1,2\} \\ \frac{1}{2}Y_1 + \frac{2}{3}Y_3, & \text{se } \mathbf{s}=\{1,3\} \\ \frac{1}{2}Y_2 + \frac{1}{3}Y_3, & \text{se } \mathbf{s}=\{2,3\} \end{cases}.$$

Mostre que $\overline{y}_I$ é não viciado e que $Var[\overline{y}_I] < Var[\overline{y}]$, se $Y_3(3Y_2 - 3Y_1 - Y_3) > 0$.

3.41 Considere uma população onde Y_1 é pequeno e Y_N é grande. Para esta situação, temos o estimador

$$\overline{y}_c = \begin{cases} \overline{y} + c, & \text{se } 1 \in \mathbf{s} \text{ e } N \notin \mathbf{s} \\ \overline{y} - c, & \text{se } 1 \notin \mathbf{s} \text{ e } N \in \mathbf{s} \\ \overline{y}, & \text{se } 1 \notin \mathbf{s} \text{ e } N \notin \mathbf{s} \end{cases},$$

onde c é uma constante positiva. Verifique que

$$Var[\overline{y}_c] = (1-f)\left\{\frac{S^2}{n} - \frac{2c}{N-1}(Y_N - Y_1 - nc)\right\},$$

de modo que $Var[\overline{y}_c] < Var[\overline{y}]$, se $0 < c < (Y_N - Y_1)/n$.

3.42 Discuta a obtenção das expressões para o tamanho da amostra para os casos do erro máximo relativo para as situações AASc e AASs para a média e total populacionais. No caso da média populacional, por exemplo, queremos n de modo que

$$P\left(\left|\frac{\overline{y} - \mu}{\mu}\right| \leq r\right) \simeq \gamma.$$

3.43 Para amostras de uma AASc de tamanho n de uma população com N elementos, mostre que a probabilidade de que não haja elementos repetidos é dada por $(N)_n/N^n$, onde $(N)_n = N(N-1)\ldots(N-n+1)$.

Capítulo 4

Amostragem estratificada

Amostragem estratificada consiste na divisão de uma população em grupos (chamados estratos) segundo alguma(s) característica(s) conhecida(s) na população sob estudo, e de cada um desses estratos são selecionadas amostras em proporções convenientes. A estratificação é usada principalmente para resolver alguns problemas como: a melhoria da precisão das estimativas; produzir estimativas para a população toda e subpopulações; por questões administrativas, etc. Aqui será abordado muito mais o primeiro motivo.

Foi visto que, para uma amostra AASc de tamanho n, a variância do estimador média amostral, $\overline{y}$, é dada por

$$Var[\overline{y}] = \frac{\sigma^2}{n}.$$

Aumentando-se o tamanho da amostra, o erro padrão diminui. Se a população é muito heterogênea e as razões de custo limitam o aumento da amostra, torna-se impossível definir uma AASc da população toda com uma precisão razoável. Uma saída para esse problema é dividir a população em subpopulações internamente mais homogêneas, ou seja, grupos com variâncias σ^2 pequenas que diminuirão o erro amostral global.

Exemplo 4.1 Considere uma pesquisa feita em uma população com $N = 8$ domicílios, onde são conhecidas as variáveis renda domiciliar (Y) e local do domicílio (W), com os códigos A para região alta e B para região baixa. Tem-se, então,

$$\mathcal{U} = \{1, 2, 3, 4, 5, 6, 7, 8\},$$

com

$$\mathbf{D} = \begin{pmatrix} \mathbf{y}' \\ \mathbf{w}' \end{pmatrix} = \begin{pmatrix} 13 & 17 & 6 & 5 & 10 & 12 & 19 & 6 \\ B & A & B & B & B & A & A & B \end{pmatrix}.$$

Para esta população calcula-se os parâmetros:

$$\mu = 11 \quad \text{e} \quad \sigma^2 = 24.$$

Para o plano AASc de tamanho $n = 4$, sabe-se também que

$$Var[\overline{y}] = \frac{24}{4} = 6.$$

Usando-se a segunda variável para estratificar a população em dois estratos, constroem-se as seguintes subpopulações:

$$\mathcal{U}_A = \{2, 6, 7\}, \quad \mathbf{D}_A = (17, 12, 19)$$

e

$$\mathcal{U}_B = \{1, 3, 4, 5, 8\}, \quad \mathbf{D}_B = (13, 6, 5, 10, 6),$$

com os seguintes parâmetros:

$$\mu_A = 16, \quad \sigma_A^2 \cong 8,7, \quad \mu_B = 8 \quad \text{e} \quad \sigma_B^2 = 9,2.$$

Sorteando-se em cada estrato uma amostra AASc de tamanho $n = 2$, tem-se que

$$Var\,[\overline{y}_A] \cong \frac{8,7}{2} = 4,35$$

e

$$Var\,[\overline{y}_B] = \frac{9,2}{2} = 4,60.$$

Com base em $\overline{y}_A$ e $\overline{y}_B$, é preciso construir um estimador para μ, a média populacional. Será visto adiante que uma possibilidade é considerar

$$\overline{y}_{es} = \frac{3\overline{y}_A + 5\overline{y}_B}{8},$$

já que $3\overline{y}_A$ é um estimador para τ_A e $5\overline{y}_B$ é um estimador para τ_B. Será visto também que

$$Var\,[\overline{y}_{es}] = \frac{9}{64} Var\,[\overline{y}_A] + \frac{25}{64} Var\,[\overline{y}_B] \cong 2,4.$$

Pode-se então medir o efeito do planejamento:

$$EPA = \frac{Var\,[\overline{y}_{es}]}{Var\,[\overline{y}]} \cong \frac{2,4}{6,0} = 0,40.$$

Portanto, com o mesmo tamanho da amostra, consegue-se diminuir a variância do estimador em mais da metade.

O resultado será mais eficaz quanto maior for a habilidade do pesquisador em produzir estratos homogêneos. O caso limite, é aquele onde se consegue a homogeneidade máxima (variância nula dentro de cada estrato), onde então a estimativa acerta o parâmetro populacional. A simples estratificação por si só não produz necessariamente estimativas mais eficientes do que a AAS. O Exemplo 4.2 ilustra tal situação.

Exemplo 4.2 Considere agora a mesma população do Exemplo 4.1, porém dividida nos seguintes estratos:

$$\mathcal{U}_1 = \{1, 2, 3, 4\}, \quad \text{e} \quad \mathcal{U}_2 = \{5, 6, 7, 8\},$$

com os seguintes dados:

$$\mathbf{D}_1 = (13, 17, 6, 5) \quad \text{e} \quad \mathbf{D}_2 = (10, 12, 19, 6)$$

cujos parâmetros são:

$$\mu_1 = 10,25, \quad \sigma_1^2 \cong 24,69, \quad \mu_2 = 11,75 \quad \text{e} \quad \sigma_2^2 \cong 22,19.$$

Conseqüentemente, para a AASc dentro de cada estrato, com $n_1 = n_2 = 2$, tem-se que

$$Var[\overline{y}_1] \cong \frac{24,69}{2} \cong 12,34$$

e

$$Var[\overline{y}_2] \cong \frac{22,19}{2} \cong 11,09.$$

Finalmente,

$$Var[\overline{y}_{es}] = \frac{16}{64}12,34 + \frac{16}{64}11,09 \cong 5,86,$$

com

$$EPA \cong \frac{5,86}{6,00} \cong 0,98,$$

que mostra o plano estratificado com desempenho bastante próximo ao do plano AASc para a estratificação considerada.

A execução de um plano de amostragem estratificada (AE) exige os seguintes passos:

i. divisão da população em subpopulações bem definidas (estratos);

ii. de cada estrato retira-se uma amostra, usualmente independente;

iii. em cada amostra, usam-se estimadores convenientes para os parâmetros do estrato;

iv. monta-se para a população um estimador combinando os estimadores de cada estrato, e determinam-se suas propriedades.

4.1 Notação e relações úteis

Considere uma população bem descrita por um sistema de referência, ou seja,

$$\mathcal{U} = \{1, 2, \ldots, N\}$$

e que exista uma partição $\mathcal{U}_1, \ldots, \mathcal{U}_H$ de $\mathcal{U}$, isto é,

$$\mathcal{U} = \bigcup_{h=1}^{H} \mathcal{U}_h \quad \text{e} \quad \mathcal{U}_h \bigcap \mathcal{U}_{h'} = \phi, \tag{4.1}$$

para $h \neq h' = 1, \ldots, H$, e que cada subconjunto $\mathcal{U}_h$, bem determinado, é identificado por duplas ordenadas, do seguinte modo:

$$\mathcal{U}_h = \{(h, 1), (h, 2), \ldots, (h, N_h)\}.$$

Assim, o universo todo pode ser descrito por

$$\mathcal{U} = \{(1, 1), \ldots, (1, N_1), \ldots, (h, 1), \ldots, (h, i), \ldots, (h, N_h), \ldots, (H, 1), \ldots, (H, N_H)\},$$

de modo a facilitar a identificação do estrato e do elemento dentro dele. De modo análogo, as características populacionais serão identificadas por dois índices, ou seja, no caso univariado, por exemplo, tem-se o vetor de características populacionais

$$\mathbf{D} = (Y_{11}, \ldots, Y_{1N_1}, \ldots, Y_{hi}, \ldots, Y_{HN_H}), \tag{4.2}$$

ou seja, para o estrato 1 tem-se as características populacionais $Y_{11}, \ldots, Y_{1N_1}$ e assim por diante. Pode-se representar também a população com as características populacionais e algumas funções paramétricas populacionais através da Tabela 4.1.

Eis algumas definições e relações entre os parâmetros:

- N_h: tamanho do estrato h;
- $\tau_h = \sum_{i=1}^{N_h} Y_{hi}$: total do estrato h;

Tabela 4.1: Uma população estratificada

Estrato	Dados	Total	Média	Variância
1	$\mathbf{Y}_1$ *	τ_1	$\mu_1 = \overline{Y}_1$	σ_1^2 ou S_1^2
$\vdots$	$\vdots$	$\vdots$	$\vdots$	$\vdots$
h	$\mathbf{Y}_h$ *	τ_h	$\mu_h = \overline{Y}_h$	σ_h^2 ou S_h^2
$\vdots$	$\vdots$	$\vdots$	$\vdots$	$\vdots$
H	$\mathbf{Y}_H$ *	τ_H	$\mu_H = \overline{Y}_H$	σ_H^2 ou S_H^2

* onde $\mathbf{Y}'_h = (Y_{h1}, \ldots, Y_{hN_h})$ é o vetor de dados no estrato h, $h = 1, \ldots, H$.

- $\mu_h = \overline{Y}_h = \frac{1}{N_h} \sum_{i=1}^{N_h} Y_{hi}$: média do estrato h;

- $S_h^2 = \frac{1}{N_h - 1} \sum_{i=1}^{N_h} (Y_{hi} - \mu_h)^2$: variância do estrato h;

- $\sigma_h^2 = \frac{1}{N_h} \sum_{i=1}^{N_h} (Y_{hi} - \mu_h)^2$: variância do estrato h;

- $N = \sum_{h=1}^{H} N_h$: tamanho do universo;

- $W_h = \frac{N_h}{N}$: peso (proporção) do estrato h, com $\sum_{h=1}^{H} W_h = 1$;

- $\tau = \sum_{h=1}^{H} \tau_h = \sum_{h=1}^{H} \sum_{i=1}^{N_h} Y_{hi} = \sum_{h=1}^{H} N_h \mu_h$: total populacional;

- $\mu = \overline{Y} = \frac{\tau}{N} = \frac{1}{N} \sum_{h=1}^{H} \sum_{i=1}^{N_h} Y_{hi} = \frac{1}{N} \sum_{h=1}^{H} N_h \mu_h = \sum_{h=1}^{H} W_h \mu_h$: média populacional;

de modo que a média global é a média ponderada dos estratos.

Um resultado bastante importante e também conhecido, envolvendo formas quadráticas, estabelece que (veja o Exercício 4.30)

$$\sum_{h=1}^{H} \sum_{i=1}^{N_h} (Y_{hi} - \mu)^2 = \sum_{h=1}^{H} \sum_{i=1}^{N_h} (Y_{hi} - \mu_h)^2 + \sum_{h=1}^{H} N_h (\mu_h - \mu)^2, \tag{4.3}$$

que permite escrever

$$
\begin{aligned}
\sigma^2 &= \frac{1}{N}\sum_{h=1}^{H}\sum_{i=1}^{N_h}(Y_{hi}-\mu)^2 \\
&= \frac{1}{N}\left\{\sum_{h=1}^{H}\sum_{i=1}^{N_h}(Y_{hi}-\mu_h)^2+\sum_{h=1}^{H}N_h(\mu_h-\mu)^2\right\} \\
&= \frac{1}{N}\left\{\sum_{h=1}^{H}N_h\sigma_h^2+\sum_{h=1}^{H}N_h(\mu_h-\mu)^2\right\} \\
&= \sum_{h=1}^{H}W_h\sigma_h^2+\sum_{h=1}^{H}W_h(\mu_h-\mu)^2, \qquad (4.4)
\end{aligned}
$$

ou ainda

$$\sigma^2=\sigma_d^2+\sigma_e^2,$$

onde

$$\sigma_d^2=\sum_{h=1}^{H}W_h\sigma_h^2$$

é a média das variâncias dos estratos (variância dentro) e

$$\sigma_e^2=\sum_{h=1}^{H}W_h(\mu_h-\mu)^2$$

mede a variação das médias dos estratos (chamar-se-á de variância entre estratos).

Para a expressão S^2, tem-se, de modo análogo,

$$S^2=\sum_{h=1}^{H}\frac{N_h-1}{N-1}S_h^2+\sum_{h=1}^{H}\frac{N_h}{N-1}(\mu_h-\mu)^2,$$

ou para estratos relativamente grandes,

$$S^2\simeq\sigma_d^2+\sigma_e^2\simeq S_d^2+\sigma_e^2,$$

onde $S_d^2=\sum_{h=1}^{H}W_hS_h^2$. Convém observar que, quando todos os estratos têm a mesma média, ou seja, $\mu_h=\mu$, $h=1,\ldots,H$, a variância populacional σ^2 coincide com σ_d^2. Quanto maior for σ_e^2, maior é a diferença $\sigma^2-\sigma_d^2$.

Para se obter informação sobre as funções paramétricas de interesse, uma amostra $\mathbf{s}_h$ é selecionada do estrato h, $h=1,\ldots,H$, de acordo com algum plano amostral especificado A_h, $h=1,\ldots,H$. Como no caso da AAS têm-se associadas com a seleção da amostra no h-ésimo estrato as variáveis aleatórias

$$y_{h1},\ldots,y_{hn_h}, \qquad (4.5)$$

$h = 1, \ldots, H$, que assumem os valores $Y_{h1}, \ldots, Y_{hN_h}$, com probabilidades dependendo do plano amostral utilizado.

A nomenclatura usada para denotar estatísticas é semelhante àquela usada para denotar as funções paramétricas populacionais. Desse modo, tem-se

$$\overline{y}_h = \frac{1}{n_h} \sum_{i \in \mathbf{s}_h} Y_{hi},$$

$$T_h = \sum_{i \in \mathbf{s}_h} Y_{hi}$$

e

$$s_h^2 = \frac{1}{n_h - 1} \sum_{i \in \mathbf{s}_h} (Y_{hi} - \overline{y}_h)^2,$$

que denotam, respectivamente, a média, o total e a variância amostral no estrato h, $h = 1, \ldots, H$, enquanto que, para a amostra toda, $\mathbf{s} = \bigcup_{h=1}^{H} \mathbf{s}_h$, de tamanho

$$n = \sum_{h=1}^{H} n_h,$$

tem-se que

$$\overline{y} = \frac{1}{n} \sum_{h=1}^{H} \sum_{i \in \mathbf{s}_h} Y_{hi},$$

$$T = \sum_{h=1}^{H} \sum_{i \in \mathbf{s}_h} Y_{hi}$$

e

$$s^2 = \frac{1}{n-1} \sum_{h=1}^{H} \sum_{i \in \mathbf{s}_h} (Y_{hi} - \overline{y})^2.$$

Antes de terminar, é importante lembrar algumas propriedades de variáveis aleatórias (ver Bussab e Morettin, 2004, Capítulo 8). Se $X_1, \ldots, X_H$ são variáveis aleatórias independentes, então para $X = \sum_{h=1}^{H} l_h X_h$

$$E[X] = \sum_{h=1}^{H} l_h E[X_h] \tag{4.6}$$

e

$$Var[X] = \sum_{h=1}^{H} l_h^2 Var[X_h]. \tag{4.7}$$

4.2 Estimação do total e da média populacional

Considere a seguinte situação:

a. uma população estratificada como na seção anterior;

b. de cada estrato foi sorteada independentemente uma amostra de tamanho n_h, podendo ou não ter sido usado o mesmo plano amostral dentro de cada estrato;

c. seja $\hat{\mu}_h$ um estimador não viesado da média populacional μ_h do estrato h, ou seja, $E_A[\hat{\mu}_h] = \mu_h$, onde A é o plano usado no estrato h.

Temos então os seguintes resultados:

Teorema 4.1 *O estimador*

$$T_{es} = \sum_{h=1}^{H} N_h \hat{\mu}_h$$

é não viesado para o total populacional τ, *com*

$$Var_A[T_{es}] = \sum_{h=1}^{H} N_h^2 Var_A[\hat{\mu}_h].$$

Prova. Usando-se as relações (4.6) e (4.7) tem-se, para um plano amostral A, que

$$E_A[T_{es}] = \sum_{h=1}^{H} N_h E_A[\hat{\mu}_h] = \sum_{h=1}^{H} N_h \mu_h = \sum_{h=1}^{H} \tau_h = \tau$$

e

$$Var_A[T_{es}] = \sum_{h=1}^{H} N_h^2 Var_A[\hat{\mu}_h].$$

Corolário 4.1 *O estimador*

$$\overline{y}_{es} = \frac{1}{N} \sum_{h=1}^{H} N_h \hat{\mu}_h = \sum_{h=1}^{H} W_h \hat{\mu}_h$$

é um estimador não viesado da média populacional μ *e*

$$Var_A[\overline{y}_{es}] = \sum_{h=1}^{H} W_h^2 Var_A[\hat{\mu}_h].$$

Corolário 4.2 *Considere agora que, dentro de cada estrato, a amostra foi sorteada por um processo AASc e que* $\hat{\mu}_h = \overline{y}_h$. *Então, tem-se para as duas situações acima as seguintes fórmulas:*

$$T_{es} = \sum_{h=1}^{H} N_h \overline{y}_h, \quad Var[T_{es}] = \sum_{h=1}^{H} N_h^2 \frac{\sigma_h^2}{n_h}$$

e

$$\overline{y}_{es} = \sum_{h=1}^{H} W_h \overline{y}_h, \quad Var[\overline{y}_{es}] = \sum_{h=1}^{H} W_h^2 \frac{\sigma_h^2}{n_h},$$

com estimadores não viesados dados por

$$var[T_{es}] = \sum_{h=1}^{H} N_h^2 \frac{s_h^2}{n_h}$$

e

$$var[\overline{y}_{es}] = \sum_{h=1}^{H} W_h^2 \frac{s_h^2}{n_h}.$$

Este procedimento e a sua variante sem reposição (veja o Exercício 4.35) é um dos planos amostrais mais usados em problemas reais.

Exemplo 4.3 (Continuação do Exemplo 4.1) Com os resultados do teorema e corolários ilustrados, fica fácil agora verificar como foram encontradas as variâncias mencionadas no Exemplo 4.1. Sugere-se ao leitor verificar os resultados obtidos.

4.3 Alocação da amostra pelos estratos

A distribuição das n unidades da amostra pelos estratos chama-se alocação da amostra. Essa distribuição é muito importante, pois ela é que irá garantir a precisão do procedimento amostral como pode ser visto no Exemplo 4.4.

Exemplo 4.4 Considere agora a população do Exemplo 4.1 com a seguinte estratificação:

$$\mathcal{U}_1 = \{2, 4, 7\} \quad \text{com} \quad \mathbf{D}_1 = (17, 5, 19)$$

e

$$\mathcal{U}_2 = \{1, 3, 5, 6, 8\} \quad \text{com} \quad \mathbf{D}_2 = (13, 6, 10, 12, 6),$$

com os seguintes parâmetros populacionais:

$$\mu_1 \cong 13,7, \quad S_1^2 \cong 57,3, \quad \mu_2 = 9,4 \quad \text{e} \quad S_2^2 = 10,8.$$

Considere também uma primeira situação em que, em ambos os estratos, usou-se AASs, com $n_1 = 1$ e $n_2 = 2$ (alocação AL_1), ou seja, $n = 3$. Usando-se os resultados do Teorema 4.1 tem-se

$$Var_{AL_1}[\overline{y}_{es}] \cong \left(\frac{3}{8}\right)^2 \left(1 - \frac{1}{3}\right) \frac{57,3}{1} + \left(\frac{5}{8}\right)^2 \left(1 - \frac{2}{5}\right) \frac{10,8}{2} \cong 6,64.$$

Imagine agora a alocação contrária, isto é, $n_1 = 2$ e $n_2 = 1$ (alocação AL_2), de modo que $n = 3$, resultando em

$$Var_{AL_2}[\overline{y}_{es}] \cong \left(\frac{3}{8}\right)^2 \left(1 - \frac{2}{3}\right) \frac{57,3}{2} + \left(\frac{5}{8}\right)^2 \left(1 - \frac{1}{5}\right) \frac{10,8}{1} \cong 4,72.$$

Comparando as variâncias obtém-se

$$\frac{Var_{AL_1}[\overline{y}_{es}]}{Var_{AL_2}[\overline{y}_{es}]} \cong \frac{6,64}{4,72} \cong 1,41,$$

ou seja, a segunda alocação reduz a variância, donde se conclui a importância do processo de alocação.

Antes de prosseguir, convém observar que, quanto maior a variância do estrato, maior deve ser também o tamanho da amostra a ele designado, ou seja, f_h. Porém, deve ser balanceado com o tamanho do estrato, representado por W_h, $h = 1, \ldots, H$.

Nas considerações que serão feitas a seguir, as deduções serão feitas supondo-se que dentro de cada estrato foi usado o esquema AASc. Caso seja usado qualquer outro esquema, pode-se usar o mesmo procedimento para encontrar as propriedades dos estimadores de interesse.

4.3.1 Alocação proporcional

Neste tipo de procedimento, a amostra de tamanho n é distribuída proporcionalmente ao tamanho dos estratos, isto é,

$$n_h = nW_h = n\frac{N_h}{N}. \tag{4.8}$$

Este procedimento é, muitas vezes, também chamado de amostragem "representativa". Aqui será usada a nomenclatura **Amostragem Estratificada Proporcional (AEpr)**.

Teorema 4.2 *Com relação à AEpr, o estimador $\overline{y}_{es}$ é igual à média amostral simples $\overline{y}$, com*

$$V_{pr} = Var[\overline{y}_{es}] = \sum_{h=1}^{H} W_h \frac{\sigma_h^2}{n} = \frac{\sigma_d^2}{n}$$

que é estimado por

$$var[\overline{y}_{es}] = \sum_{h=1}^{H} W_h \frac{s_h^2}{n}.$$

Prova. Partindo-se da média $\overline{y}_{es}$ e da expressão (4.8), tem-se que

$$\overline{y}_{es} = \sum_{h=1}^{H} W_h \overline{y}_h = \sum_{h=1}^{H} W_h \frac{1}{n_h} \sum_{i \in \mathbf{s}_h} Y_{hi} = \sum_{h=1}^{H} W_h \frac{1}{nW_h} \sum_{i \in \mathbf{s}_h} Y_{hi} = \frac{1}{n} \sum_{h=1}^{H} \sum_{i \in \mathbf{s}_h} Y_{hi} = \overline{y}.$$

Tem-se também que

$$f_h = \frac{n_h}{N_h} = \frac{nW_h}{NW_h} = \frac{n}{N}$$

e que

$$\frac{W_h^2}{n_h} = \frac{W_h^2}{nW_h} = \frac{W_h}{n}.$$

Substituindo-se em $Var[\overline{y}_{es}]$, juntamente com o Corolário 4.2, tem-se que

$$Var[\overline{y}_{es}] = \sum_{h=1}^{H} W_h^2 \frac{\sigma_h^2}{n_h} = \sum_{h=1}^{H} W_h \frac{\sigma_h^2}{n} = \frac{\sigma_d^2}{n}. \tag{4.9}$$

Como dentro de cada estrato, s_h^2 é um estimador não viesado para σ_h^2, então

$$var[\overline{y}_{es}] = \sum_{h=1}^{H} W_h \frac{s_h^2}{n}$$

é um estimador não viesado de $Var[\overline{y}_{es}] = V_{pr}$, o que conclui a prova do teorema.

Observe que a expressão (4.9) sugere que o plano amostral estratificado proporcional "equivale" a estudar as propriedades do estimador $\overline{y}$ associado à AASc, retirada de uma população com variância σ_d^2. Pede-se ao leitor tentar interpretar esta afirmação e verificar o seu significado.

4.3.2 Alocação uniforme

Na **Amostragem Estratificada Uniforme (AEun)**, atribui-se o mesmo tamanho de amostra para cada estrato. É o procedimento indicado quando se pretende apresentar estimativas separadas para cada estrato. Para cada um dos H estratos têm-se

$$n_h = \frac{n}{H} = k \quad \text{e} \quad f_h = \frac{k}{N_h}.$$

Deste modo, tem-se o

Corolário 4.3 *Com relação à AEun, $\overline{y}_{es}$ é um estimador não viesado com variância expressa por*

$$V_{un} = Var[\overline{y}_{es}] = \sum_{h=1}^{H} W_h^2 \frac{\sigma_h^2}{k}$$

que é estimada por

$$var[\overline{y}_{es}] = \sum_{h=1}^{H} W_h^2 \frac{s_h^2}{k}.$$

Prova. Basta aplicar as especificações acima nos resultados do Corolário 4.2.

4.3.3 Alocação ótima de Neyman

Nesta seção, será discutido o problema de como alocar o tamanho da amostra pelos vários estratos, de tal forma que certas condições sejam verificadas. Para isso considera-se uma função de custo de forma linear, isto é,

$$C = c_0 + \sum_{h=1}^{H} c_h n_h \quad \text{ou} \quad C' = C - c_0 = \sum_{h=1}^{H} c_h n_h, \tag{4.10}$$

onde c_0 denota o custo inicial, c_h o custo por unidade observada no estrato h e C' o custo variável. De acordo com o Corolário 4.2, escreve-se

$$Var[\overline{y}_{es}] = \sum_{h=1}^{H} W_h^2 \frac{\sigma_h^2}{n_h} = V_{es}.$$

Mais especificamente, o problema é minimizar V_{es} para C fixado ou minimizar C para V_{es} fixado. Este problema tem uma solução única e bastante simples quando se utiliza a desigualdade de Cauchy–Schwarz,

$$\left(\sum a_h^2\right)\left(\sum b_h^2\right) \geq \left(\sum a_h b_h\right)^2, \tag{4.11}$$

de modo que a igualdade ocorre, quando

$$\frac{b_h}{a_h} = k \text{ (constante)},$$

para $h = 1, \ldots, H$.

Teorema 4.3 *Na AE com a função de custo linear, temos que V_{es} é mínimo para C' fixado ou C' é mínimo para V_{es} fixado, se*

$$n_h = n \frac{W_h \sigma_h / \sqrt{c_h}}{\sum_{h=1}^{H} W_h \sigma_h / \sqrt{c_h}}, h = 1, \ldots, H. \tag{4.12}$$

Prova. O problema consiste então em minimizar

$$(4.13) \qquad V_{es} = \sum_{h=1}^{H} W_h^2 \frac{\sigma_h^2}{n_h}$$

sujeito a um custo fixo C', ou minimizar o custo C' para uma variância V_{es} fixada. Então, minimizar V_{es} para C' fixado ou C' para V_{es} fixado é equivalente a minimizar o produto

$$(4.14) \qquad V_{es}C' = \left(\sum_{h=1}^{H} W_h^2 \frac{\sigma_h^2}{n_h}\right)\left(\sum_{h=1}^{H} c_h n_h\right).$$

Identificando-se o produto $V_{es}C'$ em (4.14) com o lado esquerdo da desigualdade de Cauchy–Schwartz, tem-se que

$$a_h = \frac{W_h \sigma_h}{\sqrt{n_h}} \quad \text{e} \quad b_h = \sqrt{c_h n_h},$$

de modo que o produto $V_{es}C'$ em (4.14) é mínimo, quando

$$(4.15) \qquad \frac{b_h}{a_h} = \frac{\sqrt{c_h n_h}}{W_h \sigma_h / \sqrt{n_h}} = \frac{n_h \sqrt{c_h}}{W_h \sigma_h} = k,$$

$h = 1, \ldots, H$, onde k é uma constante. Tem-se então de (4.15) que o produto $V_{es}C'$ é mínimo, quando

$$(4.16) \qquad n_h = k \frac{W_h \sigma_h}{\sqrt{c_h}},$$

$h = 1, \ldots, H$. Como $\sum_{h=1}^{H} n_h = n$, tem-se de (4.16) que

$$(4.17) \qquad k = \frac{n}{\sum_{h=1}^{H} W_h \sigma_h / \sqrt{c_h}}.$$

Substituindo-se (4.17) em (4.16), obtém-se o resultado (4.12).

Portanto, de acordo com o Teorema 4.3, o número ótimo de unidades a serem observadas no estrato h é diretamente proporcional a $N_h \sigma_h$ e inversamente proporcional a $\sqrt{c_h}$. Tem-se também (veja o Exercício 4.29)

Corolário 4.4

i. Para C' fixado, o tamanho ótimo da amostra é dado por

$$(4.18) \qquad n = C' \frac{\sum_{h=1}^{H} N_h \sigma_h / \sqrt{c_h}}{\sum_{h=1}^{H} N_h \sigma_h \sqrt{c_h}};$$

ii. Para V_{es} fixado, o tamanho ótimo da amostra é dado por

$$(4.19) \qquad n = \frac{1}{V_{es}} \left(\sum_{h=1}^{H} W_h \sigma_h \sqrt{c_h} \right) \left(\sum_{h=1}^{H} \frac{W_h \sigma_h}{\sqrt{c_h}} \right),$$

onde $W_h = N_h/N$, como antes.

Corolário 4.5 *Para o caso em que o custo por unidade observada em todos os estratos seja fixado em c, isto é,*

$$C' = C - c_0 = nc,$$

a alocação ótima se reduz a

$$(4.20) \qquad n_h = n \frac{N_h \sigma_h}{\sum_{h=1}^{H} N_h \sigma_h},$$

$h = 1, \ldots, H$. Neste caso, V_{es} reduz-se a

$$(4.21) \qquad V_{ot} = \frac{1}{n} \left(\sum_{h=1}^{H} W_h \sigma_h \right)^2 = \frac{\overline{\sigma}^2}{n},$$

onde $\overline{\sigma} = \sum_{h=1}^{H} W_h \sigma_h$ é um desvio padrão médio dentro de cada estrato.

A alocação (4.20) é usualmente conhecida por alocação ótima de Neyman. Neste caso, o número de unidades a serem observadas no estrato h é proporcional a $N_h \sigma_h$.

4.3.4 Efeito do planejamento

Os resultados a seguir apresentam comparações entre: a utilização de um planejamento AE com alocação proporcional, a de um planejamento com alocação ótima e a utilização de um planejamento AAS com reposição. Seja

$$V_c = Var_{\text{AASc}}[\overline{y}] = \frac{\sigma^2}{n}$$

e como visto no Teorema 4.2, para a alocação proporcional,

$$(4.22) \qquad V_{pr} = \frac{1}{n} \sum_{h=1}^{H} W_h \sigma_h^2 = \frac{\sigma_d^2}{n}.$$

E para a alocação ótima com n fixo, temos a variância V_{ot} dada por (4.21).

Teorema 4.4 *Com relação à AASc, tem-se que*

$$V_{ot} \leq V_{pr} \leq V_c.$$

Prova. De acordo com (4.4), tem-se que

$$\begin{aligned} N\sigma^2 &= \sum_{h=1}^{H}\sum_{i=1}^{N_h}(Y_{hi}-\mu)^2 \\ &= \sum_{h=1}^{H} N_h\sigma_h^2 + \sum_{h=1}^{H} N_h\left(\mu_h-\mu\right)^2. \end{aligned} \tag{4.23}$$

Então, σ^2 em (4.23) pode ser escrita como

$$\sigma^2 = \sum_{h=1}^{H} W_h\sigma_h^2 + \sum_{h=1}^{H} W_h(\mu_h-\mu)^2 = \sigma_d^2 + \sigma_e^2.$$

Conseqüentemente, escreve-se

$$V_c = \frac{\sigma_d^2}{n} + \frac{\sigma_e^2}{n} = V_{pr} + \frac{\sigma_e^2}{n}.$$

Já que σ_e^2/n é sempre não negativo,

$$V_c \geq V_{pr}.$$

Por construção, sabe-se que $V_{ot} \leq V_{pr}$. Por outro lado (veja o Exercício 4.31),

$$\begin{aligned} V_{pr} - V_{ot} &= \frac{1}{n}\left\{\sum_{h=1}^{H} W_h\sigma_h^2 - \left(\sum_{h=1}^{H} W_h\sigma_h\right)^2\right\} \\ &= \frac{1}{n}\sum_{h=1}^{H} W_h(\sigma_h-\overline{\sigma})^2 = \frac{\sigma_{dp}^2}{n} \end{aligned} \tag{4.24}$$

onde, como em (4.21), $\overline{\sigma} = \sum_{h=1}^{H} W_h\sigma_h$, que juntamente com σ_{dp}^2, indica a variabilidade entre os desvios padrões dos estratos. Quanto maior for a heterogeneidade dos dados pelos estratos, com mais ênfase recomenda-se o uso da alocação ótima. Portanto,

$$V_c = V_{pr} + \frac{\sigma_e^2}{n} = V_{ot} + \frac{\sigma_e^2}{n} + \frac{\sigma_{dp}^2}{n}. \tag{4.25}$$

Estas últimas expressões demonstram o teorema e permitem concluir quando deve ser usada cada alocação. Assim, sempre que os estratos tiverem médias distintas (σ_e^2 grande), deve-se usar alocação proporcional ou ótima. Se, além disso, também os desvios padrões de cada estrato diferirem muito entre si (σ_{dp}^2 grande), recomenda-se a alocação ótima.

Com os resultados do Teorema 4.4 derivam-se os efeitos do planejamento para cada um dos planos acima. Assim,

$$\begin{aligned} EPA[\text{AEpr}] &= \frac{Var_{\text{AEpr}}[\overline{y}_{es}]}{Var_{\text{AASc}}[\overline{y}]} = \frac{V_{pr}}{V_c} \\ &= 1 - \frac{1}{\sigma^2}\sum_{h=1}^{H} W_h\left(\mu_h - \mu\right)^2 = 1 - \frac{\sigma_e^2}{\sigma^2}. \end{aligned}$$

Ou seja, se $1/N_h$ for desprezível, o plano estratificado proporcional produz variâncias sempre menores que aquelas produzidas por uma AASc de mesmo tamanho, e este ganho é maior quanto maior for σ_e^2. Isto é, quanto maior for a diferença entre as médias dos estratos. Para amostras muito grandes, o lucro desaparece.

Para a alocação ótima (AEot), tem-se que

$$\begin{aligned} EPA[\text{AEot}] &= \frac{Var_{\text{AEot}}[\overline{y}_{es}]}{Var_{\text{AASc}}[\overline{y}]} = \frac{V_{ot}}{V_c} \\ &= 1 - \frac{\sigma_e^2}{nV_c} - \frac{1}{nV_c}\sum_{h=1}^{H} W_h(\sigma_h - \overline{\sigma})^2 \\ &= 1 - \frac{\sigma_e^2}{\sigma^2} - \frac{\sigma_{dp}^2}{\sigma^2}. \qquad (4.26) \end{aligned}$$

Observe novamente que o EPA é sempre menor do que 1, mostrando a vantagem do uso deste plano. Esta vantagem (lucro) cresce com o aumento da diferença entre as médias dos estratos, isto é, σ_e^2 grande. Observe que o último termo da expressão mede a variabilidade dos desvios padrões dos estratos, o que significa que o ganho da alocação ótima cresce com a diferença entre as variabilidades dos estratos.

O conhecimento destes fatos é importantíssimo para orientar o estatístico a desenhar o plano amostral mais conveniente. A não ser em situações muito particulares, o plano AE produz variâncias sempre menores do que as correspondentes variâncias obtidas com o plano AASc. A prova algébrica deste resultado é bastante trabalhosa. Entretanto, considere uma situação particular, onde esta relação pode ser explorada. Suponha que, dentro de cada estrato, foi usado o plano AASc (denotado por AEc), de modo que

$$\begin{aligned} EPA[\text{AEc}] &= \frac{Var_{\text{AEc}}[\overline{y}_{es}]}{Var_{\text{AASc}}[\overline{y}]} = \frac{\sum_{h=1}^{H} W_h^2\sigma_h^2/n_h}{\sigma^2/n} \\ &= \sum_{h=1}^{H} \frac{W_h^2}{n_h/n}\frac{\sigma_h^2}{\sigma^2} = \sum_{h=1}^{H} W_h\frac{W_h}{w_h}\left(\frac{\sigma_h}{\sigma}\right)^2, \qquad (4.27) \end{aligned}$$

onde $w_h = n_h/n$, $h = 1, \ldots, H$. Observando-se a expressão acima, verifica-se a dificuldade em se concluir se a mesma é maior ou menor do que 1. Usualmente, o processo de estratificação leva a uma maior homogeneização dos dados, de modo que $\sigma_h/\sigma < 1$ e por estar elevado ao quadrado poderia anular situações onde $W_h/w_h > 1$, o que levaria ao somatório acima ser menor do que 1, ou seja, a variância da AE seria menor do que a variância obtida com o plano AASc. Entretanto, é possível construir contra exemplos onde isso não se verifica (ver Exercício 4.34).

4.4 Normalidade assintótica e intervalos de confiança

Conforme o tamanho da amostra aumenta, as distribuições de $\overline{y}_{es}$ e de $T_{es} = \hat{\tau}_{es}$ vão se aproximando da distribuição normal, de acordo com o TLC. Estes resultados continuam valendo com as alocações discutidas nas seções anteriores. Veja o Capítulo 10, onde condições são estabelecidas para a validade do TLC. Então, para n_h e N_h suficientemente grandes, temos que

$$\frac{\overline{y}_{es} - \mu}{\sqrt{\sum_{h=1}^{H} W_h^2 \sigma_h^2 / n_h}} \stackrel{a}{\sim} N(0,1) \tag{4.28}$$

e que,

$$\frac{\hat{\tau}_{es} - \tau}{\sqrt{\sum_{h=1}^{N} N_h^2 \sigma_h^2 / n_h}} \stackrel{a}{\sim} N(0,1). \tag{4.29}$$

Como σ_h^2 não é conhecido nas expressões (4.28) e (4.29), ele é substituído por seu estimador não viciado s_h^2, considerado na Seção 4.1. Usando o mesmo enfoque da Seção 3.2.4, temos que um intervalo de confiança para μ com coeficiente de confiança aproximadamente igual a $1 - \alpha$ é dado por

$$\left(\overline{y}_{es} - z_\alpha \sqrt{\sum_{h=1}^{H} W_h^2 \frac{s_h^2}{n_h}}; \overline{y}_{es} + z_\alpha \sqrt{\sum_{h=1}^{H} W_h^2 \frac{s_h^2}{n_h}} \right).$$

Um intervalo para τ pode ser obtido de modo análogo.

4.5 Determinação do tamanho da amostra

Utilizando-se (4.28), pode-se determinar n, de modo que

$$P(|\overline{y}_{es} - \mu| \leq B) \simeq 1 - \alpha,$$

onde

$$B = z_\alpha \sqrt{\sum_{h=1}^{H} W_h^2 \frac{\sigma_h^2}{n_h}}. \tag{4.30}$$

Dado que a equação (4.30) depende de n_h e não de n diretamente, será considerado que

$$n_h = nw_h,$$

onde w_h é conhecido, $h = 1, \ldots, H$. Em particular, pode-se considerar $w_h = W_h = N_h/N$, resultando em

$$n = \frac{1}{D}\sum_{h=1}^{H} W_h\sigma_h^2 = \frac{\sigma_d^2}{D}, \tag{4.31}$$

onde $D = B^2/z_\alpha^2$, como antes. A correspondente expressão para n no caso da estimação do total populacional é considerada no Exercício 4.28.

4.6 Estimação de proporções

Como um caso particular das situações estudadas nas seções anteriores, aparece a situação onde o interesse é estudar a ocorrência de determinada característica na população. Tal característica pode ser, por exemplo, a preferência por determinado partido político, por um candidato em uma eleição, por determinada marca de produto, e assim por diante. Nestas situações, a quantidade de interesse associada ao j-ésimo elemento no h-ésimo estrato pode ser representada por

$$Y_{hi} = \begin{cases} 1, & \text{se o elemento } (h, i) \text{ possui a característica} \\ 0, & \text{caso contrário} \end{cases}$$

Sendo $\tau_h = \sum_{i=1}^{N_h} Y_{hi}$, o número de elementos que possui a característica no estrato h, tem-se que

$$P_h = \frac{\tau_h}{N_h} = \mu_h$$

é a proporção de elementos que possui a característica no estrato h, $h = 1, \ldots, H$. Então, a proporção desses elementos pode ser escrita como

$$P = \sum_{h=1}^{H} W_h P_h,$$

onde $W_h = N_h/N$, como nas seções anteriores. Dada uma amostra $\mathbf{s}_h$ de tamanho n_h selecionada segundo a AASc no estrato h, pode-se então definir para P o estimador

$$\hat{P}_{es} = p_{es} = \overline{y}_{es} = \sum_{h=1}^{H} W_h \hat{P}_h,$$

onde

$$\hat{P}_h = p_h = \overline{y}_h = \frac{T_h}{n_h}$$

e T_h é o número de elementos na amostra que possuem a característica no estrato h, $h = 1, \ldots, H$.

Identificando p_{es} com $\overline{y}_{es}$, e usando o fato de que

$$\sigma_h^2 = \frac{1}{N_h}\sum_{i=1}^{N_h}(Y_{hi} - P_h)^2 = P_h(1 - P_h),$$

conforme verificado na Seção 3.2.6, temos o (veja o Exercício 4.32)

Teorema 4.5 *Com relação à AE com reposição, tem-se que*

$$p_{es} = \hat{P}_{es} = \overline{y}_{es} = \sum_{h=1}^{H} W_h \hat{P}_h$$

é um estimador não viciado de P com

$$V_{es} = Var\left[\hat{P}_{es}\right] = \sum_{h=1}^{H} W_h^2 \frac{P_h Q_h}{n_h}, \tag{4.32}$$

onde $Q_h = 1 - P_h$, $h = 1, \ldots, H$.

O resultado a seguir é uma conseqüência direta do Teorema 3.5. Veja o Exercício 4.33.

Teorema 4.6 *Um estimador não viciado de V_{es} com relação à AE com reposição é dado por*

$$\hat{V}_{es} = \sum_{h=1}^{H} W_h^2 \frac{\hat{P}_h \hat{Q}_h}{n_h - 1},$$

onde $\hat{Q}_h = 1 - \hat{P}_h$.

Utilizando-se a aproximação normal discutida na Seção 4.4, encontra-se um intervalo de confiança aproximado para P. Dado o coeficiente de confiança $\gamma = 1 - \alpha$, segue dos Teoremas 4.5 e 4.6 que um intervalo de confiança para P, com coeficiente de confiança aproximadamente γ, é dado por

$$\left(\hat{P}_{es} - z_\alpha \sqrt{\sum_{h=1}^{H} W_h^2 \frac{\hat{P}_h \hat{Q}_h}{n_h - 1}}; \hat{P}_{es} + z_\alpha \sqrt{\sum_{h=1}^{H} W_h^2 \frac{\hat{P}_h \hat{Q}_h}{n_h - 1}}\right).$$

Usando a função de custo linear $C = c_0 + \sum_{h=1}^{H} c_h n_h$, a alocação ótima segue diretamente do Teorema 4.3 e é dada por

$$n_h = n\frac{N_h\sqrt{P_hQ_h/c_h}}{\sum_{h=1}^{H} N_h\sqrt{P_hQ_h/c_h}}.$$

Quando o custo é constante, do Corolário 4.5 tem-se que a alocação ótima de Neyman passa a ser

$$n_h = n\frac{N_h\sqrt{P_hQ_h}}{\sum_{h=1}^{H} N_h\sqrt{P_hQ_h}}. \tag{4.33}$$

Não se dispondo de informação preliminar sobre P_h, como amostras-piloto ou pesquisas anteriores, substitui-se P_hQ_h por 1/4 na expressão (4.33), por ser um limite superior, levando à alocação proporcional.

Verifique a aplicabilidade dos Corolários 4.4 e 4.5 para o caso das proporções.

Exercícios

4.1 Uma população está dividida em 5 estratos. Os tamanhos dos estratos, médias (μ_h) e variâncias (S_h^2) são dados na tabela abaixo.

h	N_h	μ_h	S_h^2
1	117	7,3	1,31
2	98	6,9	2,03
3	74	11,2	1,13
4	41	9,1	1,96
5	45	9,6	1,74

a. Calcule μ e σ^2 para esta população.

b. Para uma amostra de tamanho 80, determine as alocações proporcional e ótima (de Neyman).

c. Compare as variâncias dos estimadores obtidos com a AASc e com a AE com alocação ótima.

d. Faça o mesmo para a AASc e a alocação proporcional.

4.2 Uma população foi dividida em dois estratos, conforme resultados expressos pela tabela abaixo.

h	W_h	σ_h	c_h
1	0,4	10	4
2	0,6	20	9

Considere o custo linear, $c_0 = 0$ e AASc.

a. Encontre n_1/n e n_2/n que minimizam o custo total para um dado valor de V_{es}.

b. Encontre o tamanho da amostra sob a alocação ótima (a) quando $V_{es} = 1$. Qual será o custo total?

4.3 Em uma estratificação com dois estratos, os valores de W_h e σ_h são dados na tabela abaixo.

h	W_h	σ_h
1	0,8	2
2	0,2	4

Calcule em cada caso, com AASc, os tamanhos das amostras n_1 e n_2 que satisfazem as seguintes condições:

a. O desvio padrão da estimativa $\overline{y}_{es}$ é 0,1 e $n = n_1 + n_2$ tem que ser minimizado;

b. O desvio padrão da estimativa da média em cada estrato tem que ser 0,1;

c. O desvio padrão da diferença entre as médias estimadas em cada estrato tem que ser igual a 0,1.

4.4 Planejou-se uma amostragem estratificada com reposição para estimar a porcentagem de famílias tendo conta em caderneta de poupança e também da quantidade investida. De uma pesquisa passada, têm-se estimativas para as proporções P_h e para os desvios padrões das quantidades investidas, σ_h, conforme descrito na tabela abaixo.

h	W_h	P_h	σ_h
1	0,6	0,20	9
2	0,3	0,40	18
3	0,1	0,60	52

Calcule os menores n e n_h que satisfaçam, com custo constante:

a. A proporção populacional dever ser estimada com erro padrão igual a 0,02;

b. A quantidade média investida deve ser estimada com erro padrão igual a R$ 2,00.

Qual dos tamanhos, em (a) ou em (b), você usaria na pesquisa? Por quê?

4.5 Refaça o Exercício 4.1, considerando agora AASs dentro dos estratos.

4.6 Considere a população do Exemplo 4.1 com a estratificação $\mathcal{U}_1 = \{1,2,4,7\}$ e $\mathcal{U}_2 = \{3,5,6,8\}$. Considere amostras AASc de tamanho 2 de cada um dos estratos. Encontre a variância do estimador $\overline{y}_{es}$ e o erro quadrático médio do estimador $\overline{y}_m$, definido em (4.35). Qual é o melhor estimador?

4.7 Considere a estratificação do Exemplo 4.2. Encontre $E[\overline{y}_{es}]$ e $Var[\overline{y}_{es}]$ quando:

a. $n_1 = 1$ e $n_2 = 3$;

b. $n_1 = 3$ e $n_2 = 1$.

4.8 Numa população dividida em 3 estratos, tem-se os seguintes pesos W_h e proporções $\hat{P}_h$ obtidas com uma amostra-piloto:

h	W_h	$\hat{P}_h$
1	0,5	0,52
2	0,3	0,40
3	0,2	0,60

a. Se fôssemos usar uma amostra casual simples (AASc) de 600 elementos, qual seria a estimativa da variância da estimativa da proporção populacional?

b. Que tamanho deveria ter uma amostra estratificada proporcional para produzir a mesma variância anterior?

c. Com n igual ao obtido em (b), como seria a repartição ótima e qual a variância?

d. Compare os resultados e diga quais as suas conclusões.

4.9 Considere a população da Tabela 2.8.

a. Selecione uma AASc de tamanho $n = 54$. Calcule $\overline{y}$ e $Var[\overline{y}]$.

b. Divida a população em 3 estratos, onde as primeiras 60 unidades formam o primeiro estrato, as segundas 60 unidades formam o segundo estrato e assim por diante. Selecione uma amostra AASc de 18 unidades de cada estrato. Encontre $\overline{y}_{es}$ e calcule $Var[\overline{y}_{es}]$.

c. Compare os resultados encontrados em (a) e (b).

4.10 Usando os dados do Exemplo 4.1:

a. Construa o espaço amostral $\mathcal{S}_{\text{AASs}}(\mathcal{U})$ para o plano AASs e a distribuição de $\overline{y}$ para $n = 4$;

b. Considere o plano AE com $n_1 = n_2 = 2$ (alocação uniforme) e construa $\mathcal{S}_{\text{AEun}}(\mathcal{U})$, e a distribuição amostral de $\overline{y}_{es}$;

c. Compare as distribuições obtidas em (a) e (b).

4.11 Considere a população dos 50 maiores municípios do Brasil, disponibilizada no site do IBGE. Divida a população em dois estratos, onde no primeiro estrato estejam os 10 maiores municípios e no segundo estrato, os 40 restantes.

a. Selecione uma AASc de 5 municípios de cada estrato e calcule a estimativa $\overline{y}_{es}$ e a estimativa de sua variância.

b. Considerando alocação proporcional, selecione uma amostra AASc de 10 municípios da população e calcule a estimativa de μ, juntamente com a estimativa de sua variância.

c. Considerando alocação ótima de Neyman, selecione uma amostra AASc de 10 municípios, considerando os valores populacionais das variâncias de cada estrato. Encontre a estimativa de μ juntamente com a estimativa de sua variância.

d. Retire uma amostra-piloto de 3 unidades de cada estrato e calcule estimativas da variância em cada estrato. Recalcule a alocação ótima de Neyman, usando esses novos valores. Encontre uma estimativa de μ com a estimativa de sua variância.

e. Compare os resultados em (a)-(d).

4.12 Os dados abaixo se referem a uma população dividida em dois estratos e em que c_h é o custo de amostrar um elemento do estrato h. O custo previsto para o levantamento é de 9.000 unidades de dinheiro (ud).

h	W_h	P_h	c_h
1	0,25	0,20	9
2	0,75	0,80	1

a. Que valores de n_1 e n_2 irão produzir a menor variância para a proporção total P? Quais os valores de $Var[p_{es}]$ e $Var\left[\hat{P}_1 - \hat{P}_2\right]$ para esta alocação?

b. Qual a alocação para uma AE proporcional? Quais os valores de $Var[p_{es}]$ e $Var\left[\hat{P}_1 - \hat{P}_2\right]$ neste caso?

c. Encontre os valores de n_1 e n_2 que minimizam $Var\left[\hat{P}_1 - \hat{P}_2\right]$. E neste caso, quais as variâncias acima?

d. Suponha agora que o custo é o mesmo em ambos os estratos e vale 3 ud. Qual o valor de $Var[p_{es}]$ para a alocação ótima? Encontre a alocação para $Var\left[\hat{P}_1 - \hat{P}_2\right]$ e o seu valor.

4.13 Possuímos a seguinte informação sobre o número de alfabetizados de uma região de 100 mil pessoas:

Estrato	Grupo etário	Nº de pessoas	Proporção de alfabetizados
1	15 a 24	25.000	0,50
2	25 a 34	20.000	0,30
3	35 a 49	40.000	0,10
4	50 ou mais	15.000	0,01

Queremos planejar uma amostra para, daqui a 6 meses, após um programa de alfabetização, estimar a proporção de alfabetizados.

a. Qual deve ser o tamanho numa amostragem estratificada proporcional para que o coeficiente de variação do estimador seja 10%? Determine a alocação da amostra pelos estratos. Sugestão: considere $1/N \simeq 0$.

b. Compare a alocação proporcional com a alocação ótima, supondo o mesmo tamanho geral que aquele obtido em (a) e o mesmo custo unitário para obter cada informação.

c. Se os custos de obter as informações pelos estratos forem 9, 4, 4 e 1, e se pudéssemos gastar R$ 1.725,00, qual seria a alocação ótima ?

4.14 Para estimar o número médio de empregados por indústria, resolveu-se conduzir uma AE proporcional ao tamanho do estrato, com as indústrias estratificadas de acordo com o faturamento. A constituição da população e os dados obtidos em uma amostra de 1.000 indústrias seguem abaixo.

h	Faturamento	N_h	n_h	$\overline{y}_h$	S_h^2
1	Baixo	4.000	200	80	1.600
2	Médio-baixo	10.000	500	180	2.500
3	Médio-alto	5.400	270	270	2.500
4	Alto	600	30	400	5.600

onde N_h é o número de indústrias, n_h é o tamanho da amostra, $\overline{y}_h$ é o número médio de empregados e

a. Estime o número médio μ e o total τ de empregados.

b. Estime as variâncias dos estimadores de μ e τ.

c. Se os custos para cada unidade em cada estrato são dados por $c_h = 3 + h, h = 1, 2, 3, 4$, qual seria a partição ideal para as 1.000 unidades amostradas, através dos 4 estratos? (Use as variâncias amostrais como variâncias populacionais.)

d. Supondo que as 1.000 unidades foram obtidas como amostra casual simples, como seria a variância do estimador da média populacional? Calcule o quociente entre as variâncias obtidas em (b) e aqui, comentando o resultado.

4.15 Para investigar o rendimento médio dos empregados no setor bancário de uma grande cidade, criaram-se dois estratos. Um formado pelos empregados dos bancos estatais ou mistos e outro pelos empregados da rede privada. De cada um desses estratos foi retirada uma amostra aleatória simples, e realizados os estudos de interesse. Agora há interesse em estimar, baseando-se na mesma amostra, o total dos rendimentos das mulheres empregadas pelo setor bancário. Você foi encarregado de apresentar um estimador e sua respectiva variância, definindo os parâmetros e variáveis usadas.

4.16 Deseja-se estimar o número de moradores numa dada região. Por questões de interesse e devido ao grau de informação, a região foi dividida em 3 estratos. Decidiu-se usar, dentro de cada estrato, amostragem em dois estágios, adotando-se grupos de casas como UPA, e casa como USA. Em cada casa, contou-se o número y de moradores.

i. No estrato 1, as UPAs têm tamanhos diferentes e sortearam-se duas UPAs com probabilidade proporcional ao tamanho (PPT), com reposição e, de cada UPA, subsortearam-se, também com reposição, duas casas.

ii. No estrato 2, também os quarteirões tinham um número diferente de casas, e sortearam-se duas UPAs com igual probabilidade, e entrevistaram-se todas as casas.

iii. No estrato 3, as UPAs foram criadas de igual tamanho e, de cada uma das UPAs sorteadas, sem reposição, entrevistaram-se duas casas também sorteadas sem reposição.

Resumindo, temos:

Estrato	Total de casas	Nº de casas na UPA sorteada	Nº de moradores nas USAs sorteadas
1	500	10	5, 3
		18	5, 6
2	300	3	2, 10, 3
		6	5, 4, 8, 3, 2, 4
3	200	10	4, 7
		10	6, 9

Produza um intervalo de confiança, explicando cada estimador usado, para:

a. o total de moradores de cada estrato;

b. o total de moradores da região.

4.17 Será colhida uma amostra estratificada de uma população. O custo direto será da forma $C = \sum_{h=1}^{H} n_h c_h$. E a estimativa das quantidades relevantes para resolver problema são:

h	W_h	S_h	c_h
1	0,4	10	4
2	0,6	20	9

Considere os f_h's iguais a zero.

a. Quais os valores de n_1/n e n_2/n que minimizam o custo direto para um dado valor de $Var[\overline{y}_{es}]$?

b. Quais os valores de n_1 e n_2 quando $Var[\overline{y}_{es}] = 1$?

4.18 Planejou-se uma amostra estratificada para estimar a porcentagem das famílias tendo conta em caderneta de poupança e o valor médio aplicado por família. De uma pesquisa passada, têm-se estimativas das porcentagens P_h e dos desvios padrões S_h da quantidade investida, conforme descrito na tabela abaixo.

h	W_h	P_h	S_h
1	0,6	0,20	9
2	0,3	0,40	18
3	0,1	0,60	52

Calcule o menor n e os respectivos n_h's que satisfazem:

a. A porcentagem de famílias deve ser estimada com erro padrão (EP) igual a 2 e o valor médio aplicado com $EP = 50$;

b. A porcentagem deverá ser estimada com $EP = 1,5$ e o valor médio com $EP = 50$.

4.19 As fazendas produtoras de leite numa certa região geográfica foram agrupadas em 4 categorias (estratos), dependendo da sua área e do fato de se concentrarem em produzir exclusivamente leite ou não. Uma pesquisa para estimar o número total de vacas produtoras de leite na região usou uma amostra de 28 fazendas, alocando-se a cada categoria um número de fazendas proporcional ao total de fazendas nessa categoria. Os números de fazendas em cada estrato, as quantidades de vacas nas fazendas selecionadas e algumas estatísticas estão na tabela abaixo.

h	N_h	N° de vacas
1	72	61, 47, 44, 70, 28, 39, 51, 52, 101, 49, 54, 71
2	37	160, 148, 89, 139, 142, 93
3	50	26, 21, 19, 34, 28, 15, 20, 24
4	11	17, 11

a. Estime o total de vacas produtoras de leite na região, produzindo um intervalo de confiança de 90% para o mesmo.

b. Se os custos de amostragem em cada categoria são os mesmos, qual seria a alocação ótima das categorias? Use os resultados obtidos em (a).

4.20 Uma cadeia de lojas está interessada em estimar, dentro das contas a receber, a proporção das que dificilmente serão recebidas. Para reduzir o custo da amostragem, usou-se AE com cada loja num estrato. Os dados obtidos foram os seguintes:

h	N_h	n_h	$\hat{P}_h$
1	60	15	0,30
2	40	10	0,20
3	100	20	0,40
4	30	6	0,10

onde N_h é o número de contas a receber, n_h é o tamanho da amostra e $\hat{P}_h$ é a proporção de contas problemáticas. Dê uma estimativa para a proporção total de quatro lojas e um intervalo de confiança de 95% para a mesma.

4.21 O quadro abaixo nos dá os tamanhos e os desvios padrões da variável Y, dentro de três estratos em que uma população foi dividida.

h	N_h	S_h
1	2.500	8
2	850	24
3	130	80

a. Em uma amostragem estratificada de 10% dessa população, qual a partilha ótima dessa amostra?

b. Compare a variância da média obtida no plano acima com a da média obtida por uma AAS e cujo desvio padrão geral é $S = 18$.

4.22 Uma população de $N = 1.600$ setores censitários (SC) de uma cidade foi dividida em 4 estratos. A variável X indica o número de domicílios por SC e Y o número de domicílios alugados. A tabela a seguir fornece os principais valores.

h	N_h	n_h	$\overline{x}_h$	$\overline{y}_h$	$var[\overline{x}_h]$	$var[\overline{y}_h]$
1	624	25	225	150	2.527	1.879
2	325	25	360	270	4.215	3.626
3	345	25	444	298	5.914	5.226
4	306	25	212	150	1.623	1.078

a. Calcule a fração amostral $f_h = n_h/N_h, h = 1, 2, 3, 4$. Calcule também quais seriam os tamanhos das amostras, se fosse utilizada a alocação proporcional. "Em uma amostragem estratificada proporcional, os tamanhos das amostras são iguais entre si se..." (complete a frase).

b. Calcule $\overline{x}_{es}$ e $EP[\overline{x}_{es}]$.

c. Calcule $N\overline{x}_{es}$ e $EP[N\overline{x}_{es}]$.

4.23 Suponha que no exercício anterior você pôde aumentar o tamanho da amostra no primeiro estrato para $n_1 = 125$.

a. O que vai acontecer com a $var[\overline{x}_1]$?

b. Calcule a $var[\overline{x}_{es}]$. Embora a amostra tenha duplicado, o lucro na variância foi correspondente?

c. Como ficaria a $var[\overline{x}_{es}]$, se o aumento tivesse sido com $n_1 = n_2 = n_3 = n_4 = 50$?

d. Se você tivesse que aumentar a amostra para 125 em um único estrato, qual seria o estrato escolhido? Por quê?

Teóricos

4.24 Com dois estratos, um pesquisador considera a alocação uniforme ($n_1 = n_2$), por conveniência administrativa, ao invés de usar a alocação ótima. Sejam V_{un} e V_{ot} as variâncias dadas pelas duas alocações. Mostre que

$$\frac{V_{un} - V_{ot}}{V_{ot}} = \left(\frac{r-1}{r+1}\right)^2, \tag{4.34}$$

onde $r = n_1/n_2$, sendo que n_1 e n_2 correspondem à alocação ótima. Encontre o valor da expressão (4.34) para os estratos do Exercício 4.3, (a). Assuma AASc.

4.25 Se a função de custo é da forma

$$C' = C - c_0 = \sum_{h=1}^{H} c_h\sqrt{n_h},$$

onde c_0 e c_h são números conhecidos, mostre que, para minimizar V_{es} para C' fixo, n_h tem que ser proporcional a

$$\left(\frac{W_h^2\sigma_h^2}{c_h}\right)^{2/3}.$$

Encontre n_h para uma amostra de tamanho 1.000, com as seguintes condições

h	W_h	σ_h	c_h
1	0,4	4	1
2	0,3	5	2
3	0,3	6	4

4.26 Mostre que, na estimação da proporção com AASc, os resultados correspondentes ao Teorema 4.4 são

$$V_c = V_{pr} + \sum_{h=1}^{H} W_h(P_h - P)^2,$$

$$V_{pr} = V_{ot} + \frac{1}{n}\sum_{h=1}^{H} W_h\left(\sqrt{P_hQ_h} - \sqrt{\overline{P_hQ_h}}\right)^2,$$

onde

$$\sqrt{\overline{P_hQ_h}} = \sum_{h=1}^{H} W_h\sqrt{P_hQ_h}.$$

4.27 Mostre que o estimador

$$\overline{y}_m = \sum_{h=1}^{H} \frac{n_h}{n}\overline{y}_h \qquad (4.35)$$

é um estimador viciado de μ, a não ser que

$$\frac{n_h}{n} = \frac{N_h}{N}, h = 1, \ldots, H.$$

4.28 Encontre a expressão para n correspondente a (4.31), quando é de interesse a estimação do total populacional.

4.29 Prove o Corolário 4.4.

4.30 Verifique a validade das expressões (4.3), utilizando $Y_{hj} - \mu = (Y_{hj} - \mu_h) + (\mu_h - \mu)$.

4.31 Mostre que $V_{pr} - V_{ot}$ é como dado na expressão (4.24).

4.32 Prove o Teorema 4.5.

4.33 Prove o Teorema 4.6.

4.34 Encontre o erro quadrático médio do estimador $\overline{y}_m$ dado em (4.35).

4.35 Considere uma população dividida em H estratos e a notação da Seção 4.1. Suponha que de cada estrato uma amostra de tamanho n_h é selecionada sem reposição (AASs). Seja $\overline{y}_h$ a média da amostra selecionada em cada estrato. Considere novamente o estimador $\overline{y}_{es}$.

a. Verifique se $\overline{y}_{es}$ é não viciado para μ;

b. Encontre $Var[\overline{y}_{es}]$.

c. Sugira um estimador não viciado para $Var[\overline{y}_{es}]$.

d. Discuta a alocação ótima para $\overline{y}_{es}$ com AASc.

4.36 *(Otimalidade de $\overline{y}_{es}$ na AE com reposição.)* Considere a classe dos estimadores lineares de μ,

$$\overline{y}_{es\ell} = \sum_{h=1}^{H} \sum_{i=1}^{n_h} \ell_{hi} y_{hi},$$

com relação à AE, onde $\mathbf{s}_h = \{1, \ldots, n_h\}$, $h = 1, \ldots, H$.

a. Mostre que o estimador $\overline{y}_{es\ell}$ é não viciado para μ, se e somente se

$$\sum_{i \in \mathbf{s}_h} \ell_{hi} = \frac{N_h}{N}.$$

b. Mostre que

$$Var[\overline{y}_{es\ell}] = \sum_{h=1}^{H} \sigma_h^2 \left(\sum_{i=1}^{n_h} \ell_{hi}^2 - \frac{N_h}{N} \right).$$

c. Conclua que $\overline{y}_{es}$ é o estimador ótimo na classe dos estimadores lineares não viciados $\overline{y}_{es\ell}$.

d. Refaça (a)-(c) para o caso sem reposição.

4.37 Considere uma população dividida em H grupos (estratos). Suponha que o custo por observação seja constante. O objetivo é estimar o total populacional $\tau = \sum_{h=1}^{H}\sum_{i=1}^{N_h} Y_{hi}$ utilizando o estimador total estratificado

$$T_{es} = \sum_{h=1}^{H} N_h \overline{y}_h,$$

onde $\overline{y}_h$ é a média no estrato h. Encontre a expressão para a alocação ótima (n_h ótimo), sendo n fixo. Para a alocação ótima, encontre a correspondente $Var[T_{es}] = V_{ot}$. Para o caso em que N e N_h são grandes ($N \simeq N-1$, $N_h \simeq N_h - 1$), encontre uma expressão para $V_{pr} - V_{ot}$.

4.38 Suponha uma estratificação onde $H = 2$, e dentro de cada estrato foram escolhidas amostras AASc. Escreva a fórmula para o EPA nesta situação e analise a situação em que ele é menor ou maior que 1. Estude também o caso sem reposição.

4.39 Estude com detalhes a alocação ótima para o caso do plano AE sem reposição. Reformule e prove o Teorema 4.3 e os Corolários 4.4 e 4.5.

4.40 Reformule o Teorema 4.4 para o caso da AE sem reposição.

4.41 Considere uma população dividida em H estratos de tamanhos $N_1, \ldots, N_H$. Do estrato h uma amostra AASs de tamanho n_h é selecionada, $h = 1, \ldots, H$.

a. Encontre

$$E\left[\sum_{h=1}^{H} \frac{N_h}{n_h} \sum_{i \in \mathbf{s}_h} Y_{hi}^2\right],$$

onde $\mathbf{s}_h$ denota a amostra selecionada no estrato $h = 1, \ldots, H$.

b. Encontre um estimador não viesado para μ^2, usando a amostragem estratificada acima.

c. Mostre que

$$v_s = \frac{N-n}{n(N-1)} \left\{ \frac{1}{N} \sum_{h=1}^{H} \frac{N_h}{n_h} \sum_{i \in \mathbf{s}_h} Y_{hi}^2 - \overline{y}_{es}^2 + var[\overline{y}_{es}] \right\}$$

é um estimador não viesado para

$$V_s = \frac{N-n}{Nn} S^2, \quad \text{com} \quad S^2 = \frac{1}{N-1} \sum_{h=1}^{H} \sum_{i=1}^{N_h} (Y_{hi} - \mu)^2 .$$

4.42 Queremos planejar uma amostra para estimar a proporção P de moradores de uma região que tomaram conhecimento de um anúncio informando sobre um novo serviço oferecido pelo governo aos contribuintes. A população foi dividida em H estratos; o custo de obtenção da resposta em cada estrato é c_h; dentro de cada estrato será usada AASc e o pesquisador poderá dispor de C reais para as entrevistas ($C = \sum_{h=1}^{H} n_h c_h$).

a. Que estimador p_{es} de P você usaria?

b. Qual deve ser a alocação ótima, $n_1, n_2, \ldots, n_H$, que minimizará a variância de p_{es}, dentro do custo C? Dê as respostas em função das proporções P_h de cada estrato e dos custos c_h. Derive as fórmulas partindo da desigualdade de Cauchy–Schwarz, (4.11). Considere os N_h's suficientemente grandes, de modo que $(N_h - 1)/Nh \simeq 1$ e $1/N_h \simeq 0$.

c. Com os resultados obtidos em (b), qual seria a expressão de $Var[p_{es}]$?

d. Dificilmente conhecemos a priori as variâncias dentro de cada estrato. Pelo fato de estarmos trabalhando com proporções, podemos substituir a variância de cada estrato pelo máximo valor possível 1/4. Por quê? Nesse caso, como ficariam os n_h's e a $Var[p_{es}]$? (Faça também c_h = cte, para todo h.)

e. Se, em vez da alocação ótima, usássemos a alocação proporcional, como ficaria a $Var[p_{es}]$?

f. Compare os resultados obtidos em (c) e em (e) supondo que c_h = cte. Interprete o resultado.

4.43 Derive as fórmulas do estimador e respectiva variância para estimador da proporção em um plano amostral estratificado, quando dentro de cada estrato o sorteio foi: (a) AASc e (b) AASs.

Capítulo 5

Estimadores do tipo razão

Neste capítulo, serão consideradas situações em que ao elemento i da população finita $\mathcal{U}$, tem-se associado o par (X_i, Y_i), $i = 1, \ldots, N$. A variável X é introduzida no problema para melhorar a previsão de quantidades (parâmetros) como a média ou o total populacional. Na teoria de regressão, esta variável é usualmente conhecida como variável auxiliar ou preditora e é em geral controlada pelo experimentador. Assume-se que as quantidades X_i, $i = 1, \ldots, N$, são conhecidas. O exemplo a seguir ilustra uma situação típica onde a inferência é facilitada pela utilização de uma variável auxiliar X.

Exemplo 5.1 Suponha que seja de interesse estimar a quantidade de açúcar que pode ser extraída de um caminhão carregado de laranjas. As unidades populacionais são laranjas. Seja então Y_i a quantidade de açúcar extraída da laranja i, $i = 1, \ldots, N$. Tem-se interesse na estimação de $\tau_Y = \sum_{i=1}^N Y_i$, a quantidade total de açúcar no carregamento. O estimador natural seria o estimador expansão, $\hat{\tau}_Y = T_Y = N\overline{y}$. Mas tal estimador não pode ser utilizado, pois não se conhece o número de laranjas no caminhão. Por outro lado, sabe-se que o peso da laranja i, X_i, é fortemente correlacionado com Y_i, $i = 1, \ldots, N$. Pode-se então definir a razão, quantidade média de açúcar por unidade de peso

$$R = \frac{\tau_Y}{\tau_X} = \frac{\mu_Y}{\mu_X}, \tag{5.1}$$

de onde se tira que

$$\tau_Y = R\tau_X = \frac{\mu_Y}{\mu_X}\tau_X,$$

onde $\tau_X = \sum_{i=1}^N X_i$ é o peso total do carregamento. Com uma amostra de n laranjas, encontram-se os estimadores $\overline{x}$ e $\overline{y}$ e, conhecendo-se o peso total, produz-se o estimador

$$\hat{\tau}_Y = \frac{\overline{y}}{\overline{x}}\tau_X, \tag{5.2}$$

que é usualmente conhecido por estimador razão do total populacional. Por seu lado, $\overline{y}$ é a quantidade média de açúcar na amostra $\mathbf{s}$. As quantidades τ_X e

$$\overline{x} = \frac{1}{n}\sum_{i \in \mathbf{s}} X_i,$$

que é a média de X (peso médio) nas unidades observadas, são facilmente obtidas neste exemplo.

Existem situações em que a própria razão R, dada em (5.1), é a quantidade de interesse. Tais situações ocorrem, por exemplo, em casos onde é de interesse a comparação de determinadas quantidades em períodos sucessivos. Pode-se estar interessado, por exemplo, na razão das vendas de automóveis entre dois anos sucessivos, ou seja, o atual e o ano passado. Também é usada quando o parâmetro é um índice, quociente entre duas variáveis, por exemplo, a lucratividade média do setor bancário. O planejamento amostral utilizado é a AASc, embora outros planos, como a AASs, poderiam também ser utilizados.

5.1 Estimação da razão, do total e da média populacionais com AAS

Para utilizar uma variável auxiliar X na estimação de quantidades como a razão R, o total τ_Y ou a média μ_Y utilizamos os seguintes estimadores do tipo razão

$$r = \hat{R} = \frac{\overline{y}}{\overline{x}},$$

$$\hat{\tau}_Y = T_R = \hat{R}\tau_X = r\tau_X$$

e

$$\overline{y}_R = \hat{R}\mu_X = r\mu_X,$$

respectivamente, onde $\overline{x}$ e $\overline{y}$ são obtidas através de algum plano amostral. Na maioria dos casos, será usada a AASc.

Exemplo 5.2 Considere a população $\mathcal{U} = \{1, 2, 3\}$ considerada nos Exemplos 2.1 e 2.10. Suponha que seja de interesse estimar a renda bruta média μ_F usando-se como variável auxiliar o número de trabalhadores T_i por domicílio. Seleciona-se uma amostra de tamanho $n = 2$ da população de acordo com a AASc. Portanto, de acordo com o Exemplo 2.6, a probabilidade de seleção de qualquer amostra em $\mathcal{S}_2$ é $P(\mathrm{s}) = 1/9$. Como $\mu_T = 2$, calculando-se $\overline{f}_R = \mu_T(\overline{f}/\overline{t})$ para cada uma das 9 possíveis amostras, têm-se na Tabela 5.1 os valores das estimativas $\overline{f}$, $\overline{t}$ e $\overline{f}_R$.

Tabela 5.1: Distribuições amostrais de $\overline{f}$, $\overline{t}$ e $\overline{f}_R$ na AASc

s:	11	12	13	21	22	23	31	32	33
$\overline{f}$:	12	21	15	21	30	24	15	24	18
$\overline{t}$:	1	2	1,5	2	3	2,5	1,5	2,5	2
$\overline{f}_R$:	24	21	20	21	20	19,2	20	19,2	18
$P(\mathrm{s})$:	1/9	1/9	1/9	1/9	1/9	1/9	1/9	1/9	1/9

A partir da Tabela 5.1, encontram-se, a média e a variância de $\overline{f}_R$ e $\overline{f}$, com relação à AASc, que são dadas por

$$E\left[\overline{f}\right] = 20, \quad Var\left[\overline{f}\right] = 28$$

e

$$E\left[\overline{f}_R\right] \cong 20,27, \quad Var\left[\overline{f}_R\right] \cong 2,52,$$

respectivamente. Note que $\overline{f}_R$ é bem mais eficiente que $\overline{f}$, pois $Var\left[\overline{f}\right] = 28$ é bem maior que $EQM\left[\overline{f}_R\right] \cong 2,59$. Observe que $\overline{f}_R$ é viesado.

Em geral, as distribuições exatas dos estimadores r, T_R e $\overline{y}_R$ são bastante difíceis de serem obtidas, pois o denominador destes estimadores também é uma variável aleatória. Como conseqüência, os estimadores são viciados (o vício diminui à medida que a amostra aumenta) e têm distribuição bastante assimétrica em pequenas amostras. Para amostras grandes, a distribuição aproxima-se da distribuição normal (ver o Capítulo 10).

Para utilizar estimadores do tipo razão, é necessário observar duas variáveis X e Y que sejam aproximadamente proporcionais, ou seja, positivamente correlacionadas. A média μ_X (ou o total τ_X) também precisa ser conhecida exatamente. Note que, no Exemplo 5.2, X e Y são positivamente correlacionados. Como será visto adiante, o fato de $\overline{y}_R$ ser mais eficiente que $\overline{y}$ está diretamente relacionado com o grau de associação (correlação) entre X e Y. A seguir, são apresentadas algumas propriedades do estimador razão.

Teorema 5.1 *Para um plano amostral com* $E[\overline{y}] = \mu_Y$ *e* $E[\overline{x}] = \mu_X$*, têm-se para* n *suficientemente grande que*

$$E[r] \simeq R, \tag{5.3}$$

$$E[T_R] \simeq \tau_Y \tag{5.4}$$

e

$$E[\overline{y}_R] \simeq \mu_Y, \tag{5.5}$$

onde, como antes, "$\simeq$" significa "aproximadamente igual a".

Prova. O desvio $r - R$ pode ser escrito da seguinte maneira:

$$r - R = \frac{\overline{y}}{\overline{x}} - R = \frac{\overline{y} - R\overline{x}}{\overline{x}}. \tag{5.6}$$

Porém, $1/\overline{x}$ pode ser expandido em séries de Taylor do seguinte modo:

$$\begin{aligned} \frac{1}{\overline{x}} &= \frac{1}{\mu_X + \overline{x} - \mu_X} = \frac{1}{\mu_X\left(1 + \frac{\overline{x}-\mu_X}{\mu_X}\right)} = \frac{1}{\mu_X}\left(1 + \frac{\overline{x} - \mu_X}{\mu_X}\right)^{-1} \\ &= \frac{1}{\mu_X}\left\{1 - \frac{\overline{x} - \mu_X}{\mu_X} + \left(\frac{\overline{x} - \mu_X}{\mu_X}\right)^2 - \ldots\right\}, \end{aligned}$$

de modo que

$$r - R = \frac{\overline{y} - R\overline{x}}{\mu_X} - \frac{(\overline{y} - R\overline{x})(\overline{x} - \mu_X)}{\mu_X^2} + \ldots \tag{5.7}$$

Usando-se apenas a aproximação de primeira ordem, tem-se que

$$E[r - R] \simeq E\left[\frac{\overline{y} - R\overline{x}}{\mu_X}\right] = \frac{\mu_Y - R\mu_X}{\mu_X} = 0,$$

de onde (5.3) segue. Note que (5.4) e (5.5) seguem diretamente de (5.6).

Do Teorema 5.1, conclui-se então que o estimador razão é aproximadamente não viciado quando o tamanho da amostra é grande. Por outro lado, para amostras pequenas ou moderadas, ele pode apresentar um viés de magnitude razoável. Uma expressão aproximada para o viés é apresentada a seguir.

Corolário 5.1 *Para o plano AAS (AASc ou AASs), temos*

$$B[r] \simeq R\, CV^2[\overline{x}]\left\{1 - \rho[\overline{x}, \overline{y}]\frac{CV[\overline{y}]}{CV[\overline{x}]}\right\}.$$

Prova. Considerando-se o segundo termo em (5.7), tem-se que

$$
\begin{aligned}
-E\left[\frac{(\overline{y}-R\overline{x})(\overline{x}-\mu_X)}{\mu_X^2}\right] &= \frac{1}{\mu_X^2}\{R\,E\left[\overline{x}(\overline{x}-\mu_X)\right]-E\left[\overline{y}(\overline{x}-\mu_X)\right]\} \\
&= \frac{1}{\mu_X^2}\{R\,Var[\overline{x}]-Cov[\overline{x},\overline{y}]\} \\
&= R\frac{Var[\overline{x}]}{\mu_X^2}-\rho[\overline{x},\overline{y}]\frac{DP[\overline{x}]}{\mu_X^2}DP[\overline{y}] \\
&= R\,CV^2[\overline{x}]-\rho[\overline{x},\overline{y}]\frac{CV[\overline{x}]}{\mu_X}CV[\overline{y}]\mu_Y \\
&= R\,CV^2[\overline{x}]-\rho[\overline{x},\overline{y}]CV[\overline{x}]CV[\overline{y}]R \\
&= R\,CV^2[\overline{x}]\left\{1-\rho[\overline{x},\overline{y}]\frac{CV[\overline{y}]}{CV[\overline{x}]}\right\}, \qquad (5.8)
\end{aligned}
$$

onde $CV[\overline{y}]=DP[\overline{y}]/\mu_Y$, $CV[\overline{x}]=DP[\overline{x}]/\mu_X$, são os coeficientes de variação das médias amostrais de $\overline{y}$ e $\overline{x}$,

$$\rho[\overline{x},\overline{y}]=\frac{Cov[\overline{x},\overline{y}]}{DP[\overline{x}]DP[\overline{y}]},$$

com

$$DP[\overline{y}]=\sqrt{\frac{\sigma_Y^2}{n}},\quad DP[\overline{x}]=\sqrt{\frac{\sigma_X^2}{n}},$$

$$Cov[\overline{x},\overline{y}]=\frac{1}{nN}\sum_{i=1}^{N}(X_i-\mu_X)(Y_i-\mu_Y),$$

o que demonstra o corolário.

Para um melhor entendimento deste resultado, e do que segue, verifique o Exercício 5.9.

Quando o plano amostral adotado é AAS, tem-se que

$$-E\left[\frac{(\overline{y}-R\overline{x})(\overline{x}-\mu_X)}{\mu_X^2}\right]=R\,CV^2[X]\left\{1-\rho[X,Y]\frac{CV[Y]}{CV[X]}\right\}, \qquad (5.9)$$

onde

$$CV[X]=\frac{\sigma_X}{\mu_X},\quad CV[Y]=\frac{\sigma_Y}{\mu_Y}$$

e

$$\rho[X,Y]=\sum_{i=1}^{N}\frac{(X_i-\mu_X)(Y_i-\mu_Y)}{N\sigma_Y\sigma_X}.$$

Note que $\rho[\overline{x},\overline{y}]=\rho[X,Y]$.

O viés dado em (5.9) pode também ser escrito como (veja o Exercício 5.11)

$$E[r-R] \simeq \frac{1}{\mu_X^2}\left\{R\sigma_X^2 - \rho[X,Y]\sigma_Y\sigma_X\right\}. \tag{5.10}$$

Expressões aproximadas para os vícios dos estimadores $\overline{y}_R$ e T_R podem ser obtidas a partir de (5.10) (veja o Exercício 5.12). Observe que, para obter viés pequeno, é necessário que

$$\rho[X,Y]\frac{CV[X]}{CV[Y]} \simeq 1,$$

ou seja, quanto menor for a relação entre as variáveis, menor variabilidade deve ter a variável auxiliar X em relação a Y.

A seguir, têm-se expressões aproximadas para as variâncias dos estimadores do tipo razão definidos acima. Note que o lado direito da expressão (5.9), ou (5.10), é uma expressão de ordem n^{-1} $(= 1/n)$ para o vício de r. Isto significa que o lado direito vai a zero, quando $n \to \infty$.

Teorema 5.2 *Se n é suficientemente grande, tem-se para a AASc que*

$$Var[r] \simeq \frac{1}{n\mu_X^2}\sum_{i=1}^{N}\frac{(Y_i - RX_i)^2}{N} = \frac{1}{\mu_X^2}\frac{\sigma_R^2}{n}, \tag{5.11}$$

$$Var[T_R] \simeq \frac{\tau_X^2}{n\mu_X^2}\sum_{i=1}^{N}\frac{(Y_i - RX_i)^2}{N} = N^2\frac{\sigma_R^2}{n} \tag{5.12}$$

e

$$Var[\overline{y}_R] \simeq \frac{1}{n}\sum_{i=1}^{N}\frac{(Y_i - RX_i)^2}{N} = \frac{\sigma_R^2}{n}, \tag{5.13}$$

onde

$$\sigma_R^2 = \frac{1}{N}\sum_{i=1}^{N}(Y_i - RX_i)^2.$$

Prova. Usando-se a aproximação de primeira ordem de (5.7) tem-se que

$$\begin{aligned} Var[r] &\simeq EQM[r] = E\left[(r-R)^2\right] \\ &\simeq \frac{1}{\mu_X^2}E\left[(\overline{y} - R\overline{x})^2\right] = \frac{1}{\mu_X^2}E\left[\overline{d}^2\right], \end{aligned} \tag{5.14}$$

onde $\overline{d} = \sum_{i\in \mathbf{s}} D_i/n$ é a média amostral das variáveis $D_i = Y_i - RX_i$, $i = 1,\ldots,N$. Note que a população dos d_i's é tal que

$$\overline{D} = 0 \quad \text{e} \quad \sigma_D^2 = \frac{1}{N}\sum_{i=1}^{N} D_i^2.$$

Com relação à AASc, tem-se do Teorema 3.3 que

$$Var\left[\overline{d}\right] = \frac{\sigma_D^2}{n}. \tag{5.15}$$

Mas,

$$\sigma_D^2 = \frac{1}{N}\sum_{i=1}^{N} D_i^2 = \frac{1}{N}\sum_{i=1}^{N}(Y_i - RX_i)^2 = \sigma_R^2. \tag{5.16}$$

Portanto, (5.11) segue de (5.14), (5.15) e (5.16). Por outro lado, (5.12) e (5.13) seguem de (5.11) e de (5.7).

5.2 Estimação da variância populacional

A partir do Teorema 5.2, conclui-se que estimativas para a variância dos estimadores r, T_R e $\overline{y}_R$ são obtidas, considerando-se uma estimativa para a quantidade

$$\sigma_R^2 = \frac{1}{N}\sum_{i=1}^{N}(Y_i - RX_i)^2. \tag{5.17}$$

Uma estimativa razoável para σ_R^2 e comumente empregada na literatura é

$$s_R^2 = \frac{1}{n-1}\sum_{i\in \mathbf{s}}(Y_i - rX_i)^2. \tag{5.18}$$

Note também que, quando N é desconhecido, não se pode calcular μ_X. Mas em tais situações, substitui-se μ_X por $\overline{x}$. Tais estimativas são em geral viciadas, mas o vício diminui à medida que n aumenta. Conforme discutido em Cochran (1977), os estimadores das variâncias decorrentes de tais substituições são em geral consistentes, isto é, vão se aproximando das respectivas quantidades populacionais, quando N e n são grandes. Uma outra possibilidade para calcular estimativas da variância de estimadores do tipo razão é através da utilização do método *bootstrap* (ou reamostragem), como considerado em Bussab e Morettin (2004, Seção 11.9).

5.3 Comparação entre os estimadores razão e expansão

A seguir, apresenta-se um resultado para que o estimador razão seja mais preciso que o estimador expansão. Como veremos, a condição básica é que o coeficiente de correlação entre X e Y e o tamanho da amostra sejam de magnitude razoável.

Teorema 5.3 *Se n é suficientemente grande, o planejamento adotado é $AASc$ e*

$$\rho[X,Y] > \frac{\sigma_X/\mu_X}{2\sigma_Y/\mu_Y} = \frac{CV[X]}{2CV[Y]},$$

então,

$$Var[T_R] < Var[T].$$

Prova. Do Teorema 5.2, vem

$$\begin{aligned} Var[T_R] &\simeq \frac{\tau_X^2}{n\mu_X^2 N}\sum_{i=1}^{N}(Y_i - RX_i)^2 \\ &= \frac{N^2}{nN}\sum_{i=1}^{N}\{(Y_i - \mu_Y) - R(X_i - \mu_X)\}^2 \\ &= \frac{N^2}{nN}\left\{\sum_{i=1}^{N}(Y_i - \mu_Y)^2 + R^2\sum_{i=1}^{N}(X_i - \mu_X)^2 - 2R\sum_{i=1}^{N}(X_i - \mu_X)(Y_i - \mu_Y\right. \end{aligned}$$

$$\frac{N^2}{n}\left\{\sigma_Y^2 + R^2\sigma_X^2 - 2R\rho[X,Y]\sigma_X\sigma_Y\right\}. \tag{5.19}$$

Por outro lado, como visto no Corolário 3.1,

$$Var[T] = \frac{N^2}{n}\sigma_Y^2. \tag{5.20}$$

Então, de (5.19) e (5.20), temos que

$$Var[T_R] < Var[T],$$

se e somente se

$$\sigma_Y^2 + R^2\sigma_X^2 - 2R\rho[X,Y]\sigma_X\sigma_Y < \sigma_Y^2,$$

ou,

$$2R\rho[X,Y]\sigma_X\sigma_Y > R^2\sigma_X^2,$$

desde que $R > 0$, de onde segue o resultado desejado.

Note que $CV[X] = \sigma_X/\mu_X$ e $CV[Y] = \sigma_Y/\mu_Y$ são os coeficientes de variação das variáveis X e Y. Para ganhos maiores de $\overline{y}_R$ com relação a $\overline{y}$, $CV[X]/CV[Y]$ deve estar entre 0,5 e 1,3 e $\rho[X,Y]$ deve ser maior que 0,6 (Kish, 1965). Portanto, se a variável X for melhor comportada que a variável Y, basta uma baixa correlação entre as variáveis para que se tenha lucro.

5.4 Normalidade assintótica e intervalos de confiança

Conforme verificaremos no Capítulo 10, para n e N suficientemente grandes, tem-se em relação à AASc que

$$\frac{\overline{y}_R - \mu_Y}{\sqrt{Var\left[\overline{y}_R\right]}} \overset{a}{\sim} N(0,1). \tag{5.21}$$

O mesmo vale para os estimadores r e T_R.

Substituindo-se S_R^2 por sua estimativa s_R^2 considerada em (5.18), tem-se que um intervalo de confiança para μ_Y com coeficiente de confiança $\gamma = 1 - \alpha$ é dado por

$$\left(\overline{y}_R - z_\alpha\sqrt{\frac{s_R^2}{n}}; \overline{y}_R + z_\alpha\sqrt{\frac{s_R^2}{n}}\right). \tag{5.22}$$

O intervalo (5.22) pode ser justificado de maneira análoga ao intervalo obtido na Seção 3.2.4. Intervalos para τ_Y e R podem ser obtidos de maneira análoga (veja o Exercício 5.13).

5.5 Determinação do tamanho da amostra

Utilizando-se a aproximação normal (5.21), encontra-se n de tal forma que

$$P\left(|\overline{y}_R - \mu_Y| \leq B\right) \simeq 1 - \alpha. \tag{5.23}$$

Procedendo-se como na Seção 3.2.5, tem-se que (5.23) estará verificada, quando

$$Var\left[\overline{y}_R\right] = \left(\frac{B}{z_\alpha}\right)^2 = D. \tag{5.24}$$

Temos portanto de (5.13) e (5.24) que (5.23) estará verificada, quando

$$n = \frac{\sigma_R^2}{D}. \tag{5.25}$$

Para que a expressão (5.25) seja utilizada na prática, são necessárias estimativas para σ_R^2. Tais estimativas podem ser obtidas através de amostras-piloto ou através de pesquisas realizadas anteriormente sobre a quantidade de interesse. Veja discussão na Seção 3.2.5. Pede-se ao leitor derivar as expressões correspondentes para o caso sem reposição.

5.6 Estimação do total e da média populacionais com AE

Quando a população está estratificada, uma saída é considerar estimadores razão do tipo estratificado. Conforme considerado no Capítulo 4, supõe-se que a população esteja dividida em H estratos e sejam $\overline{y}_h$, $\overline{x}_h$ e τ_{Xh} as médias amostrais correspondentes às variáveis Y e X e o total da variável X, respectivamente, no estrato h. No caso da média populacional μ_Y, pode-se considerar o seguinte estimador:

$$\overline{y}_{Res} = \sum_{h=1}^{H} W_h \frac{\overline{y}_h}{\overline{x}_h} \mu_{Xh} = \sum_{h=1}^{H} W_h \overline{y}_{Rh}.$$

Como um estimador do total τ_Y, pode-se considerar então

$$T_{Res} = \hat{\tau}_{Res} = \sum_{h=1}^{H} N_h \overline{y}_{Rh}.$$

Os estimadores acima são usualmente denominados estimadores do tipo razão estratificados. Tem-se então o seguinte

Teorema 5.4 *Se as amostras são obtidas independentemente em cada estrato, de acordo com a AASc e se o tamanho da amostra é suficientemente grande em cada estrato, tem-se que*

$$\begin{aligned} Var[\overline{y}_{Res}] &\simeq \sum_{h=1}^{H} \frac{W_h^2}{n_h} \left(\sigma_{Yh}^2 + R_h^2 \sigma_{Xh}^2 - 2R_h \rho_{XYh} \sigma_{Yh} \sigma_{Xh} \right) \\ &= \sum_{h=1}^{H} W_h^2 \frac{\sigma_{Rh}^2}{n_h}. \end{aligned} \tag{5.26}$$

Prova. Como as amostras são obtidas independentemente dentro de cada estrato, então

$$Var[\overline{y}_{Res}] = Var\left[\sum_{h=1}^{H} W_h \overline{y}_{Rh}\right] = \sum_{h=1}^{H} W_h^2 Var[\overline{y}_{Rh}].$$

Do Teorema 5.2, e para n_h suficientemente grande, com AASc em cada estrato vem:

$$\begin{aligned} Var[\overline{y}_{Rh}] &\simeq \frac{1}{n_h N_h} \sum_{j=1}^{N_h} (Y_{hj} - R_h X_{hj})^2 \\ &= \frac{1}{n_h} \left(\sigma_{Yh}^2 + R_h^2 \sigma_{Xh}^2 - 2R_h \rho_{XYh} \sigma_{Yh} \sigma_{Xh} \right), \end{aligned}$$

que, substituído na expressão acima, prova o teorema.

A variância do estimador T_{Res} pode ser obtida diretamente a partir do resultado (5.26).

Estimadores para a variância no teorema acima são obtidos, substituindo-se σ^2_{Yh}, R_h, ρ_{XYh} e σ^2_{Xh} por seus estimadores correspondentes.

Como, com AASc,

$$Var[\overline{y}_{Res}] \simeq \sum_{h=1}^{H} W_h^2 \frac{\sigma^2_{Rh}}{n_h},$$

onde

$$\sigma^2_{Rh} = \sigma^2_{Yh} + R_h^2 \sigma^2_{Xh} - 2R_h \rho_h(X,X)\sigma_{Yh}\sigma_{Xh},$$

tem-se, de acordo com o Teorema 4.3, para o tamanho da amostra n fixado e para um custo linear, que a alocação ótima consiste em tomar no estrato h uma amostra de tamanho

$$n_h = n \frac{N_h \sigma_{Rh}/\sqrt{c_h}}{\sum_{h=1}^{H} N_h \sigma_{Rh}/\sqrt{c_h}}, h = 1, \ldots, H. \tag{5.27}$$

Tem-se então que dispor de uma estimativa piloto de σ^2_{Rh} em cada estrato, para que (5.27) seja operacionável.

Em muitas populações, tem-se que

$$\sigma_{Rh} \propto \sqrt{\mu_{Xh}},$$

ou seja, σ^2_{Rh} é aproximadamente proporcional à média μ_{Xh}, obtendo a aloção ótima

$$n_h \propto N_h \sqrt{\mu_{Xh}}/\sqrt{c_h}, h = 1, \ldots, H.$$

Em outras situações, pode-se ter ainda

$$\sigma_{Rh} \propto \mu_{Xh},$$

com

$$n_h \propto N_h \mu_{Xh}/\sqrt{c_h}, h = 1, \ldots, H.$$

Exemplo 5.3 Considere uma companhia que dispõe de duas indústrias em locais diferentes. O objetivo principal da pesquisa é avaliar se houve variação no tempo médio gasto por empregados no último ano, em relação ao anterior, com visitas ao médico. A população base é formada pelos empregados das duas indústrias, sendo que cada uma será considerada um estrato. De cada um dos estratos, uma amostra é observada, usando-se a AASc e observa-se:

- Y_{hi}, o número de horas gastas com visitas ao médico pelo empregado i da indústria h, no ano corrente;
- X_{hi}, o número de horas gastas com visitas ao médico pelo empregado i da indústria h, no ano anterior.

Os resultados obtidos foram:

h	N_h	n_h	$\overline{y}_h$	$\overline{x}_h$	τ_{Xh}	s^2_{Rh}
1	1.000	10	18,7	17,8	16.300	3,47
2	1.500	10	4,6	7,8	12.800	9,72

Como $N = 2.500$, calcula-se

$$\overline{y}_{Res} = \frac{1.000}{2.500}\frac{18,7}{17,8}\frac{16.300}{1.000} + \frac{1.500}{2.500}\frac{4,6}{7,8}\frac{12.800}{1.500} \cong 9,87$$

e também

$$Var\left[\overline{y}_{Res}\right] = \left(\frac{1.000}{2.500}\right)^2 \frac{3,47}{10} + \left(\frac{1.500}{2.500}\right)^2 \frac{9,72}{10} \cong 0,4544.$$

Conclui-se este capítulo lembrando-se que a inclusão de uma variável auxiliar X correlacionada com Y (quanto maior a correlação melhor) produz estimadores do tipo razão, que são em geral mais eficientes que os estimadores $\overline{y}$ e T.

Conforme verificado em Cochran (1977), e Rodrigues e Bolfarine (1984), quando a relação linear entre X e Y é razoavelmente descrita pelo modelo linear

$$Y_i = \beta X_i + e_i,$$

$i = 1, \ldots, N$, então $\overline{y}_R$ (T_R) é o "melhor", de menor variância, estimador de μ_Y (τ_Y), entre todos os estimadores lineares não viciados.

Exercícios

5.1 Considere a população $\mathcal{U}$ do Exemplo 5.2. Queremos estimar $R = \mu_Y/\mu_X$. Considere os estimadores

$$\hat{R}_1 = \frac{\overline{y}}{\overline{x}}, \quad \hat{R}_2 = \frac{\overline{y}}{\mu_X}, \quad \text{e} \quad \hat{R}_3 = \frac{1}{n}\sum_{i \in \mathbf{s}} \frac{Y_i}{X_i}.$$

Encontre as distribuições de $\hat{R}_i$, $i = 1, 2, 3$, seus vícios e EQM, para AASc e AASs. Qual dos estimadores você prefere?

5.2 Pretende-se estimar o número de árvores mortas de determinada espécie em uma reserva florestal. A reserva é dividida em 200 áreas de 1,5 hectare. O número de árvores mortas é avaliada por fotografia aérea (X) nas 200 áreas apresentando uma contagem total de aproximadamente 15.600 árvores mortas, da espécie. Em 10 das 200 áreas, o número de árvores mortas além da avaliação por fotografia aérea, é também avaliada por contagem terrestre (Y). Os resultados são apresentados na tabela abaixo.

Área	X_i	Y_i
1	12	18
2	30	42
3	24	24
4	24	36
5	18	24
6	30	36
7	12	14
8	6	10
9	36	48
10	42	54

a. Encontre, usando amostragem aleatória simples com reposição (AASc), uma estimativa para o número de árvores mortas e também uma estimativa para a sua variância.

b. Usando a expressão (5.10), encontre uma expressão para o vício do número médio de árvores mortas.

c. Recalcule as estimativas sem usar a variável auxiliar X e compare os resultados obtidos.

d. Refaça os itens anteriores, considerando agora amostragem aleatória simples sem reposição (AASs).

5.3 Considere os dados da tabela abaixo como sendo uma população dividida em dois estratos.

Estrato 1		Estrato 2	
X_{1j}	Y_{1j}	X_{2j}	Y_{2j}
2	0	10	7
5	3	18	15
9	7	21	10
15	10	25	16

Para uma amostra estratificada AASs de tamanho $n_h = 2$ de cada estrato, compare os erros quadráticos médios dos estimadores razão estratificado e combinado do total da população.

5.4 Considere os dados da tabela abaixo:

h	N_h	μ_{Xh}	μ_{Yh}	σ^2_{Xh}	σ_{XYh}	σ^2_{Yh}
1	47	53,80	69,48	5.186	6.462	8.699
2	118	31,07	43,64	2.363	3.100	4.614
3	91	56,97	66,39	4.877	4.817	7.311

Considerando $n = 100$, encontre a alocação ótima para $\overline{y}_{Res}$ e calcule $Var\left[\overline{y}_{Res}\right]$ nos casos:

a. $n_h \propto N_h \sigma_{Yh}$;

b. $n_h \propto N_h \sqrt{\mu_{Xh}}$;

c. $n_h \propto N_h \mu_{Xh}$.

5.5 Considere a população $\mathcal{U}$ do Exemplo 5.2. Considere os estimadores

$$\overline{y}_1 = \hat{R}_1 \mu_X, \quad \overline{y}_2 = \hat{R}_2 \mu_X \quad \text{e} \quad \overline{y}_3 = \hat{R}_3 \mu_X,$$

onde $\hat{R}_i$, $i = 1, 2, 3$ são como definidos no Exercício 5.1. Encontre a distribuição e o EQM de $\overline{y}_i$, $i = 1, 2, 3$. Qual dos estimadores você prefere?

5.6 Considere os dados do Exemplo 5.2 e AASs.

a. Usando (5.13), encontre um valor aproximado para $Var\left[\overline{y}_R\right]$ e compare com o valor exato 0,56.

b. Encontre a distribuição do estimador s^2_R dado em (5.18). Encontre $E\left[s^2_R\right]$ e compare com S^2_R.

5.7 Uma rede de lojas de eletrodomésticos quer estimar o número de televisores coloridos a serem vendidos no ano, baseando-se nas vendas do primeiro trimestre. Para isso, decidiu dividir suas lojas em dois estratos: um com as lojas antigas, onde se conhecem as vendas do ano anterior, e outro com as lojas novas. De cada estrato sortearam-se (sem reposição) 6 lojas e foram avaliadas as vendas do primeiro trimestre. O primeiro estrato é formado por 36 lojas, enquanto que o segundo é formado por 12 lojas. No primeiro estrato, o total de vendas do ano anterior foi de 3.400 unidades. Os resultados são dados abaixo.

Lojas antigas

Loja	1	2	3	4	5	6
Vendas no 1º trimestre	15	19	40	25	15	28
Total do ano anterior	55	72	150	102	62	98

Lojas novas

Loja	1	2	3	4	5	6
Vendas no 1º trimestre	12	15	18	16	10	12

a. Dê um intervalo de confiança para a estimativa do total de vendas anuais. Justifique o estimador usado.

b. Critique o plano amostral utilizado.

5.8 Considere os dados da Tabela 2.8. Selecione uma AASs de tamanho $n = 10$ e calcule uma estimativa para $Var[\overline{y}]$. Calcule também $\overline{y}_R$ e uma estimativa para $Var\,[\overline{y}_R]$. Encontre uma outra estimativa para a $Var\,[\overline{y}_R]$, usando o método *bootstrap* (veja Bussab e Morettin, 2004). Compare os resultados.

Teóricos

5.9 Verifique a validade das expressões (5.8) e (5.9).

5.10 Verifique com AASs que

$$Cov[\overline{x}, \overline{y}] = \frac{(1-f)}{n(N-1)} \sum_{i=1}^{N} (X_i - \mu_X)(Y_i - \mu_Y)$$

e que $\rho(\overline{x}, \overline{y}) = \rho(X, Y)$, como definidos na Seção 5.1. Como fica o caso com AASc?

5.11 Verifique a validade da expressão (5.10).

5.12 Encontre expressões aproximadas (de ordem $1/n$) para os vícios dos estimadores $\overline{y}_R$ e T_R.

5.13 Derive intervalos de confiança aproximados para τ_Y e R utilizando as aproximações normais correspondentes.

5.14 Considere a estratificação estudada na Seção 5.6. O estimador razão combinado do total populacional é dado por

$$T_{Rc} = \frac{T_{Yes}}{T_{Xes}}\tau_X,$$

onde

$$T_{Yes} = \sum_{h=1}^{H} N_h\overline{y}_h \quad \text{e} \quad T_{Xes} = \sum_{h=1}^{H} N_h\overline{x}_h.$$

Encontre, com relação à AASs, $Var\,[T_{Rc}]$.

5.15 Defina o estimador razão combinado para a média populacional. Encontre a sua variância para AASs.

5.16 Discuta a alocação ótima para o caso do estimador razão combinado, quando se usa AASs em cada estrato.

5.17 Considere uma população $\mathcal{U}$, onde ao elemento i está associado o par (X_i, Y_i), $i = 1, \ldots, N$. Estamos interessados em estimar a razão $R = \mu_Y/\mu_X$, utilizando AAS (AASc ou AASs). Defina

$$R_i = \frac{Y_i}{X_i}, i = 1\ldots, N.$$

Seja também

$$\overline{r} = \frac{1}{n}\sum_{i\in\mathbf{s}} R_i, \quad \mu_R = \overline{R} = \frac{1}{N}\sum_{i=1}^{N} R_i.$$

a. Mostre (ou justifique) que

$$E[R_i] = \mu_R = E[\overline{r}].$$

b. Mostre (ou justifique, usando algum resultado conhecido) que

$$E\left[\frac{1}{n-1}\sum_{i\in s} R_i\,(X_i - \overline{x})\right] = \frac{1}{N-1}\sum_{i=1}^{N} R_i(X_i - \mu_X),$$

e que

$$\frac{1}{n-1}\sum_{i\in s} R_i(X_i - \overline{x}) = \frac{n}{n-1}(\overline{y} - \overline{r}\,\overline{x}).$$

c. Mostre que

$$\frac{1}{N}\sum_{i=1}^{N} R_i(X_i - \mu_X) = \mu_X\,(R - E[R_i]) = \mu_X\,(R - E[\overline{r}])$$

e conclua que

$$E[\overline{r}] - R = -\frac{1}{N\mu_X}\sum_{i=1}^{N} R_i(X_i - \mu_X).$$

d. Use (b) e (c) para mostrar que um estimador não viciado de R é dado por

$$\overline{r} + \frac{n(N-1)}{(n-1)N\mu_X}(\overline{y} - \overline{r}\,\overline{x}).$$

5.18 Mostre que o viés do estimador r de R, $B[r]$, é igual a

$$B[r] = -\frac{\rho[r,\overline{x}]DP[\overline{x}]DP[\overline{r}]}{E[\overline{x}]},$$

e que o viés relativo satisfaz

$$\frac{B[r]}{DP[r]} \leq CV[\overline{x}]. \tag{5.28}$$

Sugestão: Use a expressão $Cov[r,\overline{x}] = E[r\overline{x}] - E[r]E[\overline{x}]$. Da expressão (5.28), nota-se que, quanto maior for o tamanho da amostra e/ou bem comportada for a variável X, menor será o viés. Com relação à AASs, temos que

$$\frac{B[r]}{DP[r]} \leq \sqrt{\frac{(1-f)}{n}}\frac{DP(X)}{\mu_X}.$$

Capítulo 6

Estimadores do tipo regressão

Como visto no capítulo anterior, para X e Y obedecendo a uma relação linear passando pela origem, estimadores do tipo razão seriam mais adequados do que os estimadores simples. Por outro lado, estudando-se a relação entre X e Y, pode-se concluir que, embora linear, ela não passa pela origem. Isto sugere um estimador baseado na regressão de Y em X, e não na razão de duas variáveis. Lembre-se de que a variável auxiliar X é suposta conhecida para a população, isto é, conhecem-se de antemão μ_X, τ_X, σ_X e S_X.

Como no capítulo anterior, a cada $i \in \mathcal{U}$ tem-se associado o par (X_i, Y_i), $i = 1, \ldots, N$, obedecendo a uma relaç ao linear de Y_i em X_i não passando pela origem, ou seja,

$$Y_i = \alpha + \beta X_i + e_i,$$

onde e_i indica um desvio em torno da reta, $i = 1, \ldots, N$. Para uma amostra $\mathbf{s}$ de tamanho n, produzindo médias amostrais $\overline{y}$ e $\overline{x}$, o estimador regressão da média populacional é dado por

$$\overline{y}_{Reg} = \overline{y} + b\left(\mu_X - \overline{x}\right),$$

onde b é um valor (estimativa) que representa o impacto (β) em Y provocado pela variação de uma unidade na variável X. Note que se $b > 0$ e $\overline{x}$ é pequeno com relação a μ_X, então, devido à linearidade entre X e Y, a diferença entre $\overline{y}$ e $\overline{y}_{Reg}$ também é pequena. Observe que o estimador $\overline{y}_{Reg}$ faz uma "correção" em $\overline{y}$, isto é, adiciona a $\overline{y}$ uma quantidade proporcional a $\mu_X - \overline{x}$, ou seja, $b(\mu_X - \overline{x})$.

Pode-se então considerar como estimador do total populacional, τ_Y, o estimador

$$T_{Reg} = \hat{\tau}_{Reg} = N\overline{y}_{Reg},$$

que será referido como estimador regressão do total populacional. Na seção seguinte, considerar-se-ão propriedades como média e variância dos estimadores do tipo regressão considerados acima.

6.1 Estimação do total e da média populacionais com AAS

Nesta seção, estudam-se propriedades como média e variância dos estimadores regressão definidos na seção anterior. Considere inicialmente que b é um valor conhecido $b = b_0$, fixo. Então, o estimador regressão da média populacional μ_Y é dado por

$$\overline{y}_{Reg} = \overline{y} + b_0\left(\mu_X - \overline{x}\right). \tag{6.1}$$

Para o total populacional, o estimador regressão fica sendo

$$T_{Reg} = N\overline{y}_{Reg}.$$

Assim, tem-se o

Teorema 6.1 *Seja $\overline{y}_{Reg}$ definido em (6.1). Então, para o plano AAS temos que, $\overline{y}_{Reg}$ é um estimador não viesado de μ_Y, isto é,*

$$E\left[\overline{y}_{Reg}\right] = \mu_Y.$$

Prova. Com b_0 fixo, tem-se que

$$E\left[\overline{y} + b_0(\mu_X - \overline{x})\right] = \mu_Y + b_0(\mu_X - \mu_X) = \mu_Y,$$

de onde segue o resultado.

Teorema 6.2 *Com relação à AASc, tem-se que*

$$\begin{aligned} Var\left[\overline{y}_{Reg}\right] &= \frac{1}{nN}\sum_{i=1}^{N}\{Y_i - b_0(X_i - \mu_X) - \mu_Y\}^2 \\ &= \frac{1}{n}\left(\sigma_Y^2 - 2b_0\sigma_{XY} + b_0^2\sigma_X^2\right). \end{aligned}$$

Prova. Defina

$$D_i = Y_i - b_0(X_i - \mu_X),$$

$i = 1, \ldots, N$. Tem-se então que

$$\mu_D = \overline{D} = \overline{Y} = \mu_Y.$$

Seja $\overline{d} = \sum_{i \in \mathbf{s}} D_i/n$ a média de uma amostra de tamanho n da população dos D's. De acordo com o Teorema 3.3, deduz-se que

$$Var\left[\overline{d}\right] = \frac{\sigma_D^2}{n},$$

onde

$$\begin{aligned}
\sigma_D^2 &= \frac{1}{N}\sum_{i=1}^{N}\{Y_i - b_0(X_i - \mu_X) - \mu_Y\}^2, \\
&= \frac{1}{N}\sum_{i=1}^{N}\{(Y_i - \mu_Y) - b_0(X_i - \mu_X)\}^2 \\
&= \frac{1}{N}\sum_{i=1}^{N}\left\{(Y_i - \mu_Y)^2 - 2b_0(X_i - \mu_X)(Y_i - \mu_Y) + b_0^2(X_i - \mu_X)^2\right\} \\
&= \sigma_Y^2 - 2b_0\sigma_{XY} + b_0^2\sigma_X^2.
\end{aligned}$$

Note que

$$\overline{d} = \overline{y}_{Reg},$$

de onde segue o resultado.

Corolário 6.1 *Um estimador não viciado para* $V_{Reg} = Var\left[\overline{y}_{Reg}\right]$ *com* b_0 *fixado é dado por*

$$\begin{aligned}
\hat{V}_{Reg} &= var\left[\overline{y}_{Reg}\right] = \frac{1}{n(n-1)}\sum_{i \in \mathbf{s}}\{(Y_i - \overline{y}) - b_0(X_i - \overline{x})\}^2 \\
&= \frac{1}{n}\left(s_Y^2 - 2b_0 s_{XY} + b_0^2 s_X^2\right).
\end{aligned}$$

Prova. De acordo com o Corolário 3.2, tem-se que um estimador não viciado de $V_D = Var\left[\overline{d}\right]$ (dado no Teorema 6.2) é dado por

$$\hat{V}_D = var\left[\overline{d}\right] = \frac{s_D^2}{n},$$

onde

$$s_D^2 = \frac{1}{n-1}\sum_{i \in \mathbf{s}}(D_i - \overline{y}_{Reg})^2,$$

de onde se prova o corolário.

O resultado a seguir está relacionado com uma escolha conveniente de b_0.

Teorema 6.3 *O valor de b_0 que minimiza $Var\left[\overline{y}_{Reg}\right]$ é dado por*

$$B_0 = \frac{\sum_{i=1}^{N}(Y_i - \mu_Y)(X_i - \mu_X)}{\sum_{i=1}^{N}(X_i - \mu_X)^2} = \frac{\sigma_{XY}}{\sigma_X^2}. \tag{6.2}$$

Além disso, para b_0 acima,

$$V_{min}\left[\overline{y}_{Reg}\right] = \frac{\sigma_Y^2}{n}\left(1 - \rho^2[X, Y]\right). \tag{6.3}$$

Prova. Seja $b_0 = B_0 + c$, onde c é um número real qualquer. Tem-se então para este b_0 que

$$\begin{aligned} Var\left[\overline{y}_{Reg}\right] &= \frac{1}{n}\left\{\sigma_Y^2 - 2(B_0 + c)\sigma_{XY} + (B_0 + c)^2\sigma_X^2\right\} \\ &= \frac{1}{n}\left\{\left(\sigma_Y^2 - \frac{\sigma_{XY}^2}{\sigma_X^2}\right) + c^2\sigma_X^2\right\}, \end{aligned} \tag{6.4}$$

que é mínima quando $c = 0$. Tomando-se $c = 0$ em (6.4), obtemos (6.3), pois, como visto no capítulo anterior, $\rho[X, Y] = \sigma_{XY}/\sigma_X\sigma_Y$.

O Teorema 6.3 fornece o valor ótimo para b_0, ou seja, B_0, dado em (6.2). Mas este valor não pode ser obtido na prática, pois seria preciso observar toda a população. Por outro lado, o Teorema 6.3 sugere um estimador razoável para b_0, ou seja,

$$\hat{B}_0 = \frac{\sum_{i\in\mathbf{s}}(Y_i - \overline{y})(X_i - \overline{x})}{\sum_{i\in\mathbf{s}}(X_i - \overline{x})^2} = \frac{s_{XY}}{s_X^2}. \tag{6.5}$$

Como estimador de V_{Reg}, pode-se então considerar a quantidade

$$\hat{V}_{Reg} = \frac{1}{n}\left(s_Y^2 - 2\hat{B}_0 s_{XY} + \hat{B}_0^2 s_X^2\right) = \frac{s_Y^2}{n}\left(1 - \hat{\rho}^2[X, Y]\right), \tag{6.6}$$

onde $\hat{\rho}[X, Y] = s_{XY}/(s_X s_Y)$.

Exemplo 6.1 Considere a população $\mathcal{U}$ do Exemplo 5.2. Para esta população, $\mu_T = 2$, $\mu_F = 20$, $\sum_{i=1}^{3} F_i T_i = 138$, $\sum_{i=1}^{3} F_i^2 = 1.368$, $\sum_{i=1}^{3} T_i^2 = 14$. Tem-se então que

$$B_0 = \frac{\sum_{i=1}^{N} F_i T_i - N\overline{T}\,\overline{F}}{\sum_{i=1}^{N} T_i^2 - N\overline{T}^2} = \frac{18}{2} = 9.$$

Também, com $b_0 = B_0 = 9$, $\sigma_F^2 = 56$, $\sigma_T^2 = 2/3$ e $\sigma_{FT} = 6$, tem-se para $n = 2$ que

$$Var\left[\overline{f}_{Reg}\right] = \frac{1}{n}\left(\sigma_F^2 - 2b_0\sigma_{FT} + b_0^2\sigma_T^2\right) = 1.$$

Calculando

$$\overline{f}_{Reg} = \overline{f} + B_0(\mu_T - \overline{t}),$$

para cada uma das 9 possíveis amostras, de tamanho $n = 2$, tem-se na Tabela 6.1 a distribuição de $\overline{f}_{Reg}$.

Tabela 6.1: Distribuição amostral de $\overline{f}_{Reg}$ na AASc

s:	11	12	13	21	22	23	31	32	33
$\overline{f}$:	12	21	15	21	30	24	15	24	18
$\overline{t}$:	1	2	1,5	2	3	2,5	1,5	2,5	2
$\overline{f}_{Reg}$:	21,0	21,0	19,5	21,0	21,0	19,5	19,5	19,5	18,0
$P(\mathbf{s})$:	1/9	1/9	1/9	1/9	1/9	1/9	1/9	1/9	1/9

A partir da distribuição da Tabela 6.1, pode-se mostrar, com respeito à AASc, que

$$E\left[\overline{f}_{Reg}\right] = 20,$$

ou seja, como verificado no Teorema 6.1, $\overline{f}_{Reg}$ é não viciado para μ_F com $b_0 = B_0$ (b_0 fixado), e

$$Var\left[\overline{f}_{Reg}\right] = E\left[\overline{f}^2_{Reg}\right] - E^2\left[\overline{f}_{Reg}\right] = 401 - 20^2 = 1,$$

já calculado acima. Note também que o estimador regressão com $b_0 = B_0$ é mais eficiente que o estimador razão. Tal resultado vale em geral, como será visto a seguir. Por outro lado, quando se considera o estimador regressão com $\hat{B}_0$ no lugar de b_0, a distribuição de $\overline{y}_{Reg}$ apresenta uma variância superior à encontrada acima (veja o Exercício 6.1).

6.2 Comparação entre os estimadores regressão e razão

O resultado a seguir mostra que, com relação à AASc, o estimador regressão com $b_0 = B_0$ é em geral melhor que o estimador razão e, portanto, em geral melhor que $\overline{y}$.

Teorema 6.4 *Para $b_0 = B_0$, dado no Teorema 6.3, tem-se, com relação à AASc, que*

i. $Var\left[\overline{y}_{Reg}\right] \leq Var[\overline{y}]$, *ii.* $Var\left[\overline{y}_{Reg}\right] \leq Var\left[\overline{y}_R\right].$

Prova. Como

$$Var[\overline{y}] = \frac{\sigma_Y^2}{n},$$

e pelo Teorema 6.3,

$$Var\left[\overline{y}_{Reg}\right] = \frac{\sigma_Y^2}{n}\left(1 - \rho^2[X,Y]\right),$$

o resultado (i) segue, pois $0 \leq \rho^2[X,Y] \leq 1$.

Por outro lado, como, para n grande,

$$Var[\overline{y}_R] \simeq \frac{1}{n}\left(\sigma_Y^2 - 2R\rho[X,Y]\sigma_X\sigma_Y + R^2\sigma_X^2\right),$$

tem-se que

$$\begin{aligned} Var[\overline{y}_R] - Var[\overline{y}_{Reg}] &= \frac{1}{n}\left(\rho^2[X,Y]\sigma_Y^2 - 2R\rho[X,Y]\sigma_X\sigma_Y + R^2\sigma_X^2\right) \\ &= \frac{1}{n}\left(\rho[X,Y]\sigma_Y - R\sigma_X\right)^2 \geq 0, \end{aligned}$$

de onde (ii) segue.

6.3 Normalidade assintótica e intervalos de confiança

Para n e N suficientemente grandes, tem-se que

$$\frac{\overline{y}_{Reg} - \mu_Y}{\sqrt{Var\left[\overline{y}_{Reg}\right]}} \overset{a}{\sim} N(0,1). \tag{6.7}$$

O mesmo vale para o estimador do total populacional τ_Y, T_{Reg}. Para maiores detalhes sobre a convergência em (6.7), veja o Capítulo 10.

Substituindo-se $V_{Reg} = Var\left[\overline{y}_{Reg}\right]$ por sua estimativa considerada em (6.6), tem-se que um intervalo de confiança para μ_Y com coeficiente de confiança $\gamma = 1-\alpha$ é dado por

$$\left(\overline{y}_{Reg} - z_\alpha\sqrt{\hat{V}_{Reg}}; \overline{y}_{Reg} + z_\alpha\sqrt{\hat{V}_{Reg}}\right). \tag{6.8}$$

O intervalo (6.8) pode ser justificado, de maneira análoga ao intervalo obtido em (3.17).

6.4 Determinação do tamanho da amostra

Utilizando-se a aproximação normal (6.7), pode-se encontrar n de tal forma que

$$P\left(\left|\overline{y}_{Reg} - \mu_Y\right| \leq B\right) \simeq 1 - \alpha. \tag{6.9}$$

Procedendo como na Seção 5.5, temos que (6.9) estará verificada quando

$$n = \frac{\sigma_D^2}{(B/z_\alpha)^2}, \tag{6.10}$$

onde

$$\begin{aligned}\sigma_D^2 &= \sigma_Y^2 - 2b_0\sigma_{XY} + b_0^2\sigma_X^2 \\ &= \sigma_Y^2\left(1 - \rho^2[X,Y]\right),\end{aligned}$$

no caso particular em que $b_0 = B_0$.

Em problemas práticos, a quantidade σ_D^2 precisa ser estimada. Para isto, é preciso dispor de uma amostra-piloto ou de pesquisas amostrais realizadas anteriormente na população de interesse. A partir desta informação, estimativas para σ_D^2 podem ser obtidas e valores aproximados para n seriam obtidos a partir de (6.10).

6.5 Estimação da média populacional com AE

No caso em que a população está estratificada, pode-se também considerar estimadores do tipo regressão estratificados. A notação considerada é a mesma do Capítulo 4 e da Seção 5.6. O estimador regressão dentro do estrato h é dado por

$$\overline{y}_{Regh} = \overline{y}_h + b_{0h}\left(\mu_{Xh} - \overline{x}_h\right),$$

onde b_{0h} é o valor que representa o coeficiente angular da reta de regressão entre X e Y no estrato h. Então, o estimador regressão separado é definido por

$$\overline{y}_{Reges} = \sum_{h=1}^{H} W_h \overline{y}_{Regh}.$$

O resultado a seguir é uma conseqüência direta dos Teoremas 6.1 e 6.2 (veja o Exercício 6.21).

Teorema 6.5 *O estimador $\overline{y}_{Reges}$ é não viciado para μ_Y com*

$$Var\left[\overline{y}_{Reges}\right] = \sum_{h=1}^{H} \frac{W_h^2}{n_h}\left\{\sigma_{Yh}^2 - 2b_{0h}\sigma_{XYh} + b_{0h}^2\sigma_{Xh}^2\right\}. \tag{6.11}$$

O valor de b_h que minimiza a variância em (6.11) é dado por (veja o Exercício 6.6)

$$b_{0h} = B_{0h} = \frac{\sigma_{XYh}}{\sigma^2_{Xh}}, \tag{6.12}$$

$h = 1, \ldots, H$. Neste caso, pode-se mostrar que

$$Var\left[\overline{y}_{Reges}\right] = \sum_{h=1}^{H} \frac{W_h^2}{n_h}\sigma^2_{Yh}\left(1 - \rho_h^2[X,Y]\right), \tag{6.13}$$

sendo esta última igualdade válida quando $b_{0h} = B_{0h}$, onde

$$\rho_h[X,Y] = \frac{\sigma_{XYh}}{\sigma_{Xh}\sigma_{Yh}}, h = 1, \ldots, H.$$

Sendo b_{0h} fixo (ou $b_{0h} = B_{0h}$), pode-se construir estimadores não viciados da variância em (6.11), utilizando-se o Corolário 6.1 (veja o Exercício 6.26).

Segue então do Teorema 4.3, para um custo linear e para n fixo, que a alocação ótima consiste em tomar no estrato h uma amostra de tamanho

$$n_h = n\frac{N_h\sigma_{Dh}/\sqrt{c_h}}{\sum_{h=1}^{H} N_h\sigma_{Dh}/\sqrt{c_h}},$$

onde

$$\sigma^2_{Dh} = \sigma^2_{Yh} - 2b_{0h}\sigma_{XYh} + b^2_{0h}\sigma^2_{Xh}, h = 1, \ldots, H.$$

Exercícios

6.1 Refaça o Exemplo 6.1, considerando a estimativa $\hat{B}_0$ definida em (6.5) no lugar de B_0.

6.2 Para a população do Exercício 6.1, encontre a distribuição do estimador $\hat{V}_{Reg}$ definido no Corolário 6.1, com $b_0 = B_0$.

6.3 Um fazendeiro fez uma avaliação grosseira da produção X_i, em quilos, de cada um de seus $N = 200$ pessegueiros. A estimativa do peso total foi 5.800 quilos. Tomou-se uma amostra casual (AASs) de 10 pessegueiros, colheram-se os pêssegos e pesou-se a produção Y_i. Os resultados estão na tabela abaixo.

Árvore:	1	2	3	4	5	6	7	8	9	10
X_i:	30	24	26	30	34	24	22	29	38	29
Y_i:	30	21	25	29	34	22	19	28	35	26

a. Considere dois estimadores diferentes para a produção total de pêssegos (em kg). Obtenha as estimativas correspondentes e os respectivos intervalos de confiança.

b. Calcule a EPA para os dois estimadores.

c. Considere o estimador

$$\hat{\tau}_D = N\left\{\overline{y} + (\mu_X - \overline{x})\right\} = N\left\{\mu_X + (\overline{y} - \overline{x})\right\},$$

onde $\overline{x}$ e $\overline{y}$ são médias amostrais e μ_X a média populacional. Obtenha uma expressão geral para a variância de $\hat{\tau}_D$, estime-a e compare com as encontradas em (a).

6.4 Refaça o Exercício 6.2, considerando agora o estimador $\hat{V}_{Reg}$ definido em (6.6), isto é, considerando B_0 desconhecido e estimando-o por $\hat{B}_0$.

6.5 Considere os dados do Exercício 5.3. Encontre as distribuições de $\overline{y}_{Reges}$ e de $\overline{y}_{Regc}$ (definidos no Exercício 6.16) com os correspondentes b_{0h} e b_{0c} ótimos para AASc em cada estrato com $n_1 = n_2 = 2$. Encontre as variâncias dos estimadores.

6.6 Refaça o Exercício 6.5 para o caso em que b_{0h} e b_{0c} são substituídos por suas estimativas convenientes.

6.7 Utilizando a AAS selecionada no Exercício 5.16, calcule $\overline{y}_{Reg}$ e uma estimativa para a sua variância. Como se comparam os resultados com $\overline{y}_R$?

6.8 Para verificar a influência de uma nova marca de ração, um criador de galinhas pesou 10 de seus frangos ao comprá-los (X_i) e depois de 30 dias (Y_i). Os resultados estão na tabela abaixo.

Frango:	1	2	3	4	5	6	7	8	9	10
X_i:	1,50	1,60	1,45	1,40	1,40	1,55	1,60	1,45	1,55	1,50
Y_i:	2,14	2,16	2,10	1,95	2,05	2,10	2,26	2,00	2,20	2,04

O peso médio de todos os frangos na hora da compra era de 1,54.

a. Qual o estimador regressão mais indicado? Justifique.

b. E qual seria a estimativa?

c. E o erro padrão?

6.9 Usando o estimador simples $T = N\overline{x}$, encontre a estimativa e o erro padrão correspondente. Compare as variâncias $Var[T_{Reg}]$ e $Var[T]$. Quais as suas conclusões?

6.10 Queremos estimar a quantidade de açúcar que podemos extrair de um caminhão carregado de laranjas. Sorteiam-se 10 laranjas, pesa-se cada uma (X_i), extrai-se o suco e dosa-se a quantidade de açúcar em cada uma (Y_i). Os resultados estão na tabela abaixo, em kg.

Laranja	X_i	Y_i
1	0,2000	0,0105
2	0,2400	0,0150
3	0,2150	0,0125
4	0,2100	0,0110
5	0,2500	0,0155
6	0,2300	0,0135
7	0,1950	0,0095
8	0,2050	0,0105
9	0,2100	0,0115
10	0,2200	0,0125

O peso total das laranjas, obtido pela diferença do caminhão cheio para o caminhão vazio, é de 900 kg. Qual seria o total esperado de açúcar que esta carga de laranjas produziria? Para facilitar as contas use:

$$\sum_{i\in\mathbf{s}} X_i = 2,175, \quad \sum_{i\in\mathbf{s}} Y_i = 0,122,$$

$$\sum_{i\in\mathbf{s}} X_i^2 = 0,475875, \quad \sum_{i\in\mathbf{s}} X_iY_i = 0,0268475 \quad \text{e} \quad \sum_{i\in\mathbf{s}} Y_i^2 = 0,001524.$$

6.11 Uma fábrica de suco de laranja quer estimar quanto um caminhão com 1.000 kg de laranja produzirá de suco natural. Para isso, selecionaram-se 10 laranjas e com os seguintes resultados:

Laranja:	1	2	3	4	5	6	7	8	9	10
Peso (g):	150	130	140	120	160	160	130	170	140	150
Suco (ml):	60	55	50	40	70	60	45	65	55	65

Dê um intervalo de confiança para o total de suco de laranja que será obtido do caminhão em questão.

6.12 Um investigador muito bem treinado faz uma estimativa visual das áreas cultivadas de arroz em todas as 200 fazendas de um município, e avalia em 1.200 unidades o total de área plantada. Levantou-se também a área realmente cultivada de uma amostra de 10 fazendas, cujos dados são os seguintes:

Fazenda:	1	2	3	4	5	6	7	8	9	10
Área estimada:	4,8	5,8	6,0	5,9	7,6	6,7	4,7	5,8	4,4	5,2
Área real:	4,7	5,4	5,5	6,4	7,1	7,1	4,8	6,2	4,3	5,0

Para estimar a área total cultivada τ:

a. Que estimador você usaria e por quê? Utilize uma justificativa teórica.

b. Produza um intervalo de confiança para τ.

6.13 Existem $N = 75.000$ fazendas numa região. Tem-se informação sobre a área geográfica de cada fazenda nessa região, sendo de $\mu_X = 31$ alqueires a área média das fazendas. Toma-se uma AASs de $n = 2.000$ fazendas dessa região e registra-se a quantidade Y_i de reses em cada fazenda. Os seguintes dados foram obtidos a partir da amostra:

$$\sum_{i \in \mathbf{s}} X_i = 62.756, \quad \sum_{i \in \mathbf{s}} Y_i = 25.650,$$

$$\sum_{i \in \mathbf{s}} X_i^2 = 2.937.801, \quad \sum_{i \in \mathbf{s}} X_i Y_i = 1.146.301 \quad \text{e} \quad \sum_{i \in \mathbf{s}} Y_i^2 = 596.235.$$

Pede-se:

a. O número médio de reses por fazenda.

b. Sua variância.

c. O coeficiente de variação.

6.14 Um engenheiro florestal quer estimar a altura média das árvores de uma floresta. Ela é dividida em áreas de 100×100 m^2, e é sorteada uma amostra de 10 áreas. Todas as árvores da área sorteada são medidas, com os seguintes resultados:

Área:	1	2	3	4	5	6	7	8	9	10
Nº de árvores:	42	51	49	55	47	58	43	59	48	41
Altura média:	8,89	8,76	9,04	8,49	8,58	9,10	8,31	8,58	8,73	8,86

a. Estime a altura média das árvores usando mais de um estimador.

b. Dê as variâncias respectivas dos estimadores usados.

c. Compare as propriedades dos estimadores. Neste caso, qual o mais recomendado?

6.15 Um grupo de 100 coelhos está sendo usado em um estudo sobre nutrição. Registrou-se o peso inicial de cada coelho, obtendo-se 1,55 kg como peso médio. Após dois meses, o experimentador escolheu (usando AASs) 10 coelhos e pesou-os, obtendo os resultados abaixo.

Coelho:	1	2	3	4	5	6	7	8	9	10
Peso inicial:	1,40	1,40	1,45	1,45	1,50	1,50	1,55	1,55	1,60	1,60
Peso final:	1,95	2,05	5,00	5,10	5,04	2,14	2,10	2,20	2,14	2,26

Estime o peso médio atual dos 100 animais e dê um intervalo de confiança para este parâmetro. Justifique o uso do estimador empregado.

Teóricos

6.16 Considere a estratificação estudada na Seção 6.5. O estimador regressão combinado da média populacional e com $b_{0h} = b_{0c}$ fixo é definido por

$$\overline{y}_{Regc} = \overline{y}_{es} + b_{0c}(\mu_X - \overline{x}_{es}),$$

onde $\overline{y}_{es} = \sum_{h=1}^{H} W_h \overline{y}_h$ e $\overline{x}_{es} = \sum_{h=1}^{H} W_h \overline{x}_h$. Mostre que $\overline{y}_{Regc}$ é não viciado para μ_Y e encontre $V_{Regc} = Var\left[\overline{y}_{Regc}\right]$, com relação à AASs.

6.17 Mostre que $Var\left[\overline{y}_{Reges}\right]$, dada em (6.11), é mínima quando

$$b_{0h} = B_{0h} = \frac{\sigma_{XYh}}{\sigma_{Xh}^2}, h = 1, \ldots, H.$$

6.18 Verifique a validade da expressão (6.13).

6.19 Discuta a alocação ótima associada com o estimador regressão separado.

6.20 Derive, com detalhes, o intervalo (6.8) e a expressão (6.10).

6.21 Prove o Teorema 6.5.

6.22 Encontre o valor de $b_{0c} = B_{0c}$ que minimiza a $Var\left[\overline{y}_{Regc}\right]$, calculada no Exercício 6.16. Como fica a variância para este b_{0c}?

6.23 Encontre um estimador não viciado para $Var[\overline{y}_{Regc}]$, calculada no Exercício 6.16. Como fica este estimador para o b_{0c} ótimo derivado no Exercício 6.22?

6.24 Discuta a alocação ótima para o estimador regressão combinado.

6.25 Sejam $V_{min}\left[\overline{y}_{Reges}\right]$ e $V_{min}\left[\overline{y}_{Regc}\right]$ as variâncias com os correspondentes B_{0h} e B_{0c} ótimos. Mostre que

$$V_{min}\left[\overline{y}_{Regc}\right] - V_{min}\left[\overline{y}_{Reges}\right] = \sum_{h=1}^{H} a_h \left(B_{0h} - B_{0c}\right)^2,$$

onde

$$B_{0c} = \frac{\sum_{h=1}^{H} a_h B_{0h}}{\sum_{h=1}^{H} a_h}$$

com

$$a_h = \frac{W_h^2}{n_h}\sigma_{Xh}^2, h = 1, \ldots, H.$$

Qual a sua conclusão?

6.26 Derive estimadores não viciados para V_{Reges} dados por (6.11) e (6.13) para b_{0h} geral e $b_{0h} = B_{0h}$ fixados.

6.27 O estimador diferença da média populacional μ_Y é definido por

$$\overline{y}_D = \overline{y} + \left(\mu_X - \overline{x}\right).$$

a. Verifique se $\overline{y}_D$ é não viciado para μ_Y.

b. Encontre a variância de $\overline{y}_D$.

c. Proponha um estimador não viciado para a variância em (b).

6.28 Considere os estimadores regressão separado e combinado do total populacional.

a. Proponha um estimador não viciado para a variância do estimador regressão combinado

$$T_{Regc} = \hat{\tau}_{Regc} = N\overline{y}_{es} + Nb_{0c}\left(\mu_X - \overline{x}_{es}\right).$$

Como fica seu estimador quando $b_{0c} = B_{0c}$?

b. Considere os estimadores regressão combinado e separado do total τ. Mostre que

$$Var\left[T_{Regc}\right] - Var\left[T_{Reges}\right] = N^2 \sum_{h=1}^{H} \frac{W_h}{n_h} \sigma_{Xh}^2 \left(B_{0c} - B_{0c}\right)^2.$$

6.29 Formule as versões correspondentes dos Teoremas 6.2-6.5, para o caso da AASs, com as respectivas demonstrações.

6.30 Qual é o estimador regressão de mínimos quadrados em que a variabilidade de Y depende da variável X, de acordo com as seguintes relações:

a. $Var[Y|x_i] = x_i\sigma^2$;

b. $DP[Y|x_i] = x_i\sigma$;

c. $E[Y] = \beta x$.

Use a teoria de Modelos Lineares.

Capítulo 7

Amostragem por conglomerados em um estágio

Os planos amostrais vistos até agora sorteavam unidades elementares diretamente da população ou de estratos desta mesma população. Quando os sistemas de referência não são adequados e o custo de atualizá-los é muito elevado, ou ainda quando a movimentação para identificar as unidades elementares no campo é cara e consome muito tempo, a tarefa amostral pode ser facilitada se forem selecionados grupos de unidades elementares, os chamados conglomerados. Por exemplo, uma amostra de eleitores pode ser obtida pelo sorteio de um número de domicílios, trabalhadores por uma amostra de empresas ou estudantes por uma amostra de escolas ou classes. O que caracteriza bem o planejamento amostral de conglomerados é que a unidade amostral contém mais de um elemento populacional.

Suponha que o objetivo de uma pesquisa seja determinar a renda média familiar de moradores de uma grande cidade. Dificilmente, dispõe-se de uma lista de famílias, a unidade elementar da população de interesse. Pode-se usar como sistema de referência a lista de setores censitários (SC) do IBGE. Um SC é uma área bem definida com cerca de 300 domicílios e são usados para fazer o recenseamento a cada 10 anos. Pode-se começar sorteando-se um certo número de SC, de cada SC sorteado poderiam ser sorteados quarteirões e dos quarteirões sorteados domicílios. Este é um plano amostral de conglomerados em três estágios. Neste capítulo, será abordado o planejamento amostral de conglomerados em um único estágio e, no Capítulo 8, em dois estágios.

Uma das inconveniências para o uso da amostragem de conglomerados prende-se ao fato de que as unidades, dentro de um mesmo conglomerado, tendem a ter valores parecidos em relação às variáveis que estão sendo pesquisadas, e isso torna estes planos menos eficientes. Comparando-se amostragem de elementos com a de conglomerados de mesmo tamanho, esta última tende a: (i) ter custo por elemento menor; (ii) ter maior variância e (iii) maiores problemas para análises estatísticas.

Exemplo 7.1 Considere uma população agrupada em 3 conglomerados do seguinte modo:

$$\mathcal{U} = \{(1), (2,3,4), (5,6)\} = \{C_1, C_2, C_3\},$$

onde

$$C_1 = \{1\}, \quad C_2 = \{2,3,4\} \quad \text{e} \quad C_3 = \{5,6\}.$$

O plano amostral adotado manda sortear dois conglomerados, sem reposição, e entrevistar todos os elementos do conglomerado. Desse modo, a construção do espaço amostral correspondente pode ser feita, levando-se em conta apenas os conglomerados, e depois abrir para os elementos. Assim,

$$\mathcal{S}_c(\mathcal{U}) = \{C_1C_2, C_1C_3, C_2C_1, C_2C_3, C_3C_1, C_3C_2\}$$

e em seguida

$$\mathcal{S}(\mathcal{U}) = \{1234, 156, 2341, 23456, 561, 56234\}.$$

Observe que, neste caso, o tamanho da amostra também é uma variável aleatória, assumindo os valores 3, 4 e 5. Considere agora associado o vetor de dados

$$\mathbf{D} = (12, 7, 9, 14, 8, 10),$$

com

$$\mu = 10, \qquad S^2 = 6,8 \qquad \text{e} \qquad \sigma^2 = \frac{34}{6}.$$

Definida a estatística $\overline{y}$, média da amostra, tem-se a seguinte distribuição amostral de $\overline{y}$:

$$\overline{y}(\mathbf{s}_1) = 10,5, \ \overline{y}(\mathbf{s}_2) = 10, \ \overline{y}(\mathbf{s}_3) = 10,5, \ \overline{y}(\mathbf{s}_4) = 9,6, \ \overline{y}(\mathbf{s}_5) = 10 \ \text{ e } \ \overline{y}(\mathbf{s}_6) = 9,6.$$

Para ilustrar o efeito do tipo de conglomeração sobre a eficiência do estimador, observe o Exemplo 7.2. Este tópico será abordado novamente na Seção 7.4, onde será tratado o conceito de correlação intraclasse.

Exemplo 7.2 Volte-se à população $\mathcal{U} = \{1, 2, 3, 4, 5, 6\}$ com os dados do Exemplo 7.1 e considere as três possíveis divisões de conglomerados:

$$\mathcal{U}_A = \{(2,5),(3,6),(1,4)\} \quad \rightarrow \quad \begin{cases} \mathbf{D}_1 = (7,8) & \mu_1 = 7,5 & S_1^2 = 0,5 \\ \mathbf{D}_2 = (9,10) & \mu_2 = 9,5 & S_2^2 = 0,5 \\ \mathbf{D}_3 = (12,14) & \mu_3 = 13,0 & S_3^2 = 2,0 \end{cases}$$

$$\mathcal{U}_B = \{(2,6),(1,5),(3,4)\} \quad \rightarrow \quad \begin{cases} \mathbf{D}_1 = (7,10) & \mu_1 = 8,5 & S_1^2 = 4,5 \\ \mathbf{D}_2 = (12,8) & \mu_2 = 10,0 & S_2^2 = 8,0 \\ \mathbf{D}_3 = (9,14) & \mu_3 = 11,5 & S_3^2 = 12,5 \end{cases}$$

$$\mathcal{U}_C = \{(2,4),(1,5),(3,6)\} \quad \rightarrow \quad \begin{cases} \mathbf{D}_1 = (7,14) & \mu_1 = 10,5 & S_1^2 = 24,5 \\ \mathbf{D}_2 = (12,8) & \mu_2 = 10,0 & S_2^2 = 8,0 \\ \mathbf{D}_3 = (9,10) & \mu_3 = 9,5 & S_3^2 = 0,5 \end{cases}$$

O plano amostral manda sortear um conglomerado de acordo com AAS, e as duas unidades do conglomerado são observadas. Em cada caso, pode-se calcular a respectiva distribuição amostral e seus parâmetros. Assim, temos a Tabela 7.1, onde para cada uma das populações a distribuição da média amostral, sua média e variância são calculadas.

Tabela 7.1: Distribuição amostral de $\overline{y}$ na AC

Divisão A

$\overline{y}$:	7,5	9,5	13, 0
$P(\overline{y})$:	1/3	1/3	1/3

$E_A[\overline{y}] = 10$ $\quad Var_A[\overline{y}] = \dfrac{16}{3}$

Divisão B

$\overline{y}$:	8,5	10,0	11,5
$P(\overline{y})$:	1/3	1/3	1/3

$E_B[\overline{y}] = 10$ $\quad Var_B[\overline{y}] = \dfrac{4,5}{3}$

Divisão C

$\overline{y}$:	9,5	10,0	10,5
$P(\overline{y})$:	1/3	1/3	1/3

$E_C[\overline{y}] = 10$ $\quad Var_C[\overline{y}] = \dfrac{0,5}{3}$

Observe que em todos os casos $\overline{y}$ é não viesado, mas que para a situação C o estimador é mais eficiente (tem menor variância). Observe que neste caso os conglomerados são os mais heterogêneos, o que pode ser medido pela variância média dos conglomerados, $(24,5+8,0+0,5)/3 = 11,0$. As outras duas populações têm variâncias médias iguais a 1,0 e 8,33, respectivamente.

Daqui conclui-se que, quanto mais parecidos forem os elementos dentro do conglomerado, menos eficiente é o procedimento. Tal resultado é esperado, pois para o conglomerado ser um "bom" representante do universo ele deve ser uma "microrrepresentação" do mesmo, ou seja, ter todo tipo de participante e não do mesmo tipo. É o oposto do exigido para a construção de estratos. (Pense!)

7.1 Notação e relações úteis

A notação usada para conglomerados é muito semelhante àquela adotada para estratificação, embora sejam procedimentos bem distintos. A população $\mathcal{U}$ de elementos estará agrupada em A conglomerados, desse modo, serão necessários dois índices (α, i) para indicar os elementos da população: o primeiro refere-se ao conglomerado e o segundo ao elemento, dentro do conglomerado. Assim,

$$\begin{aligned}\mathcal{U} &= \{1,2,\ldots,N\} \\ &= \{(1,1),\ldots,(1,B_1),\ldots\ldots,(A,1),\ldots,(A,B_A)\} \\ &= \{C_1,C_2,\ldots,C_A\},\end{aligned}$$

onde

$$C_\alpha = \{(\alpha,1),\ldots,(\alpha,i),\ldots,(\alpha,B_\alpha)\}.$$

A Tabela 7.2 representa a disposição dos dados de uma variável Y pelos conglomerados.

Tabela 7.2: População disposta em conglomerados

Conglomerado	Elementos				
1	Y_{11}	$\cdots$	Y_{1i}	$\cdots$	Y_{1B_1}
$\vdots$	$\vdots$	$\ddots$	$\vdots$	$\ddots$	
α	$Y_{\alpha 1}$	$\cdots$	$Y_{\alpha i}$	$\cdots$	$Y_{\alpha B_\alpha}$
$\vdots$	$\vdots$	$\ddots$	$\vdots$	$\ddots$	
A	Y_{A1}	$\cdots$	Y_{Ai}	$\cdots$	Y_{AB_A}

Utilizando-se essa notação, pode-se obter as seguintes definições e relações entre os parâmetros:

1. Tamanhos B_α dos conglomerados,

$$N = \sum_{\alpha=1}^{A} B_\alpha = A\overline{B},$$

onde $\overline{B}$ é o tamanho médio dos conglomerados,

$$\overline{B} = \frac{N}{A}.$$

2. Para indicar o total do conglomerado, usar-se-á a letra τ_α, assim

$$\tau_\alpha = \sum_{i=1}^{B_\alpha} Y_{\alpha i}.$$

Conseqüentemente, o total populacional será

$$\tau = \sum_{\alpha=1}^{A} \tau_\alpha = \sum_{\alpha=1}^{A} \sum_{i=1}^{B_\alpha} Y_{\alpha i} = A\overline{\tau},$$

onde

$$\overline{\tau} = \frac{\tau}{A} = \frac{1}{A} \sum_{\alpha=1}^{A} \tau_\alpha$$

é o total médio por conglomerado.

3. A média por elemento dentro do conglomerado será indicado por μ_α ou $\overline{Y}_\alpha$, ou seja,

$$\mu_\alpha = \overline{Y}_\alpha = \frac{\tau_\alpha}{B_\alpha} = \frac{1}{B_\alpha} \sum_{i=1}^{B_\alpha} Y_{\alpha i}.$$

Conseqüentemente, a média global por elemento é

$$\begin{aligned} \mu &= \overline{Y} = \frac{\tau}{N} = \frac{1}{N} \sum_{\alpha=1}^{A} \sum_{i=1}^{B_\alpha} Y_{\alpha i} = \frac{1}{A\overline{B}} \sum_{\alpha=1}^{A} \tau_\alpha \\ &= \frac{1}{A} \sum_{\alpha=1}^{A} \frac{B_\alpha}{\overline{B}} \mu_\alpha = \frac{\overline{\tau}}{\overline{B}}. \end{aligned}$$

Algumas vezes, será necessário trabalhar com a média das médias dos conglomerados, que será indicada por

$$\overline{\mu} = \overline{\overline{Y}} = \frac{1}{A} \sum_{\alpha=1}^{A} \mu_\alpha \; .$$

Convém observar que

$$\mu - \overline{\mu} = \frac{1}{A}\sum_{\alpha=1}^{A}\frac{B_\alpha}{\overline{B}}\mu_\alpha - \frac{1}{A}\sum_{\alpha=1}^{A}\mu_\alpha = \frac{1}{A}\sum_{\alpha=1}^{A}\left(\frac{B_\alpha}{\overline{B}} - 1\right)\mu_\alpha$$

e nem sempre o resultado é nulo, ou seja, nem sempre os dois valores são iguais. Um caso onde as médias coincidem é o de conglomerados de igual tamanho.

4. A variância entre elementos dentro do conglomerado α será indicada por

$$\sigma_\alpha^2 = \frac{1}{B_\alpha}\sum_{i=1}^{B_\alpha}(Y_{\alpha i} - \mu_\alpha)^2,$$

enquanto que a variância populacional será

$$\begin{aligned}\sigma^2 &= \frac{1}{N}\sum_{\alpha=1}^{A}\sum_{i=1}^{B_\alpha}(Y_{\alpha i} - \mu)^2 \\ &= \frac{1}{N}\sum_{\alpha=1}^{A}\sum_{i=1}^{B_\alpha}(Y_{\alpha i} - \mu_\alpha)^2 + \frac{1}{N}\sum_{\alpha=1}^{A}\sum_{i=1}^{B_\alpha}(\mu_\alpha - \mu)^2,\end{aligned}$$

expressão equivalente àquela usada para estratificação, onde

$$\begin{aligned}\sigma^2 &= \text{variância dentro dos conglomerados} + \text{variância entre conglomerados} \\ &= \sigma_{dc}^2 + \sigma_{ec}^2,\end{aligned}$$

onde

$$\sigma_{dc}^2 = \frac{1}{N}\sum_{\alpha=1}^{A}\sum_{i=1}^{B_\alpha}(Y_{\alpha i} - \mu_\alpha)^2 = \frac{1}{A\overline{B}}\sum_{\alpha=1}^{A}\frac{B_\alpha}{B_\alpha}\sum_{i=1}^{B_\alpha}(Y_{\alpha i} - \mu_\alpha)^2 = \frac{1}{A}\sum_{\alpha=1}^{A}\frac{B_\alpha}{\overline{B}}\sigma_\alpha^2$$

e

$$\sigma_{ec}^2 = \frac{1}{N}\sum_{\alpha=1}^{A}B_\alpha(\mu_\alpha - \mu)^2 = \frac{1}{A}\sum_{\alpha=1}^{A}\frac{B_\alpha}{\overline{B}}(\mu_\alpha - \mu)^2,$$

com $\sigma_\alpha^2 = \frac{1}{B_\alpha}\sum_{i=1}^{B_\alpha}(Y_{\alpha i} - \mu_\alpha)^2$. Observe que a expressão $B_\alpha/\overline{B}$, que aparece em várias expressões, mede o quanto o tamanho de um conglomerado se afasta do tamanho padrão médio. Quando os tamanhos de todos os conglomerados forem iguais, esse quociente torna-se igual a 1, e as fórmulas ficam bem mais simples. Tendo-se em mente estas últimas observações, pode-se interpretar σ_{dc}^2 como uma média das variâncias dos conglomerados, enquanto que σ_{ec}^2 é uma variância entre as médias dos conglomerados.

Será utilizada também uma medida para indicar a variância entre os totais dos conglomerados:

$$\begin{aligned}\sigma_{ec}^2[\tau] &= \frac{1}{A}\sum_{\alpha=1}^{A}(\tau_\alpha - \overline{\tau})^2 = \frac{1}{A}\sum_{\alpha=1}^{A}\left(B_\alpha\mu_\alpha - \overline{B}\mu\right)^2 \\ &= \frac{\overline{B}^2}{A}\sum_{\alpha=1}^{A}\left(\frac{B_\alpha}{\overline{B}}\mu_\alpha - \mu\right)^2 = \overline{B}^2\sigma_{ect}^2\end{aligned}$$

onde, para manter similaridade com a medida de variação entre conglomerados, define-se

$$\sigma_{ect}^2 = \frac{1}{A}\sum_{\alpha=1}^{A}\left(\frac{B_\alpha}{\overline{B}}\mu_\alpha - \mu\right)^2.$$

Observe a grande similaridade entre σ_{ec}^2 e σ_{ect}^2, onde o fator de ponderação, $B_\alpha/\overline{B}$, aparece fora e dentro do quadrado, respectivamente.

Outras fórmulas para medir a variabilidade entre conglomerados envolvendo as médias dos conglomerados são:

$$\sigma_{eq}^2 = \frac{1}{A}\sum_{\alpha=1}^{A}\left(\frac{B_\alpha}{\overline{B}}\right)^2(\mu_\alpha - \mu)^2.$$

e

$$\sigma_{em}^2 = \frac{1}{A}\sum_{\alpha=1}^{A}(\mu_\alpha - \overline{\mu})^2.$$

Em planos AASs, quando houver necessidade, será usada a notação S^2, com as respectivas mudanças no denominador.

5. Também serão usadas as seguintes notações para indicar as diversas somas de quadrados envolvidas.

   - Soma de Quadrados Total entre os elementos,

$$SQ[T] = \sum_{\alpha=1}^{A}\sum_{i=1}^{B_\alpha}(Y_{\alpha i} - \mu)^2 = N\sigma^2 = A\overline{B}\sigma^2.$$

   - Soma de Quadrados Dentro dos conglomerados,

$$SQ[D] = \sum_{\alpha=1}^{A}\sum_{i=1}^{B_\alpha}(Y_{\alpha i} - \mu_\alpha)^2 = \sum_{\alpha=1}^{A}B_\alpha\sigma_\alpha^2 = A\overline{B}\sigma_{dc}^2.$$

- Soma de Quadrados Entre conglomerados,

$$SQ[E] = \sum_{\alpha=1}^{A}\sum_{i=1}^{B_\alpha}(\mu_\alpha - \mu)^2 = \sum_{\alpha=1}^{A} B_\alpha (\mu_\alpha - \mu)^2 = A\overline{B}\sigma_{ec}^2.$$

- Soma de Quadrados Entre Totais dos conglomerados,

$$SQ[E\tau] = \sum_{\alpha=1}^{A}(\tau_\alpha - \overline{\tau})^2 = \overline{B}^2 \sum_{\alpha=1}^{A}\left(\frac{B_\alpha}{\overline{B}}\mu_\alpha - \mu\right)^2 = \overline{B}^2 A\sigma_{ect}^2.$$

Note que são válidas as relações usuais

$$SQ[T] = SQ[D] + SQ[E].$$

6. Quando todos os conglomerados tiverem o mesmo tamanho, isto é,

$$B_1 = B_2 = \ldots = B_A = \overline{B} = B,$$

indicaremos por B esse valor comum. Nesta situação, tem-se que $B_\alpha/\overline{B} = 1$ e

$$\mu = \frac{1}{AB}\sum_{\alpha=1}^{A}\sum_{i=1}^{B} Y_{\alpha i} = \frac{1}{A}\sum_{\alpha=1}^{A}\mu_\alpha = \overline{\mu},$$

ou seja, a média global coincide com a média das médias dos conglomerados. A variância dentro dos conglomerados simplifica-se como a média das variâncias dos conglomerados

$$\sigma_{dc}^2 = \frac{1}{A}\sum_{\alpha=1}^{A}\sigma_\alpha^2.$$

As diferentes expressões para variância entre, resumem-se a

$$\sigma_{ec}^2 = \sigma_{ect}^2 = \sigma_{eq}^2 = \sigma_{em}^2 = \frac{1}{A}\sum_{\alpha=1}^{A}(\mu_\alpha - \mu)^2.$$

7.2 Plano amostral

Serão sorteados $a < A$ conglomerados, através de um processo AAS, com reposição (AASc). De cada conglomerado serão entrevistados todos os indivíduos. Detalhes sobre o plano AAS sem reposição são encontrados nos exercícios. Esse procedimento equivale ao procedimento AASc, discutido no Capítulo 3, de onde são sorteados a elementos da população representada por

$$\mathcal{U}_C = \{C_1, C_2, \ldots, C_\alpha, \ldots, C_A\}$$

e o parâmetro populacional **D** pela matriz

$$\mathbf{D} = \begin{pmatrix} B_1 & B_2 & \cdots & B_\alpha & \cdots & B_A \\ \tau_1 & \tau_2 & \cdots & \tau_\alpha & \cdots & \tau_A \\ \mu_1 & \mu_2 & \cdots & \mu_\alpha & \cdots & \mu_A \end{pmatrix}$$

ou qualquer outra característica de interesse. Já os dados da amostra serão representados por

$$\mathbf{d} = \begin{pmatrix} b_1 & b_2 & \cdots & b_\alpha & \cdots & b_a \\ T_1 & T_2 & \cdots & T_\alpha & \cdots & T_a \\ \overline{y}_1 & \overline{y}_2 & \cdots & \overline{y}_\alpha & \cdots & \overline{y}_a \end{pmatrix}.$$

Desse modo, todas as propriedades derivadas naquele capítulo são válidas aqui, com $n = \sum_{\alpha=1}^{a} b_\alpha$.

Convém ressaltar que a variável T_α, total observado na α-ésima extração, assume os valores $\tau_1, \tau_2, \ldots, \tau_A$. Interpretação idêntica vale para as variáveis b_α e $\overline{y}_\alpha$.

7.3 Estimadores da média por elemento

O parâmetro a ser estimado é a média global por elemento

$$\mu = \overline{Y} = \frac{\tau}{N} = \frac{\overline{\tau}}{\overline{\overline{B}}}.$$

Dependendo da informação adicional disponível, pode-se substituir os parâmetros acima por estimadores convenientes.

A primeira delas supõe conhecido o número total N de unidades no universo. Desse modo, substitui-se o numerador por um estimador não viesado, assim

$$\overline{y}_{c1} = \frac{\text{estimador de } \tau}{N} = \frac{A\hat{\overline{\tau}}}{A\overline{\overline{B}}} = \frac{\hat{\overline{\tau}}}{\overline{\overline{B}}} = \frac{\overline{T}}{\overline{\overline{B}}},$$

onde $\hat{\overline{\tau}}$ é a média dos totais dos a conglomerados sorteados, isto é,

$$\hat{\overline{\tau}} = \overline{T} = \frac{1}{a}\sum_{\alpha=1}^{a} T_\alpha.$$

O segundo estimador é mais indicado quando o total N é desconhecido, e cautelosamente substitui τ e N por estimadores não viesados, obtendo

$$\overline{y}_{c2} = \frac{\text{estimador de } \tau}{\text{estimador de } N} = \frac{A\hat{\overline{\tau}}}{A\hat{\overline{\overline{B}}}} = \frac{\hat{\overline{\tau}}}{\hat{\overline{\overline{B}}}} = \frac{\overline{T}}{\overline{b}},$$

que é um estimador do tipo razão, onde $\hat{\overline{B}}$ é o tamanho médio estimado dos conglomerados sorteados, ou seja, estimado por

$$\hat{\overline{B}} = \overline{b} = \frac{1}{a}\sum_{\alpha=1}^{a} b_\alpha.$$

Finalmente, o terceiro estimador a ser estudado é aquele que ignora o fato dos diferentes tamanhos dos conglomerados e propõe a média das médias como estimador, isto é,

$$\overline{y}_{c3} = \frac{1}{a}\sum_{\alpha=1}^{a} \overline{y}_\alpha.$$

Teorema 7.1 *Para os estimadores acima valem as seguintes relações:*

$$E\left[\overline{y}_{c1}\right] = \mu, \qquad Var\left[\overline{y}_{c1}\right] = \frac{\sigma^2_{ect}}{a},$$

$$E\left[\overline{y}_{c2}\right] = \mu + B\left[\overline{y}_{c2}\right], \qquad EQM\left[\overline{y}_{c2}\right] \simeq Var\left[\overline{y}_{c2}\right] = \frac{\sigma^2_{eq}}{a},$$

$$E\left[\overline{y}_{c3}\right] = \mu + (\overline{\mu} - \mu), \qquad EQM\left[\overline{y}_{c3}\right] = \frac{\sigma^2_{em}}{a} + (\overline{\mu} - \mu)^2,$$

onde $B[\overline{y}_{c2}]$ *denota o vício de* $\overline{y}_{c2}$.

Prova. Como já foi mencionado, a AC em um único estágio equivale a uma AAS para os valores agregados do conglomerado. Assim, para o primeiro estimador, o parâmetro populacional é

$$\mathbf{D} = (\tau_1, \tau_2, \ldots, \tau_\alpha, \ldots, \tau_A),$$

com média $\overline{\tau}$ e variância $\sigma^2_{ec}[\tau]$, da qual foram retiradas por AASc, amostras cujos dados são

$$\mathbf{d} = (T_1, T_2, \ldots, T_\alpha, \ldots, T_a).$$

Pelo Teorema 3.3, tem-se que

$$E\left[\overline{T}\right] = \overline{\tau}$$

e

$$Var\left[\overline{T}\right] = \frac{\sigma^2_{ec}[\tau]}{a},$$

com $\sigma^2_{ec}[\tau] = \frac{1}{A}\sum_{\alpha=1}^{A}(\tau_\alpha - \overline{\tau})^2$. Logo,

$$E[\overline{y}_{c1}] = \frac{1}{\overline{\overline{B}}}E\left[\overline{T}\right] = \frac{\overline{\tau}}{\overline{\overline{B}}} = \mu$$

e

$$Var[\overline{y}_{c1}] = \frac{1}{\overline{\overline{B}}^2}Var\left[\overline{T}\right] = \frac{1}{\overline{\overline{B}}^2}\frac{\sigma^2_{ec}[\tau]}{a} = \frac{1}{\overline{\overline{B}}^2}\frac{\overline{\overline{B}}^2\sigma^2_{ect}}{a} = \frac{\sigma^2_{ect}}{a}.$$

com $\sigma^2_{ect} = \frac{1}{A}\sum_{\alpha=1}^{A}(\frac{B_\alpha}{\overline{\overline{B}}}\mu_\alpha - \mu)^2$.

Para o segundo estimador, basta lembrar que o parâmetro populacional é

$$\mathbf{D} = \begin{pmatrix} \tau_1 & \tau_2 & \cdots & \tau_\alpha & \cdots & \tau_A \\ B_1 & B_2 & \cdots & B_\alpha & \cdots & B_A \end{pmatrix}$$

e os dados amostrais

$$\mathbf{d} = \begin{pmatrix} T_1 & T_2 & \cdots & T_\alpha & \cdots & T_a \\ b_1 & b_2 & \cdots & b_\alpha & \cdots & b_a \end{pmatrix}$$

e que $\overline{y}_{c2}$ é um estimador razão. Assim, pelo Exercício 5.12, tem-se que ele é viesado e, portanto,

$$E[\overline{y}_{c2}] = \mu + B[\overline{y}_{c2}].$$

Por outro lado, pelo Teorema 5.2 para AASc (veja o Exercício 7.29) temos que

$$EQM[r] \simeq Var[r] \simeq \frac{1}{nN\mu_X^2}\sum_{i=1}^{N}(Y_i - RX_i)^2.$$

Ajustando-se para o estimador acima, tem-se

$$\begin{aligned} EQM[\overline{y}_{c2}] &\simeq \frac{1}{aA\overline{\overline{B}}^2}\sum_{\alpha=1}^{A}(\tau_\alpha - \mu B_\alpha)^2 \\ &= \frac{1}{aA}\sum_{\alpha=1}^{A}\left(\frac{B_\alpha}{\overline{\overline{B}}}\right)^2(\mu_\alpha - \mu)^2 = \frac{\sigma^2_{eq}}{a}. \end{aligned}$$

Observe que σ^2_{eq} é uma outra maneira de medir a variabilidade entre as médias dos conglomerados.

Finalmente, o terceiro estimador equivale a

$$\mathbf{D} = (\mu_1, \mu_2, \ldots, \mu_\alpha, \ldots, \mu_A)$$

com média igual a $\overline{\mu}$ e variância entre médias definida, como na Seção 7.1, por

$$\sigma^2_{em} = \frac{1}{A}\sum_{\alpha=1}^{A}(\mu_\alpha - \overline{\mu})^2.$$

Na amostra

$$\mathbf{d} = (\overline{y}_1, \overline{y}_2, \ldots, \overline{y}_\alpha, \ldots, \overline{y}_a).$$

Portanto, $\overline{y}_{c3}$ é um estimador não viesado da média de $\mathbf{D}$, isto é,

$$E[\overline{y}_{c3}] = \overline{\mu}$$

e variância igual a σ^2_{em} dividida por a (AASc), ou seja,

$$Var[\overline{y}_{c3}] = \frac{\sigma^2_{em}}{a}.$$

Usando-se o fato de que $EQM[\overline{y}_{c3}] = Var[\overline{y}_{c3}] + (\overline{\mu} - \mu)^2$, o teorema fica demonstrado.

Corolário 7.1 *Estimadores para as variâncias do Teorema 7.1 são dados por*

$$\begin{aligned}
var[\overline{y}_{c1}] &= \frac{1}{a(a-1)} \sum_{\alpha=1}^{a} \left(\frac{B_\alpha}{\overline{B}} \overline{y}_\alpha - \overline{y}_{c1} \right)^2, \\
var[\overline{y}_{c2}] &= \frac{1}{a(a-1)} \sum_{\alpha=1}^{a} \left(\frac{b_\alpha}{\overline{b}} \right)^2 (\overline{y}_\alpha - \overline{y}_{c2})^2, \\
var[\overline{y}_{c3}] &= \frac{1}{a(a-1)} \sum_{\alpha=1}^{a} (\overline{y}_\alpha - \overline{y}_{c3})^2.
\end{aligned}$$

Com relação à AASc, o primeiro e o terceiro são não viciados para as respectivas variâncias.

Prova. Do Teorema 3.4, tem-se que

$$s^2_{ec}[\tau] = \frac{1}{a-1} \sum_{\alpha=1}^{a} \left(T_\alpha - \hat{\overline{\tau}} \right)^2,$$

com $\hat{\overline{\tau}} = \overline{B}\,\overline{y}_{c1}$, é um estimador não viesado de $\sigma^2_{ec}[\tau]$. Como $\sigma^2_{ect} = \sigma^2_{ec}[\tau]/\overline{B}^2$, segue que

$$E\left[\frac{s^2_{ec}[\tau]}{\overline{B}^2} \right] = \sigma^2_{ect},$$

de modo que

$$\frac{s^2_{ec}[\tau]}{a\overline{B}^2} = \frac{\overline{B}^2}{\overline{B}^2 a(a-1)} \sum_{\alpha=1}^{a} \left(\frac{B_\alpha}{\overline{B}} \overline{y}_\alpha - \overline{y}_{c1} \right)^2 = \frac{1}{a(a-1)} \sum_{\alpha=1}^{a} \left(\frac{B_\alpha}{\overline{B}} \overline{y}_\alpha - \overline{y}_{c1} \right)^2$$

é um estimador não viciado de $Var[\overline{y}_{c1}]$.

Do Exercício 7.29, tem-se que um estimador da variância do estimador razão $\hat{R} = r$ é dado por

$$var[r] = \frac{1}{n(n-1)\overline{x}^2} \sum_{i \in \mathbf{s}} (Y_i - rX_i)^2 .$$

Adotando-se a nomenclatura dos conglomerados, tem-se

$$\begin{aligned} var[\overline{y}_{c2}] &= \frac{1}{a(a-1)\overline{b}^2} \sum_{\alpha=1}^{a} (T_\alpha - \overline{y}_{c2} b_\alpha)^2 \\ &= \frac{1}{a(a-1)} \sum_{\alpha=1}^{a} \left(\frac{b_\alpha}{\overline{b}}\right)^2 (\overline{y}_\alpha - \overline{y}_{c2})^2 . \end{aligned}$$

Para o terceiro estimador, a aplicação direta dos resultados de AASc, Teorema 3.4, mostra que

$$s_{em}^2 = \frac{1}{a-1} \sum_{\alpha=1}^{a} (\overline{y}_\alpha - \overline{y}_{c3})^2$$

é um estimador não viesado de σ_{em}^2. De modo análogo, define-se

$$s_{ec}^2 = \frac{1}{a-1} \sum_{\alpha=1}^{a} \frac{b_\alpha}{\overline{b}} (\overline{y}_\alpha - \overline{y}_{c2})^2$$

que é estimador de σ_{ec}^2. Como estimador de σ_{eq}^2 consideramos

$$s_{eq}^2 = \frac{1}{a-1} \sum_{\alpha=1}^{a} \left(\frac{b_\alpha}{\overline{b}}\right)^2 (\overline{y}_\alpha - \overline{y}_{c2})^2 .$$

Já

$$s_{ect}^2 = \frac{1}{a-1} \sum_{\alpha=1}^{a} \left(\frac{b_\alpha}{\overline{b}} \overline{y}_\alpha - \overline{y}_{c1}\right)^2 \tag{7.1}$$

nem sempre é um estimador não viesado de σ_{ect}^2 (veja o Exercício 7.32).

Nenhum dos três estimadores do Teorema 7.1 é consistentemente melhor que os demais, isto é, têm EQM menor em todas as circunstâncias. Jessen (1978) afirma que, se o coeficiente da regressão de μ_α em função de B_α for negativo, positivo ou nulo, deve-se preferir $\overline{y}_{c1}$, $\overline{y}_{c2}$ ou $\overline{y}_{c3}$, respectivamente.

Corolário 7.2 *Quando todos os conglomerados têm o mesmo tamanho B, os três estimadores são iguais a*

$$\overline{y}_c = \frac{1}{aB} \sum_{\alpha=1}^{a} \sum_{i=1}^{B} y_{\alpha i} = \frac{1}{a} \sum_{\alpha=1}^{a} \overline{y}_\alpha$$

com

$$Var[\overline{y}_c] = \frac{\sigma^2_{ec}}{a} = \frac{1}{aA}\sum_{\alpha=1}^{A}(\mu_\alpha - \mu)^2 .$$

Um estimador não viciado de $Var[\overline{y}_c]$ *é dado (ver Corolário 7.1) por*

$$var[\overline{y}_c] = \frac{s^2_{ec}}{a} = \frac{1}{a(a-1)}\sum_{\alpha=1}^{a}(\overline{y}_\alpha - \overline{y}_c)^2 .$$

É importante notar também que, quando todos os conglomerados têm tamanhos iguais, segue que

$$s^2_{ec} = s^2_{ect} = s^2_{eq} = s^2_{em} = \frac{1}{a-1}\sum_{\alpha=1}^{a}(\overline{y}_\alpha - \overline{y}_c)^2 .$$

Corolário 7.3 *O estimador*

$$s^2_{dc} = \frac{1}{a}\sum_{\alpha=1}^{a}\frac{B_\alpha}{\overline{B}}\sigma^2_\alpha$$

é não viesado para σ^2_{dc}.

Veja o Exercício 7.33 para a prova dos Corolários 7.2 e 7.3.

Quando $\overline{B}$ é desconhecido, substituindo-se por $\overline{b}$, o estimador no corolário acima passa a ser viesado. Se os tamanhos não variam muito, o viés é pequeno.

7.4 Coeficientes de correlação intraclasse

Já se discutiu que a eficiência do conglomerado depende do grau de similaridade de seus elementos. Desse modo, é bastante importante criar medidas que indiquem qual o grau de similaridade dos elementos dentro dos conglomerados. Existem várias propostas para tais medidas, principalmente quando os conglomerados não são do mesmo tamanho. Silva e Moura (1986), em um trabalho interno do IBGE, fizeram uma revisão e comparação de algumas dessas medidas. Aqui, com objetivo didático, será abordada apenas a mais tradicional delas, muito usada para conglomerados de igual tamanho. Para conglomerados desiguais será feita uma extensão conveniente.

Antes de formular a definição, é interessante descrever como é construída a medida.

i. Considere a população dividida em A conglomerados, conforme a notação da Seção 7.1.

ii. Em seguida, formam-se todos os pares de unidades distintas possíveis dentro de cada conglomerado. Por exemplo, para o α-ésimo conglomerado seria possível formar os $B_\alpha(B_\alpha - 1)$ pares de valores da variável Y descritos na Tabela 7.3.

iii. Desse modo têm-se no total de conglomerados $\sum_{\alpha=1}^{A} B_\alpha(B_\alpha - 1)$ pares do tipo (Y_1', Y_2'), onde Y_1' indica os possíveis valores da primeira posição do par e Y_2', o segundo.

iv. Calcula-se agora para todos esses $\sum_{\alpha=1}^{A} B_\alpha(B_\alpha - 1)$ pares o coeficiente de correlação de Pearson, isto é,

$$\rho_{\text{int}} = \frac{Cov[Y_1', Y_2']}{DP[Y_1']DP[Y_2']}.$$

Tabela 7.3: Pares possíveis dentro do conglomerado α

Elemento	$(\alpha, 1)$	$(\alpha, 2)$	$\cdots$	(α, i)	$\cdots$	(α, B_α)
$(\alpha, 1)$	—	$(Y_{\alpha 1}, Y_{\alpha 2})$	$\cdots$	$(Y_{\alpha 1}, Y_{\alpha i})$	$\cdots$	$(Y_{\alpha 1}, Y_{\alpha B_\alpha})$
$(\alpha, 2)$	$(Y_{\alpha 2}, Y_{\alpha 1})$	—	$\cdots$	$(Y_{\alpha 2}, Y_{\alpha i})$	$\cdots$	$(Y_{\alpha 2}, Y_{\alpha B_\alpha})$
$\vdots$	$\vdots$	$\vdots$	$\ddots$	$\vdots$	$\ddots$	$\vdots$
(α, i)	$(Y_{\alpha i}, Y_{\alpha 1})$	$(Y_{\alpha i}, Y_{\alpha 2})$	$\cdots$	—	$\cdots$	$(Y_{\alpha 1}, Y_{\alpha B_\alpha})$
$\vdots$	$\vdots$	$\vdots$	$\ddots$	$\vdots$	$\ddots$	$\vdots$
(α, B_α)	$(Y_{\alpha B_\alpha}, Y_{\alpha 1})$	$(Y_{\alpha B_\alpha}, Y_{\alpha 2})$	$\cdots$	$(Y_{\alpha B_\alpha}, Y_{\alpha i})$	$\cdots$	—

Existem $B_\alpha^2 - B_\alpha = B_\alpha(B_\alpha - 1)$ pares possíveis.

Definição 7.1 *Ao coeficiente ρ_{int} chama-se coeficiente de correlação intraclasse, ou dentro dos conglomerados.*

Exemplo 7.3 Volte-se ao Exemplo 7.2, onde a população foi dividida em três diferentes grupos de conglomerados. Na divisão A, tem-se $\mathcal{U}_A = \{(2,5), (3,6), (1,4)\} = \{C_1, C_2, C_3\}$ com $\mathbf{D}_A = \{(7,8), (9,10), (12,14)\}$. Dentro do conglomerado C_1 só é possível formar dois pares distintos de valores $(7,8)$ e $(8,7)$. Estendendo-se para todos os conglomerados, tem-se

Y_1':	7	8	9	10	12	14
Y_2':	8	7	10	9	14	12

Calculando-se o coeficiente de correlação, obtém-se $\rho_{\text{int}} \cong 0,82$. Na divisão B, tem-se

Y_1':	7	10	12	8	9	14
Y_2':	10	7	8	12	14	9

com $\rho_{\text{int}} \cong -0,47$; e na divisão C,

Y_1':	7	14	12	8	9	10
Y_2':	14	7	8	12	10	9

com $\rho_{\text{int}} \cong -0,94$.

Observe que, quanto maior o coeficiente de correlação intraclasse, mais homogêneos são os conglomerados e menos eficiente é o uso da AC. Já tinha sido observado na distribuição amostral do Exemplo 7.2 que, na divisão A, a AC era a menos eficiente e, na C, tinha-se o procedimento mais eficiente, ou seja, acompanhando a ordem decrescente do ρ_{int}.

7.4.1 Conglomerados de igual tamanho

Quando os conglomerados têm o mesmo tamanho, as fórmulas simplificam-se bastante, e pode-se encontrar expressões operacionais bem interessantes.

Lema 7.1 *Para conglomerados de tamanhos iguais a B, tem-se*

$$Cov\left[Y_1', Y_2'\right] = \frac{1}{AB(B-1)} \sum_{\alpha=1}^{A} \sum_{i \neq j} (Y_{\alpha i} - \mu)(Y_{\alpha j} - \mu)$$

e

$$Var\left[Y_1'\right] = Var\left[Y_2'\right] = \sigma^2.$$

Prova. Usando-se como referência a Tabela 7.3, pode-se escrever para o α-ésimo conglomerado que a soma das $B(B-1)$ observações do primeiro elemento do par é igual a $B-1$ vezes o total do conglomerado, isto é,

$$(B-1)\tau_\alpha = (B-1)\sum_{i=1}^{B} Y_{\alpha i}.$$

Somando-se agora para todos os conglomerados, tem-se

$$(B-1)\sum_{\alpha=1}^{A} \tau_\alpha = (B-1)\tau.$$

Portanto, a média dos $AB(B-1)$ valores do primeiro elemento do par é

$$E\left[Y_1'\right] = \frac{(B-1)\tau}{AB(B-1)} = \frac{\tau}{AB} = \mu.$$

O mesmo argumento mostra que

$$E\left[Y_2'\right] = \mu.$$

Para calcular a variância, façamos o cálculo da diferença para um valor i, dentro do conglomerado α

$$\left(Y_{\alpha i} - \mu\right)^2.$$

Da Tabela 7.3, nota-se que essa soma aparece $B-1$ vezes, portanto a soma total dentro do conglomerado será

$$(B-1)\sum_{i=1}^{B}\left(Y_{\alpha i} - \mu\right)^2.$$

Assim, a variância será

$$\begin{aligned} Var\left[Y_1'\right] &= Var\left[Y_2'\right] = \frac{1}{AB(B-1)}\sum_{\alpha=1}^{A}(B-1)\sum_{i=1}^{B}\left(Y_{\alpha i} - \mu\right)^2 \\ &= \frac{1}{AB}\sum_{\alpha=1}^{A}\sum_{i=1}^{B}\left(Y_{\alpha i} - \mu\right)^2 = \sigma^2. \end{aligned}$$

Finalmente, aplicando a fórmula da covariância tem-se

$$Cov\left[Y_1', Y_2'\right] = \frac{1}{AB(B-1)}\sum_{\alpha=1}^{A}\sum_{i\neq j}\left(Y_{\alpha i} - \mu\right)\left(Y_{\alpha j} - \mu\right).$$

Teorema 7.2 *Para conglomerados de tamanhos iguais tem-se*

$$\rho_{\text{int}} = \frac{\sigma_{ec}^2 - \frac{\sigma_{dc}^2}{B-1}}{\sigma^2}.$$

Prova. Sendo B o tamanho comum dos conglomerados, pode-se escrever

$$\mu_\alpha - \mu = \frac{1}{B}\sum_{i=1}^{B}Y_{\alpha i} - \frac{B}{B}\mu = \frac{1}{B}\left(\sum_{i=1}^{B}Y_{\alpha i} - B\mu\right) = \frac{1}{B}\sum_{i=1}^{B}\left(Y_{\alpha i} - \mu\right).$$

Elevando-se ambos os lados ao quadrado,

$$\left(\mu_\alpha - \mu\right)^2 = \frac{1}{B^2}\left\{\sum_{i=1}^{B}\left(Y_{\alpha i} - \mu\right)^2 + \sum_{i\neq j}\left(Y_{\alpha i} - \mu\right)\left(Y_{\alpha j} - \mu\right)\right\},$$

portanto,

$$\sum_{\alpha=1}^{A}\left(\mu_\alpha - \mu\right)^2 = \frac{1}{B^2}\sum_{\alpha=1}^{A}\sum_{i=1}^{B}\left(Y_{\alpha i} - \mu\right)^2 + \frac{1}{B^2}\sum_{\alpha=1}^{A}\sum_{i\neq j}\left(Y_{\alpha i} - \mu\right)\left(Y_{\alpha j} - \mu\right).$$

Usando-se os resultados da Seção 7.1 (item 6) e do Lema 7.1, vem

$$A\sigma_{ec}^2 = \frac{1}{B^2}AB\sigma^2 + \frac{1}{B^2}AB(B-1)Cov\left[Y_1', Y_2'\right],$$

ou seja,

$$Cov[Y_1', Y_2'] = \frac{B\sigma_{ec}^2 - \sigma^2}{B-1}.$$

Lembrando-se ainda que $\sigma^2 = \sigma_{dc}^2 + \sigma_{ec}^2$, obtém-se

$$Cov\left[Y_1', Y_2'\right] = \sigma_{ec}^2 - \frac{\sigma_{dc}^2}{B-1}.$$

Dividindo-se por $DP[Y_1'].DP[Y_2']$, que pelo Lema 7.1 é igual a σ^2, tem-se o teorema demonstrado.

Essa expressão é muito útil para interpretar e analisar o efeito da conglomeração sobre os estimadores. Duas situações extremas são:

i. Suponha o caso de máxima homogeneidade, isto é, dentro dos conglomerados todas as observações são iguais entre si, ou seja, $\sigma_\alpha^2 = 0$. Logo, $\sigma_{dc}^2 = 0$ e $\sigma_{ec}^2 = \sigma^2$, de modo que

$$\rho_{\text{int}} = 1.$$

Ou seja, é quando se observa o maior valor de ρ_{int}.

ii. Suponha agora que cada conglomerado é uma microrrepresentação do universo. Isto pode ser traduzido na suposição de que a variância média seja igual à variância global, $\sigma_{dc}^2 = \sigma^2$, o que implica em $\sigma_{ec}^2 = 0$, logo

$$\rho_{\text{int}} = -\frac{1}{B-1}$$

é o menor valor que pode assumir.

Note que as variâncias entre e dentro podem ser reescritas dos seguintes modos:

$$\sigma_{ec}^2 = \{1 + \rho_{\text{int}}(B-1)\}\frac{\sigma^2}{B} \tag{7.2}$$

e

$$\sigma_{dc}^2 = \frac{B-1}{B}(1 - \rho_{\text{int}})\sigma^2.$$

Corolário 7.4 *Para conglomerados de igual tamanho, tem-se*

$$Var\left[\overline{y}_c\right] = \{1 + \rho_{\text{int}}(B-1)\}\,\frac{\sigma^2}{aB}.$$

Prova. Este resultado segue diretamente do Corolário 7.2 e de (7.2).

Corolário 7.5 *O efeito do planejamento para conglomerados de igual tamanho é dado por*

$$EPA = 1 + \rho_{\text{int}}(B-1).$$

Prova. Basta lembrar que a variância de $\overline{y}_c$ deve ser comparada com a de uma AASc, de tamanho $n = aB$, que é $Var_{\text{AASc}}[\overline{y}] = \sigma^2/(aB)$, logo

$$EPA = \frac{Var_{\text{AC}}[\overline{y}_c]}{Var_{\text{AASc}}[\overline{y}]} = 1 + \rho_{\text{int}}(B-1).$$

Assim, a eficiência dependerá do tipo de conglomeração. Usualmente, ρ_{int} é positivo, então a conglomeração usualmente leva à perda de eficiência em relação à AASc.

Corolário 7.6 *O coeficiente de correlação intraclasse é estimado por*

$$r_{\text{int}} = \frac{s_{ec}^2 - \frac{s_{dc}^2}{B-1}}{s_{ec}^2 + s_{dc}^2}.$$

Prova. Substituiu-se cada termo do coeficiente de correlação no Teorema 7.2 por estimadores não viesados.

7.4.2 Conglomerados de tamanhos desiguais

Com o intuito de encontrar fórmulas operacionais boas como aquela apresentada no Corolário 7.4, é conveniente redefinir o coeficiente de correlação intraclasse para algum estimador especial. Será usado o desenvolvimento para o estimador $\overline{y}_{c2}$. Observando-se a expressão do coeficiente de correlação intraclasse do Teorema 7.2 e o fato de que $Var[\overline{y}_{c2}] = \sigma_{eq}^2/a$, propõe-se

$$\rho_{c2} = \frac{\sigma_{eq}^2 - \frac{\sigma_{dc}^2}{\overline{B}-1}}{\gamma^2},$$

onde

$$\gamma^2 = \sigma_{eq}^2 + \sigma_{dc}^2.$$

Trabalhando-se esses resultados, pode-se escrever

$$Var[\overline{y}_{c2}] = \left\{1 + \rho_{c2}\left(\overline{B}-1\right)\right\}\frac{\gamma^2}{a\overline{B}},$$

bem como

$$EPA = \left\{1 + \rho_{c2}\left(\overline{B} - 1\right)\right\} \frac{\gamma^2}{\sigma^2}.$$

Na maioria das situações práticas, quando os tamanhos não variam muito, observa-se que $\gamma^2/\sigma^2 \simeq 1$, logo

$$EPA \simeq 1 + \rho_{c2}\left(\overline{B} - 1\right)$$

que permite as mesmas interpretações feitas anteriormente. Para atender outros estimadores, pode-se usar definições adequadas em cada situação.

Exemplo 7.4 Considere a população do Exemplo 7.1, ou seja,

$$\begin{aligned} \mathcal{U} &= \{(1), (2, 3, 4), (5, 6)\}, \\ \mathbf{D} &= ((12), (7, 9, 14), (8, 10)), \end{aligned}$$

onde $\mu = 10$, $\sigma^2 = 17/3$, $\overline{\mu} = 31/3$. Então,

$$\begin{aligned} &\mu_1 = 12, \quad \mu_2 = 10, \quad \mu_3 = 9 \\ &\sigma_1^2 = 0, \quad \sigma_2^2 = 26/3, \quad \sigma_3^2 = 1 \\ &B_1 = 1, \quad B_2 = 3, \quad B_3 = 2, \quad \overline{B} = 2, \\ &\sigma_{dc}^2 = \frac{1}{3}\left\{\frac{1}{2} \times 0 + \frac{3}{2} \times \frac{26}{3} + \frac{2}{2} \times 1\right\} = \frac{14}{3}, \\ &\sigma_{ec}^2 = \frac{1}{3}\left\{\frac{1}{2}(12 - 10)^2 + \frac{3}{2}(10 - 10)^2 + \frac{2}{2}(9 - 10)^2\right\} = 1, \end{aligned}$$

o que confirma a relação $\sigma^2 = \sigma_{ec}^2 + \sigma_{dc}^2$. Pode-se calcular também

$$\begin{aligned} \sigma_{ect}^2 &= \frac{1}{3}\left\{\left(\frac{1}{2} \times 12 - 10\right)^2 + \left(\frac{3}{2} \times 10 - 10\right)^2 + \left(\frac{2}{2} \times 9 - 10\right)^2\right\} = 14, \\ \sigma_{eq}^2 &= \frac{1}{3}\left\{\left(\frac{1}{2}\right)^2 (12 - 10)^2 + \left(\frac{3}{2}\right)^2 (10 - 10)^2 + \left(\frac{2}{2}\right)^2 (9 - 10)^2\right\} = \frac{2}{3}, \\ \sigma_{em}^2 &= \frac{1}{3}\left\{\left(12 - \frac{31}{3}\right)^2 + \left(10 - \frac{31}{3}\right) 2 + \left(9 - \frac{31}{3}\right)^2\right\} = \frac{14}{3}. \end{aligned}$$

Suponha que o plano amostral corresponda ao sorteio de dois conglomerados com reposição. Assim,

$$\begin{aligned} Var[\overline{y}_{c1}] &= \frac{14}{2} = 7, \\ Var[\overline{y}_{c2}] &= \frac{2/3}{2} = \frac{1}{3}, \\ Var[\overline{y}_{c3}] &= \frac{14/3}{2} = \frac{7}{3}. \end{aligned}$$

Aqui, o estimador do tipo razão $\overline{y}_{c2}$ é o mais indicado.

O coeficiente de correlação pode ser calculado pela definição, que leva aos seguinte valores

Y_1':	7	7	9	9	14	14	8	10
Y_2':	9	14	14	7	7	9	10	8

que levam a $\rho_{\text{int}} \cong -0,477$. Por outro lado, usando a definição adaptada, temos

$$\gamma^2 = \frac{2}{3} + \frac{14}{3} = \frac{16}{3},$$

$$\rho_{c2} = \frac{\frac{2}{3} - \frac{14/3}{2-1}}{16/3} = -\frac{12}{16} = -0,75,$$

$$Var[\overline{y}_{c2}] = \{1 + (-0,75)(2-1)\} \frac{16/3}{2 \times 2} = \frac{1}{3},$$

pois $a = 2$. Observe também que $\sigma^2 = \frac{17}{3} \simeq \frac{16}{3} = \gamma^2$.

7.5 Estimação de proporções

Quando a variável de interesse é do tipo dicotômica, isto é, $Y_{\alpha i} = 1$ se o elemento i no conglomerado α possui o atributo de interesse e 0 em caso contrário, pode-se derivar as propriedades das seções anteriores utilizando-se uma notação especial. Seja τ_α o número de indivíduos com o atributo no conglomerado α. Então, a proporção populacional P fica sendo

$$P = \frac{\sum_{\alpha=1}^{A} \tau_\alpha}{\sum_{\alpha=1}^{A} B_\alpha},$$

novamente uma razão, cujo estimador pode ser equivalente ao $\overline{y}_{c2}$, ou seja,

$$p_{c2} = \frac{\sum_{\alpha=1}^{a} T_\alpha}{\sum_{\alpha=1}^{a} b_\alpha}$$

e de acordo com o Teorema 7.1 sua variância fica sendo

$$Var[p_{c2}] \simeq \frac{1}{aA\overline{B}^2} \sum_{\alpha=1}^{A} (\tau_\alpha - PB_\alpha)^2,$$

estimada por

$$var[p_{c2}] = \frac{1}{a(a-1)\overline{b}^2} \sum_{\alpha=1}^{a} (T_\alpha - p_{c2} b_\alpha)^2.$$

Quando os conglomerados têm o mesmo tamanho, as fórmulas podem ser simplificadas. Veja o Exercício 7.21.

7.6 Normalidade assintótica e intervalos de confiança

No caso em que os conglomerados são de tamanhos iguais, a normalidade assintótica de $\overline{y}_c$ segue diretamente da normalidade assintótica da média amostral na AAS. Portanto, para A e a suficientemente grandes, tem-se que

$$\frac{\overline{y}_c - \mu}{\sqrt{\sigma_{ec}^2/a}} \overset{a}{\sim} N(0,1). \tag{7.3}$$

Usando o procedimento da Seção 3.2.4, temos que um intervalo de confiança para μ com coeficiente de confiança $\gamma = 1 - \alpha$ é dado por

$$\left(\overline{y}_c - z_\alpha\sqrt{var[\overline{y}_c]}; \overline{y}_c + z_\alpha\sqrt{var[\overline{y}_c]}\right), \tag{7.4}$$

onde $var[\overline{y}_c] = s_{ec}^2/a$ é como dada no Corolário 7.2.

Quando os conglomerados são de tamanhos diferentes, a normalidade assintótica de $\overline{y}_{c2}$ segue diretamente da normalidade assintótica do estimador razão. Veja o Capítulo 10 para uma discussão mais detalhada do problema. Então, para a e A suficientemente grandes, tem-se que (7.3) continua valendo. Um intervalo de confiança para μ com coeficiente de confiança $\gamma = 1 - \alpha$ é ainda dado por (7.4), com $\overline{y}_{c2}$ no lugar de $\overline{y}_c$ e com

$$var[\overline{y}_{c2}] = \frac{s_{eq}^2}{a} = \frac{1}{a(a-1)}\sum_{\alpha=1}^{a}\left(\frac{b_\alpha}{\overline{b}}\right)^2(\overline{y}_\alpha - \overline{y}_{c2})^2,$$

no lugar de $var[\overline{y}_c]$, conforme visto no Corolário 7.1.

Intervalos de confiança para o total populacional τ podem ser obtidos de maneira similar aos intervalos acima, sendo os conglomerados de mesmo tamanho ou não.

7.7 Determinação do tamanho da amostra

Com relação à obtenção do tamanho da amostra a, de tal forma que

$$P\left(|\overline{y}_c - \mu| \leq B\right) \simeq 1 - \alpha$$

esteja satisfeita, podemos novamente utilizar o procedimento da Seção 3.2.5. No caso em que os conglomerados são de tamanhos iguais, pode-se mostrar que (veja o Exercício 7.31)

$$a = \frac{\sigma_{ec}^2}{D}, \tag{7.5}$$

onde $D = B^2/z_\alpha^2$ e σ_{ec}^2 está definido na Seção 7.1, item 6.

Em geral, σ_{ec}^2 é desconhecido e tem que ser estimado a partir de amostras piloto ou a partir de pesquisas amostrais anteriores. O estimador s_{ec}^2 considerado no Corolário 7.2 poderia então ser utilizado. De maneira análoga, determina-se a para o caso em que os conglomerados são de tamanhos diferentes.

7.8 Amostragem sistemática

Considere uma população com N elementos, onde $N = kn$ e k é um número inteiro. Considere também que a população está ordenada de 1 a N, formando o sistema de referências. Uma unidade é então selecionada aleatoriamente (segundo a AAS) entre as k primeiras unidades do sistema de referências. As unidades seguintes que farão parte da amostra são obtidas a partir da primeira unidade selecionada em intervalos de comprimento k.

Exemplo 7.5 Suponha que, para determinada população, $N = 1.000$ e $n = 200$. Portanto, $k = 5$. Ou seja, a população está dividida em 200 grupos de 5 unidades populacionais, onde um elemento será selecionado em cada grupo. Uma unidade é selecionada aleatoriamente entre as 5 primeiras unidades. Suponha que a unidade 3 tenha sido selecionada. Então, em cada um dos 199 grupos restantes, será selecionada sempre a terceira unidade, completando assim a amostra sistemática de 200 unidades populacionais.

A vantagem principal da **amostragem sistemática (AS)** é a facilidade de sua execução. Também, é bem menos sujeita a erros do entrevistador que os outros esquemas de amostragem vistos até agora. Por outro lado, quanto à sua precisão, existem situações em que ela é mais precisa que a AAS. Mas, na maioria dos casos, a sua eficiência é próxima da AAS, principalmente quando o sistema de referências está numa "ordem aleatória". Em outros casos, quando existem tendências do tipo linear ou existem periodicidades na população, sua precisão pode ser bem diferente do planejamento AAS. A AS pode ser bastante prejudicada por ciclos presentes na população.

Um grande problema na utilização do sorteio sistemático é a estimação da variância do estimador obtido. No caso em que a população está em ordem aleatória, não existem muitos problemas em se estimar a variância do estimador obtido através da amostra sistemática pela estimativa da variância do estimador $\overline{y}$ da AAS, que é dado no Corolário 3.5, pois, nestes casos, AAS e AS apresentam resultados muito similares. Por outro lado, nos casos em que a população apresenta tendências ou periodicidades, ao se utilizar tal procedimento, pode-se super (ou sub) estimar a variância do estimador obtido a partir da AS. Alguns casos especiais são considerados nos exercícios. Na Seção 7.8.1, mostra-se que a AS pode ser considerada como um caso especial da AC. Outros estimadores para a variância V_k podem ser encontrados em Cochran (1977).

7.8.1 Relações com a AC

Considerando-se a população ordenada de 1 a N, pode-se escrever

$$\mathbf{D} = (Y_1, \ldots, Y_k, Y_{k+1}, \ldots, Y_{2k}, \ldots, Y_{(n-1)k+1}, \ldots, Y_{nk}),$$

que pode também ser representado através de uma matriz, onde na linha α tem-se a α-ésima amostra sistemática, enquanto que na coluna i tem-se a i-ésima zona. Tal representação é considerada na Tabela 7.4.

Tabela 7.4: Amostras sistemáticas

	Zonas				
Amostras	1	2	$\cdots$	n	Médias
1	Y_1	Y_{k+1}	$\cdots$	$Y_{(n-1)k+1}$	μ_1
2	Y_2	Y_{k+2}	$\cdots$	$Y_{(n-1)k+2}$	μ_2
$\vdots$	$\vdots$	$\vdots$	$\ddots$	$\vdots$	$\vdots$
k	Y_k	Y_{2k}	$\cdots$	Y_{nk}	μ_k
Médias	$\mu_{\cdot 1}$	$\mu_{\cdot 2}$	$\cdots$	$\mu_{\cdot n}$	μ

Na primeira linha da Tabela 7.4, tem-se a primeira amostra sistemática com média μ_1; na segunda linha, tem-se a segunda amostra sistemática com média μ_2 e assim por diante. A última coluna representa as médias das k amostras sistemáticas. Cada uma dessas amostras sistemáticas pode também ser vista como um conglomerado, onde os conglomerados são de tamanhos iguais a n. Portanto, a seleção de uma amostra sistemática pode ser vista como a seleção de uma amostra por conglomerados, onde o número de conglomerados é $A = k$, e destes k conglomerados $a = 1$ é selecionado para ser observado.

O estimador obtido a partir da amostra sistemática será definido por

$$\overline{y}_{sis} = \mu_\alpha,$$

onde μ_α é a média da amostra sistemática (ou do conglomerado) selecionada(o). Temos, portanto, que a distribuição de $\overline{y}_{sis}$ é dada pela Tabela 7.5. Desde que qualquer uma das k amostras sistemáticas tem probabilidade igual a $1/k$, pois o primeiro elemento a fazer parte da amostra é selecionado aleatoriamente entre os primeiros k elementos do sistema de referências. Da Tabela 7.5, tem-se que

$$E[\overline{y}_{sis}] = \mu,$$

ou seja, $\overline{y}_{sis}$ é um estimador não viciado de μ e, também,

$$V_k = Var[\overline{y}_{sis}] = \frac{1}{k}\sum_{\alpha=1}^{k}(\mu_\alpha - \mu)^2. \tag{7.6}$$

Como apenas um conglomerado é selecionado, não é possível obter um estimador não viciado de (7.6). Como discutido acima, na maioria dos casos, a variância V_k em (7.6) é estimada por

$$\hat{V}_k = \hat{V}_s = \frac{1-f}{n(n-1)}\sum_{i\in \mathbf{s}}(Y_i - \overline{y}_{sis})^2, \tag{7.7}$$

onde $\hat{V}_s = \widehat{Var}[\overline{y}]$ é dada no Corolário 3.5. Tal estimador seria adequado quando a amostragem sistemática é aproximadamente equivalente à amostragem aleatória simples. Contudo em outras situações, como no caso de populações apresentando periodicidades ou tendências do tipo linear (veja os Exercícios 7.12, 7.13, 7.26, 7.27 e 7.28), as duas amostragens apresentam resultados bastante distintos. Uma possível alternativa em tais situações seria considerar o uso de réplicas (veja o Exercício 7.34). Um exemplo típico de uma população apresentando periodicidade seria o caso das vendas diárias de certo produto (carne, por exemplo) em um supermercado.

Tabela 7.5: Distribuição de $\overline{y}_{sis}$

$\overline{y}_{sis}$:	μ_1	μ_2	$\cdots$	μ_α	$\cdots$	μ_k
$P(\overline{y}_{sis})$:	$1/k$	$1/k$	$\cdots$	$1/k$	$\cdots$	$1/k$

Considerando-se a AS como uma AC, como discutido acima, escreve-se a variância V_k como (veja o Exercício 7.24)

$$V_k = \{1 + \rho_{\text{int}}(n-1)\}\frac{\sigma^2}{n}, \tag{7.8}$$

onde ρ_{int} é o coeficiente de correlação dentro das amostras sistemáticas, ou seja, na notação da Seção 7.4,

$$\rho_{\text{int}} = \frac{Cov[Y_1', Y_2']}{DP[Y_1']DP[Y_2']} = \frac{\sigma_{ec}^2 - \frac{\sigma_{dc}^2}{n-1}}{\sigma^2},$$

onde, como os conglomerados têm tamanhos iguais a $B = n$,

$$\sigma_{ec}^2 = \frac{1}{k}\sum_{\alpha=1}^{k}(\mu_\alpha - \mu)^2,$$

e

$$\sigma_{dc}^2 = \frac{1}{k}\sum_{\alpha=1}^{k}\sigma_\alpha^2,$$

com

$$\sigma_\alpha^2 = \frac{1}{n}\sum_{i=1}^{n}(Y_{\alpha_i} - \mu_\alpha)^2,$$

com $Y_{\alpha i}$ sendo o valor da característica populacional associada ao elemento da i-ésima zona na α-ésima amostra sistemática. Portanto, existindo alguma ordenação dos elementos da população, existirá uma correlação positiva entre unidades da mesma amostra sistemática ($\rho_{\text{int}} > 0$), aumentando a variância V_k com relação a V_s. Por outro lado, quando $\rho_{\text{int}} < 0$, temos que V_k será menor do que V_s.

Exemplo 7.6 Considere a população onde $\mathbf{D} = (2, 6, 10, 8, 10, 12)$, $N = 6$ e dividida em $n = 2$ zonas de $k = 3$ unidades cada. Portanto, formam-se as 3 amostras sistemáticas:

	Zonas		
Amostras	1	2	Médias
1	2	8	5
2	6	10	8
3	10	12	11

Portanto, a distribuição de $\overline{y}_{sis}$ é dada por

$\overline{y}_{sis}$:	5	8	11
$P(\overline{y}_{sis})$:	1/3	1/3	1/3

Da distribuição acima, temos que

$$E[\overline{y}_{sis}] = 8 \quad \text{e} \quad Var[\overline{y}_{sis}] = 6.$$

Neste caso, $\rho_{\text{int}} = 1/8$. Note que como $\rho_{\text{int}} > 0$ (veja o Exercício 7.10), $\overline{y}$ é mais eficiente que $\overline{y}_{sis}$.

Exemplo 7.7 Considere a população com $N = 40$ elementos distribuídos em $k = 10$ amostras sistemáticas de tamanhos $n = 4$:

	Zonas				
Amostras	1	2	3	4	Médias
1	0	6	18	26	12,5
2	1	8	19	30	14,5
3	1	9	20	31	15,25
4	2	10	20	31	15,75
5	5	13	24	33	18,75
6	4	12	23	32	17,75
7	7	15	25	35	20,5
8	7	16	28	37	22
9	8	16	29	38	22,75
10	6	17	27	38	22
Médias	4,1	12,2	23,3	33,1	18,175

Para $n = 4$, calcula-se (veja o Exercício 7.11)

$$V_s = Var[\overline{y}] = (1 - f)\frac{S^2}{n} \cong \left(1 - \frac{1}{10}\right)\frac{136,25}{4} \cong 30,7.$$

Temos também que

$$\begin{aligned} V_k &= Var[\overline{y}_{sis}] = \frac{1}{k}\sum_{\alpha=1}^{k}(\mu_\alpha - \mu)^2 \\ &= \frac{(12,5 - 18,175)^2 + (14,5 - 18,175)^2 + \ldots + (22 - 18,175)^2}{10} \cong 11,6. \end{aligned}$$

Portanto, para a população acima, conclui-se que $\overline{y}_{sis}$ é mais eficiente que $\overline{y}$. Note também que a população apresenta uma ligeira tendência linear. Um outro esquema amostral que poderia ser utilizado para a obtenção de uma amostra de tamanho n desta população seria considerar cada uma das n zonas (colunas) de k elementos como um estrato. Selecionamos então de cada estrato um elemento, aleatoriamente.

O estimador de μ é dado por $\overline{y}_{es}$, o estimador estratificado que foi introduzido no Capítulo 4. Pode-se mostrar, usando-se a tabela acima, que (veja o Exercício 7.25)

$$Var[\overline{y}_{es}] \cong \left(1 - \frac{1}{10}\right) \frac{13,49}{4} \cong 3,03.$$

Exercícios

7.1 Considere a população com $N = 6$ indivíduos, onde $\mathbf{D} = (2, 6, 8, 10, 10, 12)$. Considere os conglomerados "$\mathcal{U}_C$" e "$\mathcal{U}_D$" abaixo

$$\text{Conglomerados "}\mathcal{U}_C\text{"} : \begin{cases} C_1 : & \mathbf{D}_1 = (2), \\ C_2 : & \mathbf{D}_2 = (6, 8, 10), \\ C_3 : & \mathbf{D}_3 = (10, 12) \end{cases}$$

e

$$\text{Conglomerados "}\mathcal{U}_D\text{"} : \begin{cases} C_1 : & \mathbf{D}_1 = (2, 6, 8), \\ C_2 : & \mathbf{D}_2 = (10, 10), \\ C_3 : & \mathbf{D}_3 = (12). \end{cases}$$

Para cada uma das divisões (conglomerados) acima, selecione um conglomerado segundo a AAS. Encontre a distribuição de $\overline{y}_{c1}$, sua média e variância. Qual das divisões apresenta uma estimativa mais precisa?

7.2 Uma empresa de táxis possui 175 carros. Uma pesquisa é conduzida para se estimar a proporção de pneus em mau estado nos carros da companhia. Uma AASc de 25 carros apresenta o seguinte número de pneus em mau estado por carro: $\mathbf{d} = (2, 4, 0, 1, 2, 0, 4, 1, 3, 1, 2, 0, 1, 1, 2, 2, 4, 1, 0, 0, 3, 1, 2, 2, 1)$. Não considere o estepe. Encontre uma estimativa para a precisão de sua estimativa.

7.3 Suponha que desejamos estimar o número total de quilômetros percorridos pelos carros da companhia do Exercício 7.5. Calcule estimativas utilizando os estimadores propostos na Seção 7.3. Qual dos dois estimadores é mais preciso?

7.4 Planejou-se uma pesquisa para determinar a proporção de crianças do sexo masculino com idade inferior a 15 anos numa certa cidade. Sugerem-se dois procedimentos:

i. Toma-se uma amostra AASc de n crianças (menores de 15 anos) e conta-se o número de meninas e meninos.

ii. Toma-se uma amostra AASc de n famílias e pergunta-se o número de meninos e meninas (menores de 15 anos) para cada família.

Encontre as variâncias para as estimativas das proporções obtidas a partir de cada um dos planos. Qual dos planos amostrais você preferiria? Justifique. Refaça agora considerando AASs.

7.5 Uma companhia que fornece carros a seus vendedores quer uma estimativa do número médio de quilômetros percorridos pelos seus carros no ano passado. A companhia tem 12 filiais. O número de carros (B_α), a média (μ_α) e a variância (S_α^2) do número de quilômetros percorridos (em milhares), para cada filial, são dados por:

Filial	B_α	μ_α	S_α^2
1	6	24,32	5,07
2	2	27,06	5,53
3	11	27,60	6,24
4	7	28,01	6,59
5	8	27,56	6,21
6	14	29,07	6,12
7	6	32,03	5,97
8	2	28,41	6,01
9	2	28,91	5,74
10	5	25,55	6,78
11	12	28,58	5,87
12	6	27,27	5,38

Selecione uma AASc de 4 filiais e estime o número médio de quilômetros percorridos por carro, utilizando a informação sobre todos os carros nas filiais selecionadas. Encontre a variância de sua estimativa e também uma estimativa para a variância. Compare a variância de sua estimativa com a variância correspondente à utilização de uma AASc de tamanho $n = 27$.

7.6 Considere uma população com $N = 9$ elementos divididos em $n = 3$ zonas com $k = 3$ elementos. Os valores da característica populacional são dados na tabela abaixo.

	Zonas		
Amostras	1	2	3
1	8	6	10
2	6	9	12
3	7	9	5

Para estimar a variância V_k do estimador $\overline{y}_{sis}$, que corresponde à média da amostra sistemática obtida, considere o estimador

$$\hat{V}_k = (1 - f)\frac{\hat{S}^2}{n},$$

onde $\hat{S}^2 = s^2$ é a variância amostral correspondente à amostra sistemática observada.

a. Para a população acima, verifique se $\hat{V}_k$ é não viciado para V_k.

b. Verifique para essa população se vale a fórmula

$$E\left[\hat{S}^2\right] = \frac{N-1}{N} S^2(1 - \rho_{\text{int}}),$$

onde ρ_{int} é como definido na Seção 7.8.1.

c. Mostre que o resultado em (ii) vale em geral.

7.7 Considere uma população $\mathcal{U}$ com $N = 12$ elementos divididos em $A = 3$ conglomerados. Os valores $Y_{\alpha i}$ correspondentes aos 3 conglomerados são:

α	$Y_{\alpha i}$	B_α	μ_α	σ^2_α
1	0, 1	2	0,5	0,25
2	1, 2, 2, 3	4	2,0	0,50
3	3, 3, 4, 4, 5, 5	6	4,0	2/3

a. Encontre σ^2.

b. Desta população, dois conglomerados são selecionados com reposição. Considere um estimador não viciado para a média populacional e encontre a variância do estimador proposto. Selecionando uma amostra de 2 conglomerados da tabela, estime a variância.

c. Encontre ρ_{int} (exato e aproximado). Usando a amostra dos dois conglomerados selecionados em (b), encontre uma estimativa para ρ_{int}.

7.8 Uma população com $N = 2.000$ elementos foi dividida em $A = 200$ conglomerados de tamanhos iguais a $B = 10$ elementos. Desta população uma amostra de $a = 20$ conglomerados é selecionada, de acordo com a AASc, e todos os elementos nos conglomerados selecionados são observados com relação à determinada característica populacional. O número de indivíduos que possuem a característica (T_α), na amostra foi:

Conglomerado:	1	2	3	4	5	6	7	8	9	10
T_α :	5	3	2	9	3	1	6	10	4	4
Conglomerado:	11	12	13	14	15	16	17	18	19	20
T_α :	2	3	6	1	1	7	0	7	2	1

a. Encontre uma estimativa para o número total de indivíduos na população que possuem a característica de interesse e uma estimativa para a variância da estimativa do total.

b. Encontre uma estimativa para a proporção de indivíduos na população que possuem a característica de interesse e uma estimativa para a variância da estimativa da proporção.

c. Encontre uma estimativa para o coeficiente de correlação intraclasse.

7.9 A tabela abaixo nos dá os tamanhos dos estratos e os desvios padrões de certa característica populacional Y dentro de 3 estratos, em que a população original de tamanho $N = 3.480$ foi estratificada.

Estratos	B_α	S_α
1	2500	8
2	850	24
3	130	80

a. Numa amostragem estratificada de 10% dessa população, qual a partilha ótima do tamanho n da amostra?

b. Compare a variância da média obtida pelo esquema acima com a variância da média obtida por AC com o mesmo n obtido em (a), e cujo desvio padrão geral é $S = 18$.

7.10 Considere novamente o Exemplo 7.6: verifique realmente que $V_k = 6$ e que $\rho_{\text{int}} = 1/8$.

7.11 Considere a população do Exemplo 7.7. Verifique que, conforme dado no exemplo, $V_s \cong 30,7$ e $V_k \cong 11,6$. Encontre ρ_{int}.

7.12 Refaça o Exemplo 7.7, invertendo a ordem nas zonas 2 e 4, isto é, em cada zona, o último elemento passa a ser o primeiro, o penúltimo passa a ser o segundo, e assim por diante.

7.13 Considere uma população dividida em n zonas de k elementos (k é um inteiro par), onde todas as zonas são iguais a

$$0, 1, 0, 1, 0, 1, \ldots, 0, 1,$$

isto é, é uma seqüência alternada de "zeros" e "uns" com k elementos ($\frac{k}{2}$ "0" e $\frac{k}{2}$ "1"). Por exemplo, se $n = 2$ e $k = 4$, temos

$$\mathbf{D} = (0, 1, 0, 1, 0, 1, 0, 1).$$

a. Calcule, no caso geral, a variância da média amostral $\overline{y}$ obtida a partir de uma AAS de tamanho n.

b. Calcule a variância de $\overline{y}_{sis}$, correspondente a uma amostra sistemática de tamanho n. Compare com o item (a).

c. Como ficam os resultados em (a) e (b), se $k = 6$ e $n = 3$?

7.14 Os dados abaixo indicam o número de besouros por canteiro (cada célula) em uma plantação de batata.

	1	2	3	4	5	6	7	8
1	2	4	2	4	2	3	4	6
2	0	2	0	2	7	4	2	3
3	16	9	2	8	5	10	8	7
4	5	7	7	14	20	5	9	6
5	12	5	7	0	4	10	13	5
6	11	6	17	1	9	9	5	17
7	11	10	13	21	10	11	2	20
8	2	3	5	7	4	1	0	14
9	6	8	0	0	2	1	7	1
10	8	14	10	7	3	3	17	8
11	7	12	13	16	11	8	9	1
12	13	2	10	10	7	8	15	28

a. Sortear uma amostra de 2 quadrados de 2×2 e estimar o total de besouros existentes na região, bem como o respectivo erro padrão.

b. Usando os 8 quadrados (1×1) encontrados acima, calcule o total de besouros existentes na região, supondo que a amostra colhida equivale à AAS. Encontre o erro padrão da estimativa.

c. Compare os resultados de (a) e (b) e encontre um valor aproximado para o coeficiente de correlação intraclasse.

7.15 As 39.800 fichas de assinantes de um jornal estão catalogadas de acordo com os roteiros de entrega diária. Cada roteiro tem suas fichas dispostas segundo uma ordem geográfica. O principal objetivo da pesquisa é determinar a porcentagem de assinantes possuidores do próprio imóvel que habitam atualmente. Decidiu-se por uma amostra de 400 assinantes, agrupados em conglomerados de 10. Este procedimento irá reduzir o tempo de viagem entre uma unidade e outra, já que as unidades são próximas umas das outras. Assim, os 39.800 assinantes estão dispostos em 3.980 conglomerados de 10 assinantes cada um. Nos 40 conglomerados sorteados foram encontrados os seguintes números de proprietários: $\mathbf{d} = (10, 8, 6, 5, 9, 8, 8, 5, 9, 9, 9, 10, 4, 3, 1, 2, 3, 4, 0, 6, 3, 5, 0, 0, 3, 0, 4, 8, 0, 0, 10, 5, 6, 1, 3, 3, 1, 5, 5, 4)$, com $\sum_{\alpha=1}^{40} T_\alpha = 185$ e $\sum_{\alpha=1}^{40} T_\alpha^2 = 1.263$.

7.16 Deseja-se estimar a opinião dos arquitetos, membros do Instituto de Arquitetura (IA), sobre a construção de um aeroporto num local atualmente ocupado por uma reserva florestal. Conseguiu-se a lista dos 10.000 membros do IA e os nomes estão ordenados segundo a data de admissão ao quadro da entidade. Decidiu-se por uma amostra de 500 pessoas e usando-se o processo de 5 réplicas repetidas com sorteio sistemático. Isto é:

1. Dividiu-se a população em 100 zonas contíguas de 100 arquitetos cada;
2. Sortearam-se 5 números aleatórios entre 01 e 00 (por ex., 17, 23, 56, 77, 81);
3. Tomou-se então a opinião dos arquitetos ocupando as seguintes posições na lista:
   - réplica 1: 17, 117, 217,...
   - réplica 2: 23, 123, 223,...
   - réplica 3: 56, 156, 256,...
   - réplica 4: 77, 177, 277,...
   - réplica 5: 81, 181, 281,...;
4. O número de pessoas contra o projeto em cada réplica foi, respectivamente, 70, 60, 50, 80, 65.

a. Por que você acha que foi proposto este esquema amostral ?

b. Usando cada réplica como um conglomerado, estime a proporção de arquitetos contra o projeto e a respectiva variância $Var_{\mathrm{AC}}[p]$.

c. Considere as 5 réplicas como sendo uma única amostra, estime a proporção e a respectiva variância $Var_{\mathrm{AASc}}[p]$.

d. Compare $Var_{\mathrm{AC}}[p]/Var_{\mathrm{AASc}}[p]$ e analise o resultado. O coeficiente de correlação intraclasse é importante neste problema?

Obs.: Descreva o sistema de referência (frame), que você pode usar.

7.17 Será feito um levantamento amostral para estimar uma proporção P de indivíduos portadores de uma certa característica. Espera-se que essa proporção seja da ordem de 50% na população. A população está disposta em conglomerados de 5 indivíduos cada, e o coeficiente de correlação intraclasse é 0,60. Decidiu-se sortear a conglomerados e entrevistar todos os indivíduos do conglomerado. Deseja-se que o erro máximo seja 0,05.

a. Quantos conglomerados devem ser sorteados?

b. Se fossem subamostrados 2 indivíduos por conglomerado, quantos conglomerados deveriam ser sorteados para se ter a mesma precisão?

7.18 O exército de Atlândida é formado por 400 companhias com 100 soldados cada uma. Uma amostra aleatória simples de 10 companhias foi sorteada e todos os soldados responderam a um questionário sócio-econômico. Os números, por companhia, daqueles que responderam "sim" a uma das questões foram: 25, 33, 12, 32, 17, 24, 26, 23, 37 e 21.

a. Estime a proporção P dos soldados do exército que responderiam "sim" a essa questão.

b. Estime o erro padrão desse estimador.

c. Construa um intervalo de confiança de 95% para esse parâmetro.

d. Supondo-se que as respostas acima correspondam a uma amostra aleatória simples de 1.000 soldados, qual seria a estimativa de P e o seu erro padrão?

e. Construa um intervalo de confiança de 95% para esse caso.

f. Calcule e interprete o $EPA = Var_{\mathrm{AC}}[p]/Var_{\mathrm{AAS}}[p]$.

g. Calcule o coeficiente de correlação intraclasse ρ_{int} e interprete-o.

h. Verifique que $EPA = 1 + \rho_{\text{int}}(B - 1)$.

7.19 Um supermercado deseja estimar qual a despesa média dos fregueses, usando uma amostra de 20% dos clientes. O estatístico encarregado da pesquisa decidiu usar um sorteio sistemático com quatro repetições. Assim, ele sorteou quatro números aleatórios entre 1 e 20 (sorteados 4, 6, 13 e 17), dando origem à seguinte amostra:

Réplica	Elementos	Nº de elementos	Despesa total	Soma de quadrados
1	4, 24, 44, ...	50	4.000	421.000
2	6, 26, 46, ...	50	4.200	435.000
3	13, 33, 53, ...	50	3.800	400.000
4	17, 37, 57, ...	50	3.900	405.000

Usando estes dados, estime a despesa média por freguês e dê limites para o erro de estimação.

Teóricos

7.20 Para conglomerados de mesmo tamanho, determine a, de modo que

$$P(|T_c - \tau| \leq B) \simeq 1 - \alpha,$$

onde B e α são fixados e $T_c = N\overline{y}_c$.

7.21 Obtenha um estimador não viciado para a variância de p_{c2} da proporção P, no caso em que os conglomerados são de mesmo tamanho. Construa um intervalo de confiança para P com coeficiente de confiança $\gamma = 1 - \alpha$.

7.22 Proponha estimadores para a média populacional μ quando uma amostra de a conglomerados segundo a AASs é selecionada de uma população com A conglomerados de igual tamanho. Use a notação da Seção 7.1. Obtenha expressões para suas variâncias.

7.23 Proponha ρ_{int} para o caso em que os conglomerados são selecionados sem reposição. Proponha também uma estimativa para este parâmetro, descrevendo detalhadamente as variâncias envolvidas. Considere conglomerados de igual tamanho.

7.24 Verifique que $V_k = Var[\overline{y}_{sis}]$ pode ser escrita como em (7.8).

7.25 Considere a divisão de uma população (com $N = nk$ elementos) em n zonas onde cada uma das zonas, é constituída por k elementos, conforme ilustrado na Tabela 7.4. Suponha que cada zona constitui um estrato e que uma única observação é selecionada (segundo a AAS) de cada um dos k estratos. Seja $\overline{y}_{es}$ o estimador estratificado de μ definido no Capítulo 4. Mostre que

$$Var[\overline{y}_{es}] = (1 - f)\frac{S^2_{\omega l}}{n},$$

onde

$$S^2_{\omega l} = \frac{1}{n(k-1)}\sum_{i=1}^{n}\sum_{\alpha=1}^{k}(Y_{\alpha i} - \mu_{\ i})^2 .$$

Considere o Exemplo 7.7. Verifique que $Var[\overline{y}_{es}] \cong 3,03$.

7.26 Considere a população de tamanho $N = nk$, onde

$$\mathbf{D} = (1, 2, \ldots, k,\ 1, 2, \ldots, k,\ \ldots,\ 1, 2, \ldots, k),$$

isto é, a população é constituída por n zonas, cada uma com os elementos $1, \ldots, k$. Considere as amostragens (i) AS, (ii) AAS e (iii) AE com um elemento selecionado aleatoriamente por estrato (zona). Encontre $Var[\overline{y}_{sis}]$, $Var[\overline{y}]$ e $Var[\overline{y}_{es}]$. Se você estimar V_k por $\hat{V}_s$, você super (ou sub) estima V_k?

7.27 Considere uma população com $N = nk$ elementos, onde k é ímpar e todas as zonas de k elementos são iguais a

$$1, 1, \ldots, 1, 1, \frac{k-1}{2}, \frac{k+1}{2}, \frac{k-1}{2}.$$

Faça o mesmo que no Exercício 7.26.

7.28 Considere uma população $\mathcal{U}$ de tamanho N, onde $N = nk$ e $Y_i = i$, $i = 1, \ldots, N$. Esta população está dividida em n zonas de tamanhos k, ou seja,

$$\mathbf{D} = (1, 2, \ldots, k,\ k+1, \ldots, 2k,\ \ldots,\ (n-1)k + 1, \ldots, nk)\,.$$

Considere cada uma das n zonas acima como estratos. Selecione uma AAS de tamanho 1 de cada um das n zonas. Mostre que

$$Var[\overline{y}_{es}] = \frac{k^2 - 1}{12n},$$

onde $\overline{y}_{es}$ é a média da amostra selecionada.

7.29 Considere os estimadores $\overline{y}_R$ e r definidos no Capítulo 5 e assuma AASc. Encontre uma expressão aproximada para $Var[\overline{y}_R]$ e para $Var[r]$. Proponha estimadores para estas variâncias.

7.30 Mostre que, no caso populacional, podemos escrever

$$\sum_{\alpha=1}^{a}\left(\frac{B_\alpha}{\overline{B}}\overline{y}_\alpha - \overline{y}_{c1}\right)^2 = \sum_{\alpha=1}^{a}\frac{T_\alpha^2}{\overline{B}^2} - a\overline{y}_{c1}^2.$$

7.31 Verifique a validade da expressão (7.5).

7.32 Mostre que s_{ect}^2 definido em (7.1) nem sempre é um estimador não viciado de σ_{ect}^2.

7.33 Prove os Corolários 7.2 e 7.3.

7.34 **Amostras sistemáticas replicadas.** Conforme visto na Seção 7.8, a amostragem sistemática usual não permite a obtenção de estimadores da variância da estimativa da média. Recordamos que na amostragem sistemática usual, a população é dividida em n zonas com k elementos cada, onde $N = kn$. Para poder contornar esta dificuldade, vamos considerar amostras sistemáticas replicadas. Nesta situação, a população com N elementos é dividida em n_s zonas com $k' = ks$ elementos em cada zona, de modo que

$$n = sn_s \quad \text{e} \quad N = nk = n_s ks = n_s k'.$$

Na primeira zona selecionamos s elementos segundo a AASs (ou AASc) e, sistematicamente, selecionamos um elemento de cada zona para cada amostra, sempre observando a ordem do elemento selecionado na primeira zona para cada amostra.

Exemplo: Para uma população com $N = 40$, $n = 8$ e $k = 5$, podemos sortear $s = 2$ amostras sistemáticas com $n_2 = 4$ elementos cada, de modo que $k' = ks = 5 \times 2 = 10$, ao invés de uma única amostra sistemática com $n = 8$ elementos.

Estimador de μ: Dadas as médias $\mu_{si1}, \ldots, \mu_{sis}$ das s amostras sistemáticas, consideramos como estimador da média populacional a média das médias amostrais, isto é,

$$\overline{y}_{siR} = \frac{1}{s}\sum_{j=1}^{s}\mu_{sij}.$$

a. Usando resultados já vistos para amostragem por conglomerados de tamanhos iguais (identifique as amostras sistemáticas como conglomerados) com AASs, mostre que $\overline{y}_{siR}$ é não viciado para estimar μ. Mostre que

$$Var_{\text{AASs}}[\overline{y}_{siR}] = (1 - f_s)\,\frac{S_{siR}^2}{s},$$

com $f_s = s/k' = s/(ks) = 1/k$ e $S_{siR}^2 = \sum_{j=1}^{k'} (\mu_{sij} - \mu)^2 /(k'-1)$. Mostre também que um estimador não viciado de $Var_{\text{AASs}}[\overline{y}_{siR}]$ é dado por

$$var_{\text{AASs}}[\overline{y}_{siR}] = (1 - f_s)\,\frac{s_{siR}^2}{s},$$

onde $s_{sir}^2 = \sum_{j=1}^{s} (\mu_{sij} - \overline{y}_{siR})^2 /(s-1)$.

b. Considere a população dos $N = 180$ condomínios do Exercício 2.2, onde a variável de interesse é Y_i, o número de domicílios alugados no i-ésimo codomínio, $i = 1, \ldots, 180$, com esta ordenação. Estime μ usando amostragem sistemática com $n = 20$ e $s = 4$ réplicas. Estime a variância desta estimativa.

Capítulo 8

Amostragem em dois estágios

Quando os conglomerados são homogêneos, o uso da amostragem por conglomerados completos se torna menos recomendável, isto é, a coleta de todas as suas unidades. Como em princípio as unidades são muito parecidas, elas trarão o mesmo tipo de informação, aumentando a variação amostral. Essa inconveniência fica mais clara ao considerar uma situação-limite em que todos os elementos do conglomerado são iguais. Bastaria conhecer as informações de um deles para se conhecer todo o conglomerado. Assim, uma saída para aumentar a eficiência, sem aumentar o tamanho da amostra, é subsortear elementos dos conglomerados selecionados. Ou seja, usar um plano amostral em dois estágios: no primeiro, sorteiam-se conglomerados e, no segundo, sorteiam-se elementos.

Após a população estar agrupada em A conglomerados, descreve-se o plano amostral do seguinte modo:

i. Sorteiam-se no primeiro estágio a conglomerados, segundo algum plano amostral;

ii. De cada conglomerado sorteado, sorteiam-se b_α elementos, segundo o mesmo ou outro plano amostral.

Neste capítulo, para desenvolver as propriedades dos estimadores e devido à simplificação das demonstrações, usar-se-á quase sempre AASc nos dois estágios. Para outros esquemas amostrais, a derivação é feita de modo análogo, sendo que algumas delas encontram-se como sugestões nos exercícios.

Exemplo 8.1 Volte-se ao Exemplo 7.1, onde a população está agrupada em três conglomerados da maneira abaixo:

$$\mathcal{U} = \{(1), (2,3,4), (5,6)\} = \{C_1, C_2, C_3\},$$

onde

$$C_1 = \{1\}, \quad C_2 = \{2,3,4\} \quad \text{e} \quad C_3 = \{5,6\}.$$

O plano amostral adotado será o sorteio de dois conglomerados por AASs e de cada conglomerado sortear uma unidade com igual probabilidade. Como no Exemplo 7.1, a construção do espaço amostral pode ser feita em duas etapas: primeiro construindo o espaço gerado pelos conglomerados e depois para cada par o espaço gerado por eles. Assim, tem-se para os conglomerados

$$\mathcal{S}_c(\mathcal{U}) = \{C_1C_2, C_1C_3, C_2C_1, C_2C_3, C_3C_1, C_3C_2\}.$$

Observe que a probabilidade de seleção de cada ponto $\mathbf{s}_{ci}$ do espaço amostral $\mathcal{S}_c(\mathcal{U})$ é igual a $1/6$. Em seguida, para cada par pode-se construir o respectivo espaço amostral. Assim, para a combinação C_1C_2 tem-se

$$\mathcal{S}(C_1C_2) = \{12, 13, 14\}.$$

Condicionando-se a este subespaço, cada ponto $\mathbf{s}_i$ terá probabilidade $1/3$ de ser sorteado. Combinando-se as probabilidades, cada ponto amostral desta combinação terá probabilidade $1/18$ de ser sorteado. Reunindo-se todos estes subespaços e as respectivas probabilidades, tem-se bem caracterizado o plano amostral por conglomerados em dois estágios. Para facilitar a compreensão do procedimento acima, resumem-se na Tabela 8.1 os pontos amostrais e respectivas probabilidades.

Diferentemente do Exemplo 7.1, aqui a amostra terá tamanho fixo ($a = 2$). Considere agora associado o vetor de dados

$$\mathbf{D} = (12, 7, 9, 14, 8, 10)$$

com os parâmetros

$$\mu = 10, \quad \sigma^2 = \frac{34}{6}, \quad N = 6, \quad \overline{B} = 2 \quad \text{e} \quad A = 3.$$

Definindo-se a estatística média simples por amostra

$$\overline{y} = \frac{1}{a}\sum_{\alpha=1}^{a} \overline{y}_{\mathbf{s}_i} = \frac{\overline{y}[\mathbf{s}_1] + \overline{y}[\mathbf{s}_2]}{2},$$

Tabela 8.1: Espaço amostral e probabilidades na A2E

$\mathbf{s}_{ci}$	$P(\mathbf{s}_{ci})$	$\mathbf{s}_i$	$P(\mathbf{s}_i \vert \mathbf{s}_{ci})$	$P(\mathbf{s}_i)$	$\mathbf{s}_{ci}$	$P(\mathbf{s}_{ci})$	$\mathbf{s}_i$	$P(\mathbf{s}_i \vert \mathbf{s}_{ci})$	$P(\mathbf{s}_i)$
		12	1/3	1/18			21	1/3	1/18
C_1C_2	$\frac{1}{6}$	13	1/3	1/18	C_2C_1	$\frac{1}{6}$	31	1/3	1/18
		14	1/3	1/18			41	1/3	1/18
C_1C_3	$\frac{1}{6}$	15	1/2	1/12	C_3C_1	$\frac{1}{6}$	51	1/2	1/12
		16	1/2	1/12			61	1/2	1/12
		25	1/6	1/36			52	1/6	1/36
		26	1/6	1/36			53	1/6	1/36
C_2C_3	$\frac{1}{6}$	35	1/6	1/36	C_3C_2	$\frac{1}{6}$	54	1/6	1/36
		36	1/6	1/36			62	1/6	1/36
		45	1/6	1/36			63	1/6	1/36
		46	1/6	1/36			64	1/6	1/36

pode-se calcular o seu valor para cada amostra. Assim,

$$\overline{y}[12] = \frac{12+7}{2} = 9,5, \ldots, \overline{y}[64] = \frac{10+14}{2} = 12.$$

Na Tabela 8.2. aparecem todos os resultados possíveis e de onde é possível construir a seguinte distribuição amostral e seus respectivos parâmetros:

$\overline{y}$:	7,5	8,5	9,5	10	10,5	11	12	13
$P(\overline{y})$:	2/36	4/36	6/36	6/36	4/36	8/36	2/36	4/36

$$E[\overline{y}] \cong 10,33 \qquad Var[\overline{y}] = 2.$$

Observe que este estimador é viesado para a média populacional. Note que $\overline{y}[\mathbf{s}_1]$ corresponde ao valor da característica (valor de Y) associado ao indivíduo selecionado no primeiro conglomerado selecionado e $\overline{y}[\mathbf{s}_2]$, no segundo. Define-se agora

$$\overline{y}_{2c1} = \frac{1}{a}\sum_{\alpha=1}^{a}\frac{B_\alpha}{\overline{B}}\overline{y}_\alpha,$$

onde a corresponde ao número de conglomerados sorteados no primeiro estágio e $\overline{B} = \sum_{\alpha=1}^{A} B_\alpha/A$, cujos valores amostrais são calculados do seguinte modo:

$$\overline{y}_{2c1}[12] = \frac{1\times 12 + 3\times 7}{2\times 2} = 8,25, \ldots, \overline{y}_{2c1}[64] = \frac{2\times 10 + 3\times 14}{2\times 2} = 15,50.$$

Os demais valores estão também na Tabela 8.2. Deixa-se aos cuidados do leitor calcular a distribuição amostral. Através dela, pode-se obter os parâmetros:

$$E[\overline{y}_{2c1}] = 10, \qquad Var[\overline{y}_{2c1}] \cong 6,92.$$

Tabela 8.2: Valores de $\overline{y}$ e $\overline{y}_{2c1}$ na A2E

$\mathbf{s}_i$	$P(\mathbf{s}_i)$	$\overline{y}[\mathbf{s}_1]$	$\overline{y}[\mathbf{s}_2]$	$\overline{y}$	$\overline{y}_{2c1}$	$\mathbf{s}_i$	$P(\mathbf{s}_i)$	$\overline{y}[\mathbf{s}_1]$	$\overline{y}[\mathbf{s}_2]$	$\overline{y}$	$\overline{y}_{2c1}$
12	1/18	12	7	9,5	8,25	21	1/18	7	12	9,5	8,25
13	1/18	12	9	10,5	9,75	31	1/18	9	12	10,5	9,75
14	1/18	12	14	13,0	13,50	41	1/18	14	12	13,0	13,50
15	1/12	12	8	10,0	7,00	51	1/12	8	12	10,0	7,00
16	1/12	12	10	11,0	8,00	61	1/12	10	12	11,0	8,00
25	1/36	7	8	7,5	9,25	52	1/36	8	7	7,5	9,25
26	1/36	7	10	8,5	10,25	53	1/36	8	9	8,5	10,75
35	1/36	9	8	8,5	10,75	54	1/36	8	14	11,0	14,50
36	1/36	9	10	9,5	11,75	62	1/36	10	7	8,5	10,25
45	1/36	14	8	11,0	14,50	63	1/36	10	9	9,5	11,75
46	1/36	14	10	12,0	15,50	64	1/36	10	14	12,0	15,50

Observe-se que este estimador é não viesado para a média populacional.

O cálculo da esperança de um estimador pode ser executado do mesmo modo como foi construído o espaço amostral. Assim, dentro de cada par de conglomerados, calcula-se o valor esperado da estatística, ou seja, o valor esperado condicionado à ocorrência daquele par. Por exemplo, para o par C_1C_2 tem-se o seguinte desenvolvimento:

$$\mathcal{S}_2(C_1C_2) = \{12, 13, 14\},$$

com os seguintes valores para o estimador $\overline{y}_c$:

$$\overline{y}_{2c1}[12] = 8,25, \quad \overline{y}_{2c1}[13] = 9,75, \quad \overline{y}_{2c1}[14] = 13,5.$$

Conseqüentemente, usando-se o índice 2 para indicar o valor esperado condicionado ao particular par de conglomerados, tem-se

$$E_2\left[\overline{y}_{2c1}|C_1C_2\right] = \frac{1}{3}(8,25 + 9,75 + 13,5) = 10,5 = \overline{y}_{cd}[C_1C_2].$$

Estendendo-se os resultados para os demais pares, constrói-se a distribuição:

$\mathbf{s}_{ci}$:	C_1C_2	C_1C_3	C_2C_1	C_2C_3	C_3C_1	C_3C_2
$\overline{y}_{cd}$:	10,5	7,5	10,5	12	7,5	12
$P(\overline{y}_{cd})$:	1/6	1/6	1/6	1/6	1/6	1/6

Usando-se o índice 1 para indicar a esperança calculada no espaço amostral gerado pelos conglomerados, tem-se

$$E_1[\overline{y}_{2c1}] = \frac{1}{6}(10,5 + 7,5 + 10,5 + 12 + 7,5 + 12) = 10.$$

Este tipo de procedimento será bastante usado para cálculo de valores esperados e variâncias.

8.1 Notação e plano amostral

O plano amostral será aquele já definido na seção anterior e indicado por A2E, ou seja, sorteiam-se a conglomerados (unidades primárias) por AASc e, em seguida, também por AASc, sorteiam-se b_α elementos (unidades secundárias). Sem perda de generalidade, consideramos que as unidades primárias $1, \ldots, a$ tenham sido sorteadas como enfatizado no Capítulo 7.

A notação a ser usada é a mesma adotada no Capítulo 7. Entretanto, convém observar que as estatísticas dentro do conglomerado também podem variar, o que não ocorria quando o plano era em um único estágio.

8.2 Estimadores da média por elemento

8.2.1 N conhecido

O parâmetro a ser estimado é a média global por elemento

$$\mu = \overline{Y} = \frac{\tau}{N} = \frac{A\overline{\tau}}{A\overline{\overline{B}}} = \frac{\overline{\tau}}{\overline{\overline{B}}}.$$

Como o total de elementos N usualmente é conhecido, basta substituir o numerador acima por um estimador não viesado. O estimador usualmente adotado é

$$\overline{y}_{2c1} = \frac{\frac{1}{a}\sum_{\alpha=1}^{a} B_\alpha \overline{y}_\alpha}{\overline{\overline{B}}} = \frac{1}{a}\sum_{\alpha=1}^{a} \frac{B_\alpha}{\overline{\overline{B}}}\overline{y}_\alpha. \tag{8.1}$$

Teorema 8.1 *Para o plano amostral definido tem-se que* $\overline{y}_{2c1}$ *de (8.1) é não viesado para* μ *e que*

$$Var[\overline{y}_{2c1}] = \frac{1}{aA}\sum_{\alpha=1}^{A}\left(\frac{B_\alpha}{\overline{\overline{B}}}\mu_\alpha - \mu\right)^2 + \frac{1}{aA}\sum_{\alpha=1}^{A}\left(\frac{B_\alpha}{\overline{\overline{B}}}\right)^2 \frac{\sigma_\alpha^2}{b_\alpha}. \tag{8.2}$$

Prova. Usaremos o resultado bem conhecido da esperança condicional, isto é,

$$E[X] = E_1\Big[E_2[X]\Big].$$

Aqui, o índice 2, como no Exemplo 8.1, indica a esperança condicional a uma particular seleção de unidades primárias de amostragem (UPAs), enquanto que o índice 1 é usado para todas as combinações possíveis destas UPAs. Assim,

$$E[\overline{y}_{2c1}] = E\left[\frac{1}{a}\sum_{\alpha=1}^{a}\frac{B_\alpha}{\overline{\overline{B}}}\overline{y}_\alpha\right] = E_1\left[\frac{1}{a}\sum_{\alpha=1}^{a}\frac{B_\alpha}{\overline{\overline{B}}}E_2[\overline{y}_\alpha]\right].$$

Mas dentro do α-ésimo conglomerado sorteado com B_α unidades, está sendo usado um plano AASc, e sabe-se do Capítulo 3 que

$$E_2[\overline{y}_\alpha] = \mu_\alpha = \overline{Y}_\alpha \qquad \text{e} \qquad Var_2[\overline{y}_\alpha] = \frac{\sigma_\alpha^2}{b_\alpha}.$$

Substituindo-se na expressão acima tem-se

$$E[\overline{y}_{2c1}] = E_1\left[\frac{1}{a}\sum_{\alpha=1}^{a}\frac{B_\alpha}{\overline{\overline{B}}}\mu_\alpha\right].$$

Note que μ_α é uma variável aleatória representando o parâmetro média populacional no α-ésimo conglomerado sorteado no primeiro estágio. Para facilitar o raciocínio, imagine uma população formada de A unidades e considere associada a cada conglomerado a variável X, do seguinte modo:

$$X_\alpha = \frac{B_\alpha}{\overline{\overline{B}}}\mu_\alpha.$$

Assim, a média $\overline{x}$ de uma amostra de a unidades retiradas por AASc dessa população terá a seguinte expressão:

$$\overline{x} = \frac{1}{a}\sum_{\alpha=1}^{a}\frac{B_\alpha}{\overline{\overline{B}}}\mu_\alpha.$$

E também valem as propriedades

$$\begin{aligned} E_1[\overline{y}_{2c1}] &= E_1[\overline{x}] = \overline{X} = \frac{1}{A}\sum_{\alpha=1}^{A}\frac{B_\alpha}{\overline{\overline{B}}}\mu_\alpha = \mu \\ Var_1[\overline{y}_{2c1}] &= Var_1[\overline{x}] = \frac{\sigma_X^2}{a} = \frac{1}{aA}\sum_{\alpha=1}^{A}\left(X_\alpha - \overline{X}\right)^2 \\ &= \frac{1}{aA}\sum_{\alpha=1}^{A}\left(\frac{B_\alpha}{\overline{\overline{B}}}\mu_\alpha - \mu\right)^2 = \frac{\sigma_{ect}^2}{a}, \end{aligned} \tag{8.3}$$

conforme a notação do Capítulo 7. Substituindo-se acima, tem-se provada a primeira parte do teorema, isto é,

$$E[\overline{y}_{2c1}] = E_1[\overline{x}] = \overline{X} = \mu.$$

A demonstração da segunda parte será feita em duas etapas. Primeiro, lembre também o resultado da variância condicional

$$Var[\overline{y}_{2c1}] = E_1\Big[Var_2[\overline{y}_{2c1}]\Big] + Var_1\Big[E_2[\overline{y}_{2c1}]\Big],$$

com os índices 1 e 2 tendo o mesmo significado anterior. Partindo-se da primeira parte da expressão tem-se

$$Var_2[\overline{y}_{2c1}] = \frac{1}{a^2}\sum_{\alpha=1}^{a}\left(\frac{B_\alpha}{\overline{\overline{B}}}\right)^2 Var_2[\overline{y}_\alpha] = \frac{1}{a^2}\sum_{\alpha=1}^{a}\left(\frac{B_\alpha}{\overline{\overline{B}}}\right)^2 \frac{\sigma_\alpha^2}{b_\alpha} = \frac{1}{a}\sum_{\alpha=1}^{a} V_\alpha = \overline{v}$$

onde V_α é uma variável aleatória auxiliar de raciocínio local associada ao sorteio dos conglomerados, tal que

$$V_\alpha = \frac{1}{a}\left(\frac{B_\alpha}{\overline{\overline{B}}}\right)^2 \frac{\sigma_\alpha^2}{b_\alpha}.$$

Com o mesmo raciocínio feito acima, tem-se

$$\begin{aligned} E_1\Big[Var_2[\overline{y}_{2c1}]\Big] &= E_1\left[\frac{1}{a^2}\sum_{\alpha=1}^{a}\left(\frac{B_\alpha}{\overline{\overline{B}}}\right)^2 \frac{\sigma_\alpha^2}{b_\alpha}\right] = E_1[\overline{v}] = \overline{V} \\ &= \frac{1}{A}\sum_{\alpha=1}^{A} V_\alpha = \frac{1}{aA}\sum_{\alpha=1}^{A}\left(\frac{B_h}{\overline{\overline{B}}}\right)^2 \frac{\sigma_\alpha^2}{b_\alpha}. \end{aligned} \tag{8.4}$$

com $\overline{v} = \frac{1}{a}\sum_{\alpha=1}^{a} V_\alpha$, a média de uma amostra de tamanho a da população $V_1, \ldots, V_A$. Para o segundo termo, basta recorrer aos resultados da variável auxiliar X dados em (8.3). Assim,

$$\begin{aligned} Var_1\Big[E_2[\overline{y}_{2c1}]\Big] &= Var_1\left[\frac{1}{a}\sum_{\alpha=1}^{a}\frac{B_\alpha}{\overline{\overline{B}}}E_2[\overline{y}_\alpha]\right] = Var_1\left[\frac{1}{a}\sum_{\alpha=1}^{a}\frac{B_\alpha}{\overline{\overline{B}}}\mu_\alpha\right] \\ &= Var_1[\overline{x}] = \frac{\sigma_X^2}{a} = \frac{1}{aA}\sum_{\alpha=1}^{A}\left(\frac{B_\alpha}{\overline{\overline{B}}}\mu_\alpha - \mu\right)^2. \end{aligned}$$

Combinando-se os dois resultados, o teorema fica demonstrado.

Para entender melhor o significado desse resultado é interessante reescrever as fórmulas de um modo mais conveniente. Primeiro observe que

$$\frac{1}{A}\sum_{\alpha=1}^{A}\left(\frac{B_\alpha}{\overline{\overline{B}}}\right)^2 \frac{\sigma_\alpha^2}{b_\alpha}$$

mede uma certa variabilidade dentro dos conglomerados, corrigida pelo número de unidades sorteadas no segundo estágio, b_α. Defina-se o parâmetro ψ associado ao plano amostral que indica o tamanho médio (esperado) das amostras no segundo estágio, ou seja, quando calculado para todos os conglomerados. Desse modo,

$$\psi = \frac{1}{A}\sum_{\alpha=1}^{A} b_\alpha.$$

Defina-se também

$$\sigma_{2dc}^2 = \frac{1}{A}\sum_{\alpha=1}^{A}\left(\frac{B_\alpha}{\overline{\overline{B}}}\right)^2 \frac{\psi}{b_\alpha}\sigma_\alpha^2, \tag{8.5}$$

que seria uma medida de variabilidade dentro dos conglomerados. Observe que quando os conglomerados têm o mesmo tamanho e as amostras também, σ_{2dc}^2 reduz-se a σ_{dc}^2, definido no Capítulo 7. Substituindo-se os resultados (8.3) e (8.5) em (8.2) obtém-se

$$Var[\overline{y}_{2c1}] = \frac{\sigma_{ect}^2}{a} + \frac{\sigma_{2dc}^2}{a\psi}, \tag{8.6}$$

com σ_{ect}^2 também definido no Capítulo 7. Ou seja, a variância do estimador $\overline{y}_{2c1}$ depende da variabilidade entre os conglomerados, bem como da variabilidade dentro dos mesmos. Viu-se que, para um estágio, a variância depende apenas da variabilidade entre conglomerados, como seria esperado.

Lema 8.1 *Um estimador não viesado de σ_{2dc}^2 é*

$$s_{2dc}^2 = \frac{1}{a}\sum_{\alpha=1}^{a}\left(\frac{B_\alpha}{\overline{\overline{B}}}\right)^2 \frac{\psi}{b_\alpha}s_\alpha^2, \tag{8.7}$$

onde s_α^2 é a variância amostral no conglomerado $\alpha = 1, \ldots, A$.

Prova. Lembre-se inicialmente de que $E_2\left[s_\alpha^2\right] = \sigma_\alpha^2$, pois dentro do conglomerado foi adotado o plano AASc. Assim,

$$\begin{aligned} E\left[s_{2dc}^2\right] &= E_1\Big[E_2\left[s_{2dc}^2\right]\Big] = E_1\left[\frac{1}{a}\sum_{\alpha=1}^{a}\left(\frac{B_\alpha}{\overline{\overline{B}}}\right)^2 \frac{\psi}{b_\alpha}E_2\left[s_\alpha^2\right]\right] \\ &= E_1\left[\frac{1}{a}\sum_{\alpha=1}^{a}\left(\frac{B_\alpha}{\overline{\overline{B}}}\right)^2 \frac{\psi}{b_\alpha}\sigma_\alpha^2\right] = E_1[\overline{u}] = \overline{U}, \end{aligned}$$

onde U é a variável auxiliar

$$U_\alpha = \left(\frac{B_\alpha}{\overline{\overline{B}}}\right)^2 \frac{\psi}{b_\alpha}\sigma_\alpha^2$$

e $\overline{u}$ denota a média de uma amostra de tamanho a da população $U_1, \ldots, U_A$, e, portanto,

$$\overline{U} = \frac{1}{A}\sum_{\alpha=1}^{A}\left(\frac{B_\alpha}{\overline{B}}\right)^2 \frac{\psi}{b_\alpha}\sigma_\alpha^2 = \sigma_{2dc}^2,$$

o que demonstra o lema.

Lema 8.2 *O estimador*

$$s_{2ect}^2 = \frac{1}{a-1}\sum_{\alpha=1}^{a}\left(\frac{B_\alpha}{\overline{B}}\overline{y}_\alpha - \overline{y}_{2c1}\right)^2 \tag{8.8}$$

é viesado para σ_{ect}^2 com

$$E\left[s_{2ect}^2\right] = \sigma_{ect}^2 + \frac{\sigma_{2dc}^2}{\psi}. \tag{8.9}$$

Prova. Reescrevendo-se a expressão (8.8), tem-se

$$(a-1)s_{2ect}^2 = \sum_{\alpha=1}^{a}\left(\frac{B_\alpha}{\overline{B}}\overline{y}_\alpha - \overline{y}_{2c1}\right)^2 = \sum_{\alpha=1}^{a}\left(\frac{B_\alpha}{\overline{B}}\right)^2\overline{y}_\alpha^2 - a\overline{y}_{2c1}^2. \tag{8.10}$$

Calculando-se a esperança de cada parcela separadamente, tem-se para o último termo

$$E\left[\overline{y}_{2c1}^2\right] = Var\left[\overline{y}_{2c1}\right] + E^2\left[\overline{y}_{2c1}\right] = \frac{\sigma_{ect}^2}{a} + \frac{\sigma_{2dc}^2}{a\psi} + \mu^2$$

e para o primeiro,

$$\begin{aligned}
E\left[\sum_{\alpha=1}^{a}\left(\frac{B_\alpha}{\overline{B}}\right)^2\overline{y}_\alpha^2\right] &= E_1\left[\sum_{\alpha=1}^{a}\left(\frac{B_\alpha}{\overline{B}}\right)^2 E_2\left[\overline{y}_\alpha^2\right]\right] \\
&= E_1\left[\sum_{\alpha=1}^{a}\left(\frac{B_\alpha}{\overline{B}}\right)^2\left(\frac{\sigma_\alpha^2}{b_\alpha} + \mu_\alpha^2\right)\right] \\
&= E_1\left[\sum_{\alpha=1}^{a}\left(\frac{B_\alpha}{\overline{B}}\right)^2\frac{\sigma_\alpha^2}{b_\alpha} + \sum_{\alpha=1}^{a}\left(\frac{B_\alpha}{\overline{B}}\right)^2\mu_\alpha^2\right] \\
&= \frac{a}{\psi}E_1\left[\frac{1}{a}\sum_{\alpha=1}^{a}\left(\frac{B_\alpha}{\overline{B}}\right)^2\frac{\psi}{b_\alpha}\sigma_\alpha^2\right] + aE_1\left[\frac{1}{a}\sum_{\alpha=1}^{a}\left(\frac{B_\alpha}{\overline{B}}\right)^2\mu_\alpha^2\right] \\
&= \frac{a}{\psi}E_1[\overline{u}] + aE_1[\overline{w}] = \frac{a}{\psi}\overline{U} + a\overline{W} \\
&= \frac{a}{\psi}\frac{1}{A}\sum_{\alpha=1}^{A}\left(\frac{B_\alpha}{\overline{B}}\right)^2\frac{\psi}{b_\alpha}\sigma_\alpha^2 + a\frac{1}{A}\sum_{\alpha=1}^{A}\left(\frac{B_\alpha}{\overline{B}}\right)^2\mu_\alpha^2 \\
&= \frac{a}{\psi}\sigma_{2dc}^2 + \frac{a}{A}\left\{\sum_{\alpha=1}^{A}\left(\frac{B_\alpha}{\overline{B}}\right)^2\mu_\alpha^2 - A\mu^2\right\} + a\mu^2 \\
&= \frac{a}{\psi}\sigma_{2dc}^2 + \frac{a}{A}\sum_{\alpha=1}^{A}\left(\frac{B_\alpha}{\overline{B}}\mu_\alpha - \mu\right)^2 + a\mu^2.
\end{aligned}$$

Note que foram utilizadas as variáveis de raciocínio local U_α e W_α, onde U_α é como na prova do Lema 8.1 e

$$W_\alpha = \left(\frac{B_\alpha}{\overline{B}}\right)^2 \mu_\alpha^2.$$

Concluindo,

$$E\left[\sum_{\alpha=1}^{a}\left(\frac{B_\alpha}{\overline{B}}\right)^2 \overline{y}_\alpha^2\right] = \frac{a}{\psi}\sigma_{2dc}^2 + a\sigma_{ect}^2 + a\mu^2.$$

Substituindo-se os dois resultados em (8.10), tem-se

$$\begin{aligned}(a-1)E\left[s_{2ect}^2\right] &= \frac{a}{\psi}\sigma_{2dc}^2 + a\sigma_{ect}^2 + a\mu^2 - \sigma_{ect}^2 - \frac{\sigma_{2dc}^2}{\psi} - a\mu^2 \\ &= (a-1)\sigma_{ect}^2 + (a-1)\frac{\sigma_{2dc}^2}{\psi},\end{aligned}$$

o que demonstra o lema.

Combinando-se os Lemas 8.2 e 8.2, tem-se

Corolário 8.1 *Um estimador não viesado de σ_{ect}^2 é dado por*

$$s_{2ect}^2 - \frac{s_{2dc}^2}{\psi}. \tag{8.11}$$

Prova.

$$E\left[s_{2ect}^2 - \frac{s_{2dc}^2}{\psi}\right] = E\left[s_{2ect}^2\right] - \frac{1}{\psi}E\left[s_{2dc}^2\right] = \sigma_{ect}^2 + \frac{\sigma_{2dc}^2}{\psi} - \frac{\sigma_{2dc}^2}{\psi} = \sigma_{ect}^2.$$

Teorema 8.2 *Um estimador não viesado de $Var\left[\overline{y}_{2c1}\right]$ é*

$$var\left[\overline{y}_{2c1}\right] = \frac{s_{2ect}^2}{a}, \tag{8.12}$$

onde s_{2ect}^2 está definido em (8.8).

Prova.

$$E\Big[var[\overline{y}_{2c1}]\Big] = \frac{1}{a}E\left[s_{2ect}^2\right] = \frac{\sigma_{ect}^2}{a} + \frac{\sigma_{2dc}^2}{a\psi}.$$

Observe que, embora o estimador só use a variabilidade entre conglomerados, ele já traz dentro de si a variabilidade dentro dos conglomerados.

8.2.2 Estimador razão

Outro estimador usado quando se desconhece $\overline{B}$ é o estimador razão

$$\overline{y}_{2c2} = \frac{\hat{\overline{\mu}}}{\hat{\overline{B}}} = \frac{\frac{1}{a}\sum_{\alpha=1}^{a} B_\alpha \overline{y}_\alpha}{\frac{1}{a}\sum_{\alpha=1}^{a} B_\alpha} = \frac{\sum_{\alpha=1}^{a} B_\alpha \overline{y}_\alpha}{\sum_{\alpha=1}^{a} B_\alpha}. \tag{8.13}$$

Convém ressaltar que, embora $N = \sum_{\alpha=1}^{A} B_\alpha$ seja desconhecido na população, $\sum_{\alpha=1}^{a} B_\alpha$ na amostra pode ser determinado, pois envolve apenas os conglomerados sorteados e que serão subamostrados. Assim, algumas vezes usar-se-ão $\hat{B}_\alpha$, $\hat{\overline{B}}_\alpha$ e $\hat{\mu}_\alpha$ (ou $\hat{\overline{Y}}_\alpha$) para ressaltar o fato de que, embora sejam parâmetros em relação ao segundo estágio (índice 2), são variáveis aleatórias (estatísticas) em relação ao primeiro estágio (índice 1).

Teorema 8.3 *O estimador $\overline{y}_{2c2}$ é viesado para μ com*

$$Var[\overline{y}_{2c2}] \simeq \frac{\sigma_{eq}^2}{a} + \frac{\overline{\sigma}_{2dc}^2}{a\psi}. \tag{8.14}$$

Prova. Observe em primeiro lugar que o estimador pode ser escrito como

$$\overline{y}_{2c2} = \frac{\sum_{\alpha=1}^{a} B_\alpha \overline{y}_\alpha}{\sum_{\alpha=1}^{a} B_\alpha} = \frac{\frac{1}{a}\sum_{\alpha=1}^{a} \frac{B_\alpha}{\overline{B}} \overline{y}_\alpha}{\frac{1}{a}\sum_{\alpha=1}^{a} \frac{B_\alpha}{\overline{B}} \overline{x}_\alpha} = \frac{\overline{y}_{2c1}}{\overline{x}_{2c1}} = r, \tag{8.15}$$

onde a variável auxiliar contadora $X_{\alpha i} = 1$, quaisquer que sejam α e i. Em seguida, usando-se o Exercício 7.29, tem-se para um estimador razão $r = \overline{u}/\overline{v}$, quociente de duas médias:

$$\begin{aligned} r - R &\simeq \frac{\overline{u} - R\overline{v}}{E[\overline{v}]} = \frac{\overline{z}}{E[\overline{v}]}, \\ Var[r] &\simeq \frac{Var[\overline{z}]}{E^2[\overline{v}]} \quad \text{e} \\ var[r] &= \frac{var[\overline{z}]}{\left(\widehat{E[\overline{v}]}\right)^2}, \end{aligned}$$

onde $Z_i = Y_i - RX_i$. Lembrando-se que

$$\begin{aligned} &Z_{\alpha i} = Y_{\alpha i} - \mu, \alpha = 1, \ldots, A, i = 1, \ldots, B_\alpha, \\ &R = \frac{\sum_{\alpha=1}^{A} B_\alpha \mu_\alpha}{\sum_{\alpha=1}^{A} B_\alpha} = \frac{\tau}{N} = \mu, \\ &E[\overline{x}_{2c1}] = E\left[\frac{1}{a}\sum_{\alpha=1}^{a} \frac{B_\alpha}{\overline{B}} \overline{x}_\alpha\right] = \frac{1}{\overline{B}} E_1\left[\hat{\overline{B}}\right] = 1, \\ &\overline{y}_{2c1} - R\overline{x}_{2c1} = \overline{z}_{2c1}, \end{aligned}$$

substitui-se na primeira propriedade acima, obtendo-se

$$\overline{y}_{2c2} - \mu \simeq \frac{\overline{y}_{2c1} - R\overline{x}_{2c1}}{1} = \frac{\overline{z}_{2c1}}{1} = \overline{z}_{2c1}.$$

Portanto,

$$Var[\overline{y}_{2c2}] \simeq Var[\overline{z}_{2c1}].$$

Usando-se os resultados do Teorema 8.1 e (8.6), obtém-se

$$Var[\overline{z}_{2c1}] = \frac{\sigma^2_{ect}[Z]}{a} + \frac{\sigma^2_{2dc}[Z]}{a\psi}.$$

Mas,

$$\overline{z}_{2c1} = \frac{1}{a}\sum_{\alpha=1}^{a} \frac{B_\alpha}{\overline{\overline{B}}}\overline{y}_\alpha - \frac{R}{a}\sum_{\alpha=1}^{a}\frac{B_\alpha}{\overline{\overline{B}}} = \frac{1}{a}\sum_{\alpha=1}^{a}\frac{B_\alpha}{\overline{\overline{B}}}\frac{1}{b_\alpha}\sum_{i=1}^{b_\alpha}(Y_{\alpha i} - R)$$

e como $R = \mu$, equivale à transformação mencionada

$$Z_{\alpha i} = Y_{\alpha i} - \mu = Y_{\alpha i} - \overline{Y}.$$

Assim, pode-se calcular

$$\sigma^2_{ect}[Z] = \frac{1}{A}\sum_{\alpha=1}^{A}\left(\frac{B_\alpha}{\overline{\overline{B}}}\overline{Z}_\alpha - \overline{Z}\right)^2 = \frac{1}{A}\sum_{\alpha=1}^{A}\left(\frac{B_\alpha}{\overline{\overline{B}}}\right)^2\overline{Z}^2_\alpha,$$

já que $\overline{Z} = 0$. Lembrando-se que $\overline{Z}_\alpha = \overline{Y}_\alpha - \overline{Y} = \mu_\alpha - \mu$

$$\sigma^2_{ect}[Z] = \frac{1}{A}\sum_{\alpha=1}^{A}\left(\frac{B_\alpha}{\overline{\overline{B}}}\right)^2(\mu_\alpha - \mu)^2 = \sigma^2_{eq}.$$

Também do fato que

$$\begin{aligned}
\sigma^2_\alpha[Z] &= \frac{1}{B_\alpha}\sum_{i=1}^{B_\alpha}\left(Z_{\alpha i} - \overline{Z}_\alpha\right)^2 = \frac{1}{B_\alpha}\sum_{i=1}^{B_\alpha}(Y_{\alpha i} - \mu - \mu_\alpha + \mu)^2 \\
&= \frac{1}{B_\alpha}\sum_{i=1}^{B_\alpha}(Y_{\alpha i} - \mu_\alpha)^2 = \sigma^2_\alpha[Y] = \sigma^2_\alpha,
\end{aligned}$$

vem

$$\begin{aligned}
\sigma^2_{2dc}[Z] &= \frac{1}{A}\sum_{\alpha=1}^{A}\left(\frac{B_\alpha}{\overline{\overline{B}}}\right)^2\frac{\psi}{b_\alpha}\sigma^2_\alpha[Z] = \frac{1}{A}\sum_{\alpha=1}^{A}\left(\frac{B_\alpha}{\overline{\overline{B}}}\right)^2\frac{\psi}{b_\alpha}\sigma^2_\alpha \\
&= \sigma^2_{2dc}[Y] = \sigma^2_{2dc}.
\end{aligned}$$

Substituindo-se estes dois resultados na expressão da $Var[\overline{z}_{2c1}]$, obtém-se

$$Var[\overline{y}_{2c2}] \simeq Var[\overline{z}_{2c1}] = \frac{\sigma_{eq}^2}{a} + \frac{\sigma_{2dc}^2}{a\psi},$$

ficando demonstrada parte do teorema. Para a outra parte, veja o Exercício 8.16.

Proposição 8.1 *Um estimador da variância de* $\overline{y}_{2c2}$ *é dado por*

$$var[\overline{y}_{2c2}] = \frac{s_{2ect}^2\left[\hat{Z}\right]}{a},$$

onde

$$s_{2ect}^2\left[\hat{Z}\right] = \frac{1}{a-1}\sum_{\alpha=1}^{a}\left(\frac{B_\alpha}{\hat{\overline{B}}}\hat{\overline{z}}_\alpha - \hat{\overline{z}}\right)^2,$$

com

$$\hat{Z}_{\alpha i} = Y_{\alpha i} - \overline{y}_{2c2}X_{\alpha i}, \tag{8.16}$$

onde $X_{\alpha i} = 1$, $i = 1, \ldots, B_\alpha$, $\alpha = 1, \ldots, A$.

Justificativa. Inicialmente, pelo Teorema 8.2 tem-se que s_{2ect}^2 é um estimador não viesado de $\sigma_{ect}^2 + \sigma_{2dc}^2/\psi$, assim bastaria adaptar este estimador para a variável Z. Entretanto, a variável Z, na amostra, seria calculada por $Z_{\alpha i} = Y_{\alpha i} - \mu X_{\alpha i}$, e μ é desconhecido. A sugestão natural é substituir μ por seu estimador, assim

$$\hat{Z}_{\alpha i} = Y_{\alpha i} - \overline{y}_{2c2}X_{\alpha i},$$

com $X_{\alpha i} = 1$, $i = 1, \ldots, B_\alpha$, $\alpha = 1, \ldots, A$, justificando o uso da proposição acima. Fica bem difícil estudar as propriedades deste estimador. Porém, assintoticamente (em amostras grandes) ele é (praticamente) não viesado. Após algumas manipulações algébricas, escreve-se

$$s_{2ect}^2\left[\hat{Z}\right] = s_{2eq}^2 = \frac{1}{a-1}\sum_{i=1}^{a}\left(\frac{B_\alpha}{\hat{\overline{B}}}\right)^2(\overline{y}_\alpha - \overline{y}_{2c2})^2.$$

Note que s_{2eq}^2 é a versão para amostragem em dois estágios de s_{eq}^2, considerada no Capítulo 7.

8.2.3 Média simples

Um estimador muito usado, quando se desconhece o tamanho médio $\overline{B}$, é a média simples dos conglomerados

$$\overline{y}_{2c3} = \frac{1}{a}\sum_{\alpha=1}^{a}\overline{y}_{\alpha}, \tag{8.17}$$

cujas propriedades resumem-se no

Teorema 8.4 *O estimador $\overline{y}_{2c3}$ é viesado para μ com*

$$E[\overline{y}_{2c3}] = \overline{\mu} = \frac{1}{A}\sum_{\alpha=1}^{A}\mu_{\alpha},$$

portanto, o viés é dado por

$$B\left[\overline{y}_{2c3}\right] = \overline{\mu} - \mu = \frac{1}{A}\sum_{\alpha=1}^{A}\left(1 - \frac{B_{\alpha}}{\overline{B}}\right)\mu_{\alpha}. \tag{8.18}$$

A variância do estimador é dada por

$$\begin{aligned} Var[\overline{y}_{2c3}] &= \frac{1}{aA}\sum_{\alpha=1}^{A}(\mu_{\alpha} - \overline{\mu})^2 + \frac{1}{aA}\sum_{\alpha=1}^{A}\frac{\sigma_{\alpha}^2}{b_{\alpha}} \\ &= \frac{\sigma_{em}^2}{a} + \frac{\sigma_{2dm}^2}{a\psi}, \end{aligned} \tag{8.19}$$

onde

$$\sigma_{em}^2 = \frac{1}{A}\sum_{\alpha=1}^{A}(\mu_{\alpha} - \overline{\mu})^2 \qquad e \qquad \sigma_{2dm}^2 = \frac{1}{A}\sum_{\alpha=1}^{A}\frac{\psi}{b_{\alpha}}\sigma_{\alpha}^2.$$

Prova. Veja o Exercício 8.14.

Teorema 8.5 *Um estimador não viesado de $Var[\overline{y}_{2c3}]$ é*

$$var[\overline{y}_{2c3}] = \frac{s_{2em}^2}{a}, \tag{8.20}$$

onde

$$s_{2em}^2 = \frac{1}{a-1}\sum_{\alpha=1}^{a}\left(\overline{y}_{\alpha} - \overline{y}_{2c3}\right)^2.$$

Prova. Veja o Exercício 8.15.

A comparação da eficiência dos três estimadores leva às mesmas observações feitas após o Corolário 7.1.

8.3 Conglomerados de igual tamanho

8.3.1 Estimador para a média por elemento

Quando todos os conglomerados têm o mesmo tamanho, isto é,

$$B_1 = B_2 = \ldots = B_A = \overline{B} = B$$

e de cada conglomerado sorteado subsorteia-se o mesmo número de unidades b, as fórmulas derivadas até agora tornam-se muito mais simples. Neste caso, o tamanho médio será sempre conhecido, e os três estimadores propostos coincidem, pois

$$\begin{aligned}\overline{y}_{2c1} &= \frac{1}{a}\sum_{\alpha=1}^{a}\frac{B_\alpha}{\overline{B}}\overline{y}_\alpha = \frac{1}{a}\sum_{\alpha=1}^{a}\overline{y}_\alpha = \overline{y}_{2c3} = \frac{1}{ab}\sum_{\alpha=1}^{a}\sum_{i=1}^{b}Y_{\alpha i},\\ \overline{y}_{2c2} &= \frac{\sum_{\alpha=1}^{a}B_\alpha\overline{y}_\alpha}{\sum_{\alpha=1}^{a}B_\alpha} = \frac{B\sum_{\alpha=1}^{a}\overline{y}_\alpha}{aB} = \overline{y}_{2c1} = \overline{y}_{2c}.\end{aligned} \tag{8.21}$$

Com a segunda suposição de que

$$b_1 = b_2 = \ldots = b_a = b,$$

tem-se

$$\psi = b.$$

As fórmulas para as variâncias dentro e entre conglomerados também simplificam-se. Tem-se então o resultado imediato

Corolário 8.2 *Para conglomerados de tamanho igual a B, o estimador $\overline{y}_{2c}$ é não viesado e*

$$Var[\overline{y}_{2c}] = \frac{\sigma_{ec}^2}{a} + \frac{\sigma_{dc}^2}{ab}, \tag{8.22}$$

estimado por

$$var[\overline{y}_{2c}] = \frac{s_{2ec}^2}{a},$$

onde

$$s_{2ec}^2 = \frac{1}{a-1}\sum_{\alpha=1}^{a}\left(\overline{y}_\alpha - \overline{y}_{2c}\right)^2.$$

Prova. A demonstração segue imediatamente da substituição dos parâmetros nos Teoremas 8.1 e 8.2.

8.3.2 Uso da correlação intraclasse

A utilização da correlação intraclasse facilita a interpretação dos resultados. Por exemplo, quando todos os conglomerados têm tamanho igual a B e amostras no segundo estágio são de tamanho b, o resultado resume-se no

Corolário 8.3 *Para conglomerados de tamanho igual a B, tem-se*

$$Var[\overline{y}_{2c}] \simeq \{1 + \rho_{\text{int}}(b-1)\} \frac{\sigma^2}{ab}. \tag{8.23}$$

Prova. Relembre de (7.2), onde temos que

$$\sigma_{ec}^2 = \{1 + \rho_{\text{int}}(B-1)\} \frac{\sigma^2}{B}$$

e

$$\sigma_{dc}^2 = \frac{B-1}{B}(1 - \rho_{\text{int}})\sigma^2.$$

Admitindo-se B suficientemente grande para que

$$\frac{B-1}{B} \simeq 1 \quad \text{e} \quad \frac{1}{B} \simeq 0$$

vem $\sigma_{ec}^2 \simeq \rho_{\text{int}}\sigma^2$ e $\sigma_{dc}^2 \simeq (1-\rho_{\text{int}})\sigma^2$. Substituindo-se em (8.22),

$$\begin{aligned} Var[\overline{y}_{2c}] &\simeq \frac{\sigma^2\rho_{\text{int}}}{a} + \frac{(1-\rho_{\text{int}})\sigma^2}{ab} = (\rho_{\text{int}}b + 1 - \rho_{\text{int}})\frac{\sigma^2}{ab} \\ &= \{1 + \rho_{\text{int}}(b-1)\} \frac{\sigma^2}{ab}, \end{aligned}$$

o que demonstra o corolário.

8.3.3 Eficiência do plano amostral em dois estágios

Do Corolário 8.3 chega-se a

$$EPA[\overline{y}_{2c}] = 1 + \rho_{\text{int}}(b-1), \tag{8.24}$$

que é muito parecido com o resultado do Corolário 7.5, de que para um único estágio

$$EPA[\overline{y}_c] = 1 + \rho_{\text{int}}(B-1).$$

Como usualmente $\rho_{\text{int}} > 0$, perde-se em usar amostragem por conglomerado. Entretanto, em (8.24) b é escolhido pelo pesquisador. Assim, quando a população tem ρ_{int} muito alto, pode-se escolher b pequeno, para compensar o efeito da conglomeração.

Suponha o tamanho da amostra n fixo e considere dois planos:

1. AC, em um único estágio o sorteio de a conglomerados e o uso de todos os elementos;

2. A2E, em dois estágios, com sorteio de a' conglomerados e subsorteio de b elementos, tal que:

$$n = aB = a'b, \text{ com } b \leq B.$$

Assim,

$$\begin{aligned} Var_{\text{AC}}[\overline{y}_c] &= \{1 + \rho_{\text{int}}(B-1)\}\frac{\sigma^2}{aB} \\ Var_{\text{A2E}}[\overline{y}_{2c}] &= \{1 + \rho_{\text{int}}(b-1)\}\frac{\sigma^2}{a'b}. \end{aligned}$$

Desse modo,

(8.25)
$$\frac{Var_{\text{A2E}}[\overline{y}_{2c}]}{Var_{\text{AC}}[\overline{y}_c]} = \frac{1 + \rho_{\text{int}}(b-1)}{1 + \rho_{\text{int}}(B-1)} \leq 1.$$

Ou seja, o plano em dois estágios é mais eficiente se $\rho_{\text{int}} > 0$, o que ocorre com freqüência na prática. Este último resultado permite estabelecer a estratégia para a escolha do plano amostral em dois estágios.

A comparação, quando os conglomerados são de tamanhos diferentes, é muito mais complicada, mas espera-se algo muito semelhante. Kish (1965), através de resultados empíricos, especula que pode ser usada uma fórmula aproximada para o EPA, que seria

(8.26)
$$EPA \simeq 1 + \rho_{\text{int}}(\psi - 1),$$

onde ψ é o número médio de unidades subamostradas.

8.3.4 Tamanho ótimo de b

Como em casos anteriores, considere uma função de custo linear da forma

$$C = c_1 a + c_2 ab,$$

onde c_1 é o custo de observação de uma unidade do primeiro estágio, c_2 do segundo estágio e C o custo total da pesquisa. O objetivo é minimizar $Var[\overline{y}_{2c}]$ para um custo fixo C ou vice-versa. Isto é equivalente a minimizar o produto

$$Var[\overline{y}_{2c}]C = \left(\frac{\sigma_{ec}^2}{a} + \frac{\sigma_{dc}^2}{ab}\right)(c_1 a + c_2 ab).$$

Através da desigualdade de Cauchy–Schwartz dada em (4.11), tem-se

Teorema 8.6 *Para uma função de custo linear, o tamanho ótimo de b deve ser*

$$b_{\text{ot}} = \frac{\sigma_{dc}}{\sigma_{ec}}\sqrt{\frac{c_1}{c_2}}.$$

Prova. Veja Exercício 8.25.

Observe que, quanto maior for a variabilidade dentro dos conglomerados, σ_{dc}^2, em relação à entre conglomerados, σ_{ec}^2, mais elementos devem ser sorteados dos conglomerados. De modo análogo, quanto mais caro for obter o conglomerado em relação às unidades dentro dele, mais unidades elementares dentro dele devem ser usadas.

Exercícios

8.1 Refaça o Exemplo 8.1 considerando que as unidades no primeiro estágio são selecionadas com reposição. Compare a variância obtida com a variância obtida através da expressão (8.2).

8.2 Refaça o Exemplo 8.1 considerando agora que as unidades no primeiro e segundo estágios são selecionadas sem reposição.

8.3 Para se estudar certo tipo de doença em determinado cereal, plantas são cultivadas em 160 canteiros contendo 9 plantas cada canteiro. Uma AASc de 40 canteiros é selecionada e 3 plantas são examinadas (segundo a AASc) em cada canteiro selecionado para se verificar a presença ou não da doença. Verificou-se que, em 22 dos canteiros observados, nenhuma das plantas pesquisadas tinha a doença, 11 tinham 1 planta com a doença, 4 tinham 2 e 3 tinham 3. Encontre uma estimativa para o número total de plantas com a doença e uma estimativa para a variância de sua estimativa.

8.4 Uma população de $N = 2.500$ indivíduos está dividida em 5 estratos, cada um com 50 conglomerados de 10 pessoas. Indicando-se por $Y_{h\alpha i}$ o i-ésimo indivíduo do α-ésimo conglomerado dentro do h-ésimo estrato, sabe-se que:

$$\sum_{h=1}^{5} N_h\left(\mu_h - \mu\right)^2 = 350, \qquad \sum_{h=1}^{5}\sum_{\alpha=1}^{50} N_{h\alpha}\left(\mu_{h\alpha} - \mu_h\right)^2 = 1.650$$

e

$$\sum_{h=1}^{5}\sum_{\alpha=1}^{50}\sum_{i=1}^{10}\left(Y_{h\alpha i} - \mu_{h\alpha}\right)^2 = 3.000.$$

Considere os seguintes planos amostrais:

i. Sorteie uma amostra de 250 pessoas e calcule a média amostral $\overline{y} = \sum_{h=1}^{5} \sum_{\alpha=1}^{50} \sum_{i=1}^{10} Y_{h\alpha i}/250$.

ii. Dentro de cada estrato sorteiam-se 50 indivíduos e calcula-se a média da amostra $\overline{y}_{es}$.

iii. De cada estrato sorteiam-se 5 conglomerados, e todas as pessoas do conglomerado são entrevistadas. Calcule-se a média $\overline{y}_c$.

iv. De cada estrato sorteiam-se 10 conglomerados, e seleciona-se a metade dos indivíduos do conglomerado. Calcule-se a média $\overline{y}_{2c}$.

a. Escreva as fórmulas e calcule os valores das seguintes variâncias: $Var[\overline{y}]$, $Var[\overline{y}_{es}]$, $Var[\overline{y}_c]$ e $Var[\overline{y}_{2c}]$.

b. Calcule os valores dos possíveis EPAs.

c. Comente sobre o plano amostral mais interessante.

8.5 Um funcionário do serviço sanitário precisa determinar o número médio por lata de milho, de uma larva típica desse produto. O carregamento que ele precisa examinar contém 1.000 pacotes, cada um com 50 latas de milho. Ele sorteou 10 pacotes, e de cada um sorteou duas latas. Em seguida, contou o número de larvas existentes nessas latas, com os seguintes resultados:

	Pacotes										
Latas	1	2	3	4	5	6	7	8	9	10	Total
1	4	2	9	8	8	5	0	4	1	7	48
2	6	5	5	9	4	1	6	4	4	8	52
Total	10	7	14	17	12	6	6	8	5	15	100

a. Qual o número médio de larvas por lata?

b. Estime a variância para a estimativa em (a).

c. Dê uma estimativa da correlação intraclasse.

d. Quantos pacotes seriam necessários no primeiro estágio para se ter a mesma variância, se forem sorteadas 5 latas em vez de duas?

8.6 Um estimador para a variância do estimador razão (N desconhecido) que pode ser considerado no caso da AASs é dado por

$$var[\overline{y}_{2c2}] = (1 - f_1)\frac{s_{2eq}^2}{a} + \frac{f_1}{a^2}\sum_{\alpha=1}^{a}\left(\frac{B_\alpha}{\hat{\overline{B}}}\right)^2 (1 - f_{2\alpha})\frac{s_\alpha^2}{b_\alpha},$$

com

$$\hat{\overline{N}} = \frac{1}{a}\sum_{\alpha=1}^{a} B_\alpha, \qquad s_{2eq}^2 = \frac{1}{a-1}\sum_{\alpha=1}^{a}\left(\frac{B_\alpha}{\hat{\overline{B}}}\right)^2 (\overline{y}_\alpha - \overline{y}_{2c2})^2.$$

Divida a população dos $N = 180$ condomínios na Tabela 2.8 em $A = 6$ conglomerados, onde o conglomerado 1 vai do condomínio 1 até o 20, o conglomerado 2 vai do 21 ao 50, o conglomerado 3 vai do 51 ao 90, o conglomerado 4 vai do 91 ao 110, o conglomerado 5 vai do 111 ao 140 e o conglomerado 6 vai do 141 ao 180. Considere $b_\alpha = 0,20B_\alpha$ como o tamanho da amostra no conglomerado $\alpha = 1,\ldots,6$. Usando AASs, selecione $a = 3$ conglomerados no primeiro estágio e então amostras de tamanho b_α nos conglomerados selecionados no primeiro estágio. Estime a média populacional considerando inicialmente N conhecido e, a seguir, usando o estimador razão sem utilizar N conhecido. Encontre estimativas para as variâncias nas duas situações. Utilize o Exercício 8.17.

8.7 Considere os dados do Exercício 7.14, sobre os "besouros da batata", como sendo a população de interesse e dispostos em 24 conglomerados de 2×2.

a. Sorteie uma amostra de 3 conglomerados e de cada conglomerado sorteie 2 lotes de 1×1.

b. Estime o número médio de besouros por lote na região e dê o respectivo erro padrão da estimativa.

c. Estime o coeficiente de correlação intraclasse.

d. Qual seria a variância estimada por uma AAS de 6 lotes?

8.8 O plano amostral de uma pesquisa realizada consistiu em amostrar quarteirões por probabilidade proporcional ao tamanho (PPT - ver Capítulo 9) e, dentro do quarteirão sorteado, selecionar em média $b = 6$ domicílios. As maiores despesas ocorreram na listagem, e constaram de 20 unidades de dinheiro (ud) por quarteirão, e de entrevistas custando 5 ud cada. Mediu-se também o efeito de planejamento para 3 variáveis do estudo, obtendo-se: (i) 3,5; (ii) 2,0 e (iii) 1,5. Esta pesquisa será repetida e foi alocada uma verba de 6.000 ud para listagem e entrevista. Usando os dados da pesquisa anterior:

a. Determine os valores ótimos de b para cada uma das três variáveis;

b. O tamanho da amostra em cada um desses casos;

c. Calcule as variâncias das médias de cada variável para os três valores de b encontrados em (a). Construa a tabela 3 x 3 da razão da variância observada em relação à menor variância.

8.9 Será feito um levantamento amostral para estimar uma proporção P de indivíduos portadores de certa característica. Espera-se que esta proporção seja da ordem de 50% da população. A população está disposta em conglomerados de 5 indivíduos cada e o coeficiente de correlação intraclasse é $0,60$. Decidiu-se sortear a conglomerados e entrevistar todos os indivíduos do conglomerado. Deseja-se que o erro máximo (desvio padrão) seja $0,05$.

a. Quantos conglomerados devem ser sorteados?

b. Se fossem sorteados apenas dois indivíduos por conglomerado, quantos conglomerados deveriam ser sorteados para se ter a mesma precisão?

8.10 Para estimar a proporção de moradores de uma cidade que usaram o serviço médico oficial, usou-se o seguinte procedimento:

1. Dividiu-se a cidade em 200 zonas de aproximadamente 60 domicílios cada uma.
2. Sortearam-se 5 zonas, com igual probabilidade e com reposição.
3. De cada zona, sortearam-se, através de um processo sistemático (ver 7.8), 10% dos domicílios.
4. De cada domicílio entrevistaram-se todos os moradores.

Os resultados foram:

Zona sorteada	Nº de domicílios	Nº de moradores dos domicílios sorteados Nº dos que usaram o serviço médico
022	65	5 6 3 8 5 4 3 3 1 6 4 2
164	42	4 4 6 2 2 3 3 2
117	57	5 6 5 3 4 4 4 4 2 1 3 2
055	76	10 4 4 5 6 5 3 5 8 2 1 3 3 2 0 0
025	48	1 5 4 6 5 1 2 2 2 3

Dê um intervalo de confiança para a proporção procurada, justificando e criticando o estimador usado.

8.11 Deseja-se estimar o número médio de pessoas por domicílio, numa população formada por 10 aldeias e cujos dados estão na tabela abaixo. Decidiu-se usar o seguinte plano amostral:

1. Sortear duas aldeias com probabilidade proporcional ao número de casas (com reposição).
2. De cada conglomerado selecionado, sortear quatro casas (sem reposição) e contar o número de pessoas.

Aldeia	Nº de casas	Tamanho das casas
1	16	7 5 5 4 6 2 3 5 5 6 5 4 4 5 3 3
2	18	6 5 4 5 4 5 6 5 3 5 4 4 5 3 3 5 6 4
3	26	6 6 3 5 3 4 5 5 4 4 4 3 7 5 4 6 2 5 5 6 1 5 5 4 6 3
4	18	6 3 6 3 6 3 4 5 4 4 4 5 6 3 5 1 3 5
5	24	5 4 6 5 4 5 6 5 4 4 7 6 6 5 4 4 5 6 3 4 3 3 5 3
6	17	3 4 4 6 5 7 3 5 4 5 4 6 4 5 3 3 6
7	20	6 4 4 5 4 5 6 4 3 5 4 6 5 5 2 4 5 4 3 4
8	24	5 3 3 7 4 4 6 6 4 5 3 7 6 4 5 6 3 5 1 3 5 6 4 4
9	24	5 3 5 3 4 6 5 4 6 5 6 3 6 5 6 6 3 5 4 4 5 4 6 2
10	22	4 4 5 5 4 4 5 4 3 5 5 3 4 5 4 3 4 3 5 4 4 1

a. Sorteie uma amostra nas condições indicadas.

b. Qual a probabilidade de uma casa ser sorteada?

c. Qual a estimativa do número médio de pessoas por domicílio?

d. Dê um intervalo de confiança para a resposta (c).

8.12 Queremos estimar a proporção dos 1.000 empregados de uma companhia que possuem carros. A companhia está dividida em 20 departamentos, cada um com 50 funcionários. Sorteamos 10 departamentos e dentro de cada um sorteamos 10 funcionários. O número de possuidores de carro em cada departamento foi: 5, 1, 2, 7, 3, 6, 3, 0, 2 e 10. Dê uma estimativa para a proporção e construa um intervalo de confiança de 95% para a proporção de funcionários da companhia que possuem carro.

8.13 Quer-se estimar a renda média mensal por domicílio da cidade de Cataguá. Inicialmente, dividiram-se os 1.000 domicílios em 50 conglomerados de 20 casas cada um. A partir daí três pesquisadores usaram os seguintes planos amostrais:

i. Sorteiam-se 4 conglomerados, sem reposição, e entrevistam-se todos os domicílios desses conglomerados;

ii. Sorteiam-se 4 conglomerados, com reposição, e num segundo estágio sorteiam-se, sem reposição, metade dos domicílios do conglomerado;

iii. Divide-se a população em dois estratos, um com 800 e outro com 200 domicílios. De cada estrato sorteiam-se dois conglomerados, entrevistando-se todos os domicílios.

Suponha que os números levantados por cada plano amostral foram:

Conglomerado	Média	Variância
1	5,6	4,41
2	6,1	5,76
3	7,2	5,29
4	8,4	6,25

Para o plano (iii), suponha que as duas primeiras unidades são do estrato 1 e as duas restantes do estrato 2.

a. Calcule a renda média estimada e o respectivo erro padrão para cada plano amostral.

b. Para os dois primeiros planos calcule o coeficiente de correlação intraclasse e correspondente EPA.

c. Baseando-se nos resultados obtidos, comente sobre os três planos.

Teóricos

8.14 Usando um desenvolvimento similar ao da demonstração do Teorema 8.1, prove o Teorema 8.4.

8.15 Demonstre o Teorema 8.5, usando um desenvolvimento similar àquele usado no Teorema 8.2.

8.16 Complete a prova do Teorema 8.3. Use (8.15), os resultados do Exercício 7.29 para o estimador razão e a variável auxiliar $Z_{\alpha i} = Y_{\alpha i} - RX_{\alpha i}$, $\alpha = 1, \ldots, A$, $i = 1, \ldots, B_\alpha$.

8.17 Refaça o Exercício 8.16, considerando AASs no primeiro e segundo estágios. Proponha também um estimador para a variância.

8.18 Suponha que uma população $\mathcal{U}$ de tamanho N está dividida em A conglomerados de tamanhos B_α, $\alpha = 1, \ldots, A$. Desta população, um conglomerado C_α ($a = 1$) é selecionado segundo a AAS. Deste conglomerado, uma amostra de tamanho b_α é selecionada segundo a AASc. Considere os estimadores $\overline{y}_1 = \overline{y}_\alpha$, a média da amostra selecionada e $\overline{y}_2 = AB_\alpha\overline{y}_\alpha/B$.

a. Encontre $E[\overline{y}_1]$ e $E[\overline{y}_2]$. Verifique se eles são não viciados.

b. Encontre o EQM dos estimadores $\overline{y}_1$ e $\overline{y}_2$.

8.19 Refaça o Exercício 8.18, considerando agora que a amostra do segundo estágio é selecionada de acordo com a AASs.

8.20 Seja uma população $\mathcal{U}$ dividida em A conglomerados. Considere a amostragem em dois estágios, onde os conglomerados são de tamanho B_α (diferentes), uma amostra de a conglomerados é selecionada no primeiro estágio e uma amostra de b_α elementos é selecionada do conglomerado C_α selecionado no primeiro estágio, $\alpha = 1, \ldots, a$. Suponha que, em ambos os estágios, é usado o esquema AASs. Como estimador de μ, considere $\overline{y}_{2c1}$. Mostre que

$$Var[\overline{y}_{2c1}] = (1 - f_1)\frac{S^2_{ect}}{a} + \frac{1}{aA}\sum_{\alpha=1}^{A}\left(\frac{B_\alpha}{\overline{B}}\right)^2(1 - f_{2\alpha})\frac{S^2_\alpha}{b_\alpha},$$

onde $f_1 = a/A$, $f_{2\alpha} = b_\alpha/B_\alpha$, $\overline{N} = N/A$,

$$S^2_{ect} = \frac{1}{A-1}\sum_{\alpha=1}^{A}\left(\frac{B_\alpha}{\overline{B}}\mu_\alpha - \mu\right)^2 \quad \text{e} \quad S^2_\alpha = \frac{1}{B_\alpha - 1}\sum_{i=1}^{B_\alpha}(Y_{\alpha i} - \mu_\alpha)^2,$$

$\alpha = 1, \ldots, A$.

8.21 Continuação do Exercício 8.20.

a. Mostre que

$$Var_2[\overline{y}_\alpha] = (1 - f_{2\alpha})\frac{S^2_\alpha}{b_\alpha},$$

de modo que

$$E_2\left[\overline{y}_\alpha^2\right] = (1 - f_{2\alpha})\frac{S_\alpha^2}{b_\alpha} + \mu_\alpha^2,$$

onde μ_α e S_α^2 são, respectivamente, a média e a variância populacionais no conglomerado α.

b. Mostre que

$$Var_2[\overline{y}_{2c1}] = \frac{1}{a^2}\sum_{\alpha=1}^{a}\left(\frac{B_\alpha}{\overline{\overline{B}}}\right)^2(1 - f_{2\alpha})\frac{S_\alpha^2}{b_\alpha},$$

de modo que

$$E_2\left[\overline{y}_{2c1}^2\right] = \frac{1}{a^2}\sum_{\alpha=1}^{a}\left(\frac{B_\alpha}{\overline{\overline{B}}}\right)^2(1 - f_{2\alpha})\frac{S_\alpha^2}{n_\alpha} + \left(\frac{1}{a}\sum_{\alpha=1}^{a}\frac{B_\alpha}{\overline{\overline{B}}}\mu_\alpha\right)^2.$$

c. Use (a) e (b) para concluir que

$$\begin{aligned} E_2\left[\sum_{\alpha=1}^{a}\left(\frac{B_\alpha}{\overline{\overline{B}}}\overline{y}_\alpha - \overline{y}_{2c1}\right)^2\right] &= \sum_{\alpha=1}^{a}\left(\frac{B_\alpha}{\overline{\overline{B}}}\mu_\alpha - \frac{1}{a}\sum_{\alpha=1}^{a}\frac{B_\alpha}{\overline{\overline{B}}}\mu_\alpha\right)^2 \\ &\quad + \frac{a-1}{a}\sum_{\alpha=1}^{a}B_\alpha^2(1 - f_{2\alpha})\frac{S_\alpha^2}{b_\alpha}. \end{aligned}$$

d. Use (c) para mostrar que

$$E\left[s_{2ect}^2\right] = S_{ect}^2 + \frac{1}{A}\sum_{\alpha=1}^{A}B_\alpha^2(1 - f_{2\alpha})\frac{S_\alpha^2}{b_\alpha},$$

onde S_{ect}^2 é como dado no Exercício 8.20 e s_{2ect}^2 como em (8.8).

e. Usando (a)-(d), mostre que um estimador não viciado para $Var[\overline{y}_{2c1}]$ é dado por

$$var[\overline{y}_{2c1}] = (1 - f_1)\frac{s_{2ect}^2}{a} + \frac{f_1}{a^2}\sum_{\alpha=1}^{a}\left(\frac{B_\alpha}{\overline{\overline{B}}}\right)^2(1 - f_{2\alpha})\frac{s_\alpha^2}{b_\alpha}.$$

f. Sendo os conglomerados de tamanhos iguais a B e sendo selecionada uma amostra de tamanho b dentro de cada conglomerado selecionado no primeiro estágio verifique como fica $Var[\overline{y}_{2c}]$. Neste caso, temos que

$$var[\overline{y}_{2c}] = (1 - f_1)\frac{s_{2ec}^2}{a} + \frac{f_1(1 - f_2)}{a^2 b}\sum_{\alpha=1}^{a}s_\alpha^2,$$

onde s_{2ec}^2 é como dado na Seção 8.3.1.

8.22 Refaça o Exercício 8.21, considerando agora o estimador razão $\overline{y}_{2c2}$.

8.23 Suponha agora que a variável de interesse na população do Exercício 8.21 seja dicôtomica, ou seja, $Y_{\alpha i} = 1$ se o elemento i no conglomerado α possui a característica de interesse e 0 caso contrário. Encontre expressões para $Var[\hat{P}_{2c1}]$ e para sua estimativa, onde $\hat{P}_{2c1} = \overline{y}_{2c1}$, nos casos AASc e AASs.

8.24 Refaça o Exercício 8.23, considerando agora um estimador do tipo razão para a proporção de interesse.

8.25 Demonstre o Teorema 8.6.

8.26 Uma população de N indivíduos está dividida em A conglomerados de B elementos cada. Adotou-se o seguinte plano amostral:

1. Sorteiam-se a conglomerados com reposição e igual probabilidade;
2. De cada conglomerado sorteado selecionam-se, por AASs, b ($b < B$) elementos.

a. Defina um estimador para a média populacional.

b. Derive a expressão da variância desse estimador.

c. Derive um estimador não viesado da variância encontrada em (b).

d. Calcule

$$E\left[(1-f)\frac{s_a^2}{a}\right],$$

onde

$$s_a^2 = \frac{1}{a}\sum_{\alpha=1}^{A}(\overline{y}_\alpha - \overline{y})^2, \quad \overline{y}_\alpha = \frac{1}{B}\sum_{i=1}^{B} y_{\alpha i}, \quad \overline{y} = \frac{1}{a}\sum_{\alpha=1}^{a}\overline{y}_\alpha \quad \text{e} \quad f = \frac{ab}{AB}.$$

e. Como ficaria a variância em (b) escrita em função do coeficiente de correlação intraclasse?

8.27 Refaça o Exercício 8.26, usando sorteio sem reposição.

8.28 Um plano amostral para conglomerados de igual tamanho prevê colher as UPAs através de AASc e USAs com AASs.

a. Deduza a $Var[\overline{y}]$.

b. Qual seria um estimador não viesado para $Var[\overline{y}]$?

c. Proponha um estimador razoável para a correlação intraclasse, ρ_{int}.

8.29 Discuta estatisticamente a utilização do coeficiente de correlação intraclasse em amostragem.

Capítulo 9

Estimação com probabilidades desiguais

Nos capítulos anteriores, todas as técnicas de estimação desenvolvidas foram baseadas em esquemas probabilísticos, onde todas as amostras tinham a mesma probabilidade de serem selecionadas.

Em pesquisas domiciliares, é comum o sorteio dos SCs ser feito com probabilidade proporcional ao tamanho (PPT) do SC. Também, em pesquisas educacionais, cada escola será sorteada com probabilidade proporcional ao seu tamanho.

Neste capítulo, desenvolvem-se técnicas de estimação baseadas em esquemas probabilísticos mais gerais. Teoricamente, pode-se considerar esquemas probabilísticos os mais gerais possíveis. O problema que surge é a obtenção de expressões para o vício e para a variância dos estimadores. Estimadores para as variâncias obtidas são também de interesse primordial. Os esquemas abordados, apesar de bastante gerais, apresentam estimadores não viciados e possibilitam a obtenção de expressões para as suas variâncias. O exemplo a seguir ilustra tal situação.

Exemplo 9.1 Considere uma população dividida em grupos ou conglomerados de tamanhos N_α, $\alpha = 1, \ldots, A$. Desenvolve-se um esquema probabilístico com reposição, onde as probabilidades de inclusão são proporcionais aos tamanhos dos grupos N_α, $\alpha = 1, \ldots, A$. Considere uma população com $A = 6$ grupos dados na Tabela 9.1. Para selecionar uma unidade, escolha um número aleatório entre 1 e 25. Suponha que seja o número 11. Como o número 11 cai no intervalo correspondente à unidade 3, que vai de 6 a 13, a unidade 3 é selecionada. As unidades seguintes que farão parte da amostra serão selecionadas com reposição. Portanto, a unidade

Tabela 9.1: Tamanhos dos grupos

Unidade	N_α	$\sum_{\alpha=1}^{A} N_\alpha$	Intervalo
1	3	3	1–3
2	2	5	4–5
3	8	13	6–13
4	4	17	14–17
5	1	18	18
6	7	25	19–25

3 pode novamente fazer parte da amostra.

O exemplo que apresentamos a seguir considera o caso em que um único conglomerado é selecionado. As probabilidades de seleção neste caso são estabelecidas pelo pesquisador como sendo proporcionais aos tamanhos dos conglomerados.

Exemplo 9.2 Considere novamente a população $\mathcal{U}$, com $N = 6$ elementos onde

$$\mathbf{D} = (2, 6, 10, 8, 10, 12).$$

Para esta população, $\mu = 8$. A população está dividida nos 3 conglomerados:

$$C_1 = \{1, 2\}, \text{ com } \mu_1 = 4; \; C_2 = \{3\}, \text{ com } \mu_2 = 10; \; C_3 = \{4, 5, 6\}, \text{ com } \mu_3 = 10.$$

Procedendo-se como no Exemplo 9.1, as probabilidades de inclusão dos grupos 1, 2 e 3 são iguais a 2/6, 1/6 e 3/6, respectivamente. Selecionando-se um conglomerado de acordo com as probabilidades acima, tem-se a distribuição do estimador $\overline{y}_c$ dada na Tabela 9.2.

Tabela 9.2: Distribuição de $\overline{y}_c$

$\overline{y}_c$:	4	10
$P(\overline{y}_c)$:	2/6	4/6

Então,

$$E[\overline{y}_c] = 4 \times \frac{2}{6} + 10 \times \frac{4}{6} = 8,$$

ou seja, $\overline{y}_c$ é não viciado e

$$Var[\overline{y}_c] = \frac{2}{6}(4 - 8)^2 + \frac{4}{6}(10 - 8)^2 = 8.$$

9.1 Caso geral

Considere uma população com N, unidades que podem ser inclusive grupos ou conglomerados. Suponha que associada à unidade i da população, tem-se uma medida M_i, obtida segundo algum critério estabelecido previamente. Por exemplo, amostrando hospitais, essa medida poderia ser o número de leitos. Já em levantamentos de indústrias, uma medida do tamanho pode ser o número de empregados ou o faturamento em um determinado período.

Definida a medida do tamanho da unidade i por M_i, a probabilidade de seleção associada ao elemento i será

$$Z_i = \frac{M_i}{M_0}, \tag{9.1}$$

$i = 1, \ldots, N$, onde $M_0 = \sum_{i=1}^{N} M_i$. Temos então amostragem proporcional ao tamanho (PPT) da variável M.

Seleciona-se então, com reposição e probabilidade de seleção Z_i para cada unidade, uma amostra $\mathbf{s}$ de tamanho n da população. Como estimador do total populacional τ, considera-se a estatística

$$\hat{\tau}_{ppz} = \frac{1}{n} \sum_{i \in \mathbf{s}} \frac{Y_i}{Z_i}. \tag{9.2}$$

Para estudar as propriedades do estimador $\hat{\tau}_{ppz}$, considere f_i, o número de vezes que a unidade i é selecionada, $i = 1, \ldots, N$. A distribuição conjunta de $f_1, \ldots, f_N$ é multinomial, ou seja, é dada por

$$\frac{n!}{f_1! \ldots f_N!} Z_1^{f_1} \ldots Z_N^{f_N},$$

com $\sum_{i=1}^{N} f_i = n$ e $\sum_{i=1}^{N} Z_i = 1$. Utilizando-se algumas propriedades da distribuição multinomial, tem-se que

$$E[f_i] = nZ_i, \quad Var[f_i] = nZ_i(1 - Z_i) \tag{9.3}$$

e, para $i \neq j$,

$$Cov[f_i, f_j] = -nZ_iZ_j, \tag{9.4}$$

$i, j = 1 \ldots, N$.

Teorema 9.1 *Se uma amostra de n unidades é selecionada com AASc, de acordo com as probabilidades de inclusão $Z_1, \ldots, Z_N$, então*

$$E\left[\hat{\tau}_{ppz}\right] = \tau \tag{9.5}$$

e,

$$(9.6) \qquad V_{ppz} = Var\left[\hat{\tau}_{ppz}\right] = \frac{1}{n}\sum_{i=1}^{N} Z_i\left(\frac{Y_i}{Z_i} - \tau\right)^2,$$

onde $\hat{\tau}_{ppz}$ está definido em (9.2).

Prova. Pode-se escrever $\hat{\tau}_{ppz}$, definido em (9.2), como

$$\hat{\tau}_{ppz} = \frac{1}{n}\sum_{i=1}^{N} f_i \frac{Y_i}{Z_i}.$$

De (9.3), tem-se que

$$E\left[\hat{\tau}_{ppz}\right] = \frac{1}{n}\sum_{i=1}^{N} \frac{Y_i}{Z_i} E\left[f_i\right] = \tau,$$

provando (9.5). Por outro lado, utilizando-se (9.3), (9.4) e o fato de que $\sum_{i=1}^{N} Z_i = 1$, tem-se que

$$\begin{aligned}
Var[\hat{\tau}_{ppz}] &= \frac{1}{n^2}\left\{\sum_{i=1}^{N}\left(\frac{Y_i}{Z_i}\right)^2 Var\left[f_i\right] + 2\sum_{i<j}\frac{Y_i}{Z_i}\frac{Y_j}{Z_j}Cov\left[f_i, f_j\right]\right\} \\
&= \frac{1}{n}\left\{\sum_{i=1}^{N}\left(\frac{Y_i}{Z_i}\right)^2 Z_i(1 - Z_i) - 2\sum_{i<j}\frac{Y_i}{Z_i}\frac{Y_j}{Z_j}Z_i Z_j\right\} \\
&= \frac{1}{n}\left(\sum_{i=1}^{N}\frac{Y_i^2}{Z_i} - \tau^2\right) = \frac{1}{n}\sum_{i=1}^{N} Z_i\left(\frac{Y_i}{Z_i} - \tau\right)^2,
\end{aligned}$$

(veja o Exercício 9.5) provando (9.6).

Note que se $Z_i = Y_i/\tau$, então $V_{ppz} = 0$. Contudo, os valores de Y_i não são conhecidos, mesmo após amostragem. Por outro lado, sabendo-se que os Y_i são aproximadamente proporcionais a alguma variável auxiliar conhecida para todas as unidades da população, então as probabilidades de seleção podem ser tomadas proporcionais a estas variáveis, esperando-se uma redução na variância do estimador. Um estimador da média populacional μ é obtido dividindo-se $\hat{\tau}_{ppz}$ por N, número de elementos na população.

O teorema a seguir estabelece uma expressão alternativa para a variância do estimador $\hat{\tau}_{ppz}$ dado em (9.2). A prova é deixada como um exercício (veja o Exercício 9.6).

Teorema 9.2 *Sob as condições do Teorema 9.1, tem-se que*

$$V_{ppz} = \frac{1}{n}\sum_{i<j} Z_i Z_j \left(\frac{Y_i}{Z_i} - \frac{Y_j}{Z_j}\right)^2. \tag{9.7}$$

Apresenta-se a seguir um estimador não viciado de V_{ppz}. A prova também é deixada como exercício (veja o Exercício 9.7).

Teorema 9.3 *Sob as suposições do Teorema 9.1, um estimador não viciado de V_{ppz} dado no Teorema 9.2 é dado por*

$$\widehat{V}_{ppz} = \frac{1}{n(n-1)}\sum_{i\in \mathbf{s}} \left(\frac{Y_i}{Z_i} - \widehat{\tau}_{ppz}\right)^2.$$

Exemplo 9.3 Continuação do Exemplo 2.1. Tomando Z_i proporcional a T_i, número de trabalhadores no domicílio i, $i = 1, 2, 3$, temos que $Z_1 = 1/6$, $Z_2 = 3/6$ e $Z_3 = 2/6$, e por (9.3), para uma amostra de tamanho $n = 2$ que

$$\begin{aligned} E[f_1] &= 2 \times \frac{1}{6} = \frac{1}{3}, & Var[f_1] &= 2 \times \frac{1}{6} \times \frac{5}{6} = \frac{5}{18}, \\ E[f_2] &= 2 \times \frac{3}{6} = 1, & Var[f_2] &= 2 \times \frac{3}{6} \times \frac{3}{6} = \frac{1}{2}, \\ E[f_3] &= 2 \times \frac{2}{6} = \frac{2}{3}, & Var[f_3] &= 2 \times \frac{2}{3} \times \frac{1}{3} = \frac{4}{9}. \end{aligned}$$

Portanto, o plano amostral com probabilidades desiguais não é simétrico (veja Seção 2.6). A Tabela 9.3 apresenta a distribuição amostral da média amostral e do estimador $\hat{\tau}_{ppz}$ para um plano de seleção com probabilidades proporcionais ao tamanho Z_i com $n = 2$ da população de três domicílios.

Tabela 9.3: Distribuição amostral de $\hat{\tau}_{ppz}$

s:	11	12	13	21	22	23	31	32	33
$P(\mathbf{s})$:	1/36	3/36	2/36	3/36	9/36	6/36	2/36	6/36	4/36
f_1:	2	1	1	1	0	0	1	0	0
f_2:	0	1	0	1	2	1	0	1	0
f_3:	0	0	1	0	0	1	1	1	2
$\overline{y}$:	12	21	15	21	30	24	15	24	18
$\hat{\tau}_{ppz}$:	72	66	63	66	60	57	63	57	54

Usando a distribuição amostral de f_i dada na Tabela 9.3, recalcule $E[f_i]$ e $Var[f_i]$, $i = 1, 2, 3$. Para o estimador média simples tem-se

$$E[\overline{y}] = 23 \quad \text{e} \quad Var[\overline{y}] = 555,5 - 23^2 = 26,5,$$

de modo que o estimador $\hat{\tau} = N\overline{y}$ tem as propriedades

$$E[\hat{\tau}] = NE[\overline{y}] = 3 \times 23 = 69 \quad \text{e} \quad Var[\hat{\tau}] = N^2 Var[\overline{y}] = 9 \times 26,5 = 238,5.$$

Portanto, o estimador expansão $N\overline{y}$ é viciado para o total populacional com o plano amostral com probabilidades de seleção proporcionais a Z_i. Já para o estimador $\hat{\tau}_{ppz}$ tem-se que

$$E[\hat{\tau}_{ppz}] = 60 \quad \text{e} \quad Var[\hat{\tau}_{ppz}] = 3618 - 60^2 = 18.$$

Como esperado, o estimador $\hat{\tau}_{ppz}$ é não viciado para o total populacional τ e apresenta variância menor que o EQM do estimador expansão $\hat{\tau}$. Pode-se calcular a variância de $\hat{\tau}_{ppz}$ usando-se (9.6). Note que

$$V_{ppz} = \frac{1}{2}\left\{\frac{1}{6}\left(\frac{12}{1/6} - 60\right)^2 + \frac{3}{6}\left(\frac{30}{3/6} - 60\right)^2 + \frac{2}{6}\left(\frac{18}{2/6} - 60\right)^2\right\} = 18,$$

como calculado acima.

9.2 Amostragem por conglomerados

No caso particular da amostragem por conglomerados, onde o tamanho do conglomerado α é B_α, A é o número de conglomerados e N é o tamanho da população, temos que

$$Z_\alpha = \frac{B_\alpha}{N}, \tag{9.8}$$

$\alpha = 1, \ldots, A$. A prova do teorema que segue é deixada como exercício (Exercício 9.8).

Teorema 9.4 *No caso da amostragem por conglomerados com probabilidades de seleção dadas por (9.8) acima, tem-se que*

i. $\hat{\tau}_{ppz} = N\overline{y}_{c3}$, *com* $\overline{y}_{c3} = \frac{1}{a}\sum_{\alpha=1}^{a} \mu_\alpha$;

ii. $V_{ppz} = Var[\hat{\tau}_{ppz}] = \frac{N}{a}\sum_{\alpha=1}^{A} B_\alpha (\mu_\alpha - \mu)^2$;

iii. Um estimador não viciado de V_{ppz} *é dado por*

$$\hat{V}_{ppz} = \frac{N^2}{a(a-1)}\sum_{\alpha=1}^{a} (\mu_\alpha - \overline{y}_{c3})^2.$$

Assim, um intervalo de confiança para τ com coeficiente de confiança $\gamma = 1 - \alpha$ é dado por $\hat{\tau}_{ppz} \pm z_\alpha\sqrt{\hat{V}_{ppz}}$.

9.3 Estimador razão

A definição do estimador razão e algumas propriedades, tais como o seu vício e sua variância com relação à AASc, foram vistas no Capítulo 5. Associado à unidade i da população $\mathcal{U}$ temos o par (X_i, Y_i), onde as variáveis $X_1, \ldots, X_N$ são conhecidas e positivas. Desta população, uma amostra $\mathbf{s}$ de tamanho n é selecionada. Considere o estimador

$$\overline{r} = \frac{1}{n} \sum_{i \in \mathbf{s}} \frac{Y_i}{X_i} = \frac{1}{n} \sum_{i \in \mathbf{s}} R_i, \tag{9.9}$$

ou seja, $R_i = X_i/Y_i$, $i = 1, \ldots, N$. Os valores R_i (correspondentes ao indivíduo i) são selecionados com reposição e com probabilidade proporcional a X_i,

$$Z_i = \frac{X_i}{\sum_{i=1}^{N} X_i} = \frac{X_i}{N\overline{X}}, \tag{9.10}$$

$i = 1, \ldots, N$, onde $\overline{X} = \sum_{i=1}^{N} X_i/N$. O Exercício 5.17 mostra que $\overline{r}$ é um estimador viciado de $R = \overline{Y}/\overline{X}$ com relação à AASc.

Por outro lado, como será visto a seguir, $\overline{r}$ é não viciado com relação ao planejamento amostral, onde as probabilidades de seleção são dadas por (9.10). As provas dos resultados seguem dos Teoremas 9.1 e 9.3. Veja os Exercícios 9.9 e 9.10.

Teorema 9.5 *De acordo com o planejamento amostral descrito, tem-se que*

$$E[\overline{r}] = R,$$

e que

$$V_r = Var[\overline{r}] = \frac{1}{n} \sum_{i=1}^{N} \frac{X_i}{N\overline{X}} \left(\frac{Y_i}{X_i} - R \right)^2. \tag{9.11}$$

Teorema 9.6 *Um estimador não viciado de V_r de (9.11) é dado por*

$$\hat{V}_r = \frac{1}{n(n-1)} \sum_{i \in \mathbf{s}} (R_i - \overline{r})^2.$$

Estimadores do total populacional τ e da média populacional μ obtidos a partir de $\overline{r}$ são discutidos no Exercício 9.11.

9.4 Amostragem em dois estágios

No Capítulo 8 discute-se, amostragem em dois estágios, onde as unidades do primeiro e do segundo estágios são selecionadas de acordo com a AASc. Nesta seção, supõe-se que as unidades do primeiro estágio sejam selecionadas com reposição. Suponhamos também que as probabilidades de seleção das unidades do primeiro estágio sejam dadas por Z_α, $\alpha = 1, \ldots, A$, de tal forma que $\sum_{\alpha=1}^{A} Z_\alpha = 1$. Para as unidades selecionadas no segundo estágio, considera-se a AASc como no Capítulo 8.

Como estimador do total populacional τ, sendo sorteada uma amostra de a conglomerados no primeiro estágio, considera-se

$$\hat{\tau}_{ppz} = \frac{1}{a} \sum_{\alpha=1}^{a} \frac{B_\alpha \overline{y}_\alpha}{Z_\alpha}. \tag{9.12}$$

Tem-se então:

Teorema 9.7 *Com probabilidades de inclusão Z_α no primeiro estágio e AASc no segundo estágio,*

$$E[\hat{\tau}_{ppz}] = \tau,$$

e

$$V_{ppz} = Var[\hat{\tau}_{ppz}] = \frac{1}{a} \sum_{\alpha=1}^{A} Z_\alpha \left(\frac{\tau_\alpha}{Z_\alpha} - \tau \right)^2 + \frac{1}{a} \sum_{i=1}^{A} \frac{B_\alpha^2}{Z_\alpha} \frac{\sigma_\alpha^2}{b_\alpha}.$$

Prova. Veja o Exercício 9.12.

A seguir, apresenta-se um estimador não viciado para V_{ppz}.

Teorema 9.8 *Sob as suposições do Teorema 9.7, um estimador não viciado de V_{ppz} é dado por*

$$\hat{V}_{ppz} = \frac{1}{a(a-1)} \sum_{\alpha=1}^{a} \left(\frac{B_\alpha \overline{y}_\alpha}{Z_\alpha} - \hat{\tau}_{ppz} \right)^2.$$

Prova. Veja o Exercício 9.13.

No Exercício 9.14, considera-se o caso especial em que

$$Z_\alpha = \frac{B_\alpha}{N}, \tag{9.13}$$

$\alpha = 1, \ldots, A$. Estude também o caso em que $Z_\alpha = 1/A$, $\alpha = 1, \ldots, A$.

9.5 O estimador de Horwitz–Thompson

Nesta seção, assume-se que as unidades participantes da amostra são selecionadas sem reposição. A população é constituída por A unidades (podem ser, por exemplo, conglomerados ou grupos na amostragem estratificada) e dessas A unidades, a são selecionadas sem reposição. Define-se:

- π_i, a probabilidade de que a unidade i faça parte da amostra e
- π_{ij}, a probabilidade de que as unidades i e j façam parte da amostra, $i, j = 1, \ldots, A$.

Como definido no Capítulo 2, para um determinado plano amostral,

$$\pi_i = \sum_{i \in \mathbf{s}} P(\mathbf{s}) \qquad \text{e} \qquad \pi_{ij} = \sum_{\{i,j\} \in \mathbf{s}} P(\mathbf{s}).$$

Assim, valem as relações (veja o Exercício 9.15)

$$\sum_{i=1}^{A} \pi_i = a, \qquad \sum_{j \neq i} \pi_{ij} = (a-1)\pi_i \tag{9.14}$$

e

$$\sum_{i=1}^{A} \sum_{j>i} \pi_{ij} = \frac{1}{2} a(a-1). \tag{9.15}$$

O estimador de Horwitz–Thompson do total populacional é então dado por

$$\hat{\tau}_{HT} = \sum_{i \in \mathbf{s}} \frac{Y_i}{\pi_i}, \tag{9.16}$$

com as seguintes propriedades:

Teorema 9.9 *Se as unidades amostrais são selecionadas sem reposição, com probabilidades de inclusão π_i e π_{ij}, tem-se*

$$E[\hat{\tau}_{HT}] = \tau,$$

e

$$V_{HT} = Var[\hat{\tau}_{HT}] = \sum_{i=1}^{A} \frac{1-\pi_i}{\pi_i} Y_i^2 + 2 \sum_{i=1}^{A} \sum_{j>i} \frac{\pi_{ij} - \pi_i \pi_j}{\pi_i \pi_j} Y_i Y_j. \tag{9.17}$$

Prova. Defina

$$f_i = \begin{cases} 1, & \text{se } i \in \mathbf{s} \\ 0, & \text{se } i \notin \mathbf{s} \end{cases},$$

$i = 1, \ldots, A$. Portanto, f_i segue uma distribuição de Bernoulli com probabilidade de sucesso π_i. Assim, (veja o Exercício 9.16)

$$E[f_i] = \pi_i, \qquad Var[f_i] = \pi_i(1-\pi_i) \tag{9.18}$$

e

$$Cov[f_i, f_j] = \pi_{ij} - \pi_i\pi_j. \tag{9.19}$$

Portanto,

$$E[\hat{\tau}_{HT}] = \sum_{i=1}^{A} \frac{Y_i}{\pi_i} E[f_i] = \tau.$$

Além disso,

$$\begin{aligned} V_{HT} &= \sum_{i=1}^{A} \left(\frac{Y_i}{\pi_i}\right)^2 Var[f_i] + 2\sum_{i=1}^{A}\sum_{j>i} \frac{Y_i}{\pi_i}\frac{Y_j}{\pi_j} Cov[f_i, f_j] \\ &= \sum_{i=1}^{A} \frac{1-\pi_i}{\pi_i} Y_i^2 + 2\sum_{i=1}^{A}\sum_{j>i}^{A} \frac{\pi_{ij} - \pi_i\pi_j}{\pi_i\pi_j} Y_i Y_j, \end{aligned}$$

de modo que (9.17) segue.

A variância V_{HT} pode também ser representada de uma outra forma. Veja o Exercício 9.19. Um estimador não viciado para a variância V_{HT} é dado em (9.17).

Teorema 9.10 *Um estimador não viciado de* V_{HT} *é*

$$\hat{V}_{HT} = \sum_{i\in s} \frac{1-\pi_i}{\pi_i^2} Y_i^2 + 2\sum_{i\in s}\sum_{\{j>i\}\in s} \frac{\pi_{ij} - \pi_i\pi_j}{\pi_i\pi_j\pi_{ij}} Y_i Y_j. \tag{9.20}$$

Prova. Veja o Exercício 9.17.

Exemplo 9.4 Considere novamente a população do Exemplo 2.1, onde duas unidades são selecionadas de acordo com AASs proporcionalmente ao número de trabalhadores no domicílio, ou seja, de acordo com as probabilidades $Z_1 = 1/6$, $Z_2 = 3/6$ e $Z_3 = 2/6$. De acordo com as probabilidades calculadas no Exemplo 2.8, constroem-se as distribuições amostrais de $\hat{\tau}_{HT}$ e de $\overline{y}$ na Tabela 9.4.

Da Tabela 9.4 obtém-se

$$\pi_1 = P(\delta_1 = 1) = \frac{25}{60}, \quad \pi_2 = P(\delta_2 = 1) = \frac{51}{60} \quad \text{e} \quad \pi_3 = P(\delta_3 = 1) = \frac{44}{60},$$

de onde resultam os valores de $\hat{\tau}_{HT}$ na tabela. Verifique que $E[\hat{\tau}_{HT}] = 60$ e, portanto, $\hat{\tau}_{HT}$ é não viciado para τ, como esperado pelo Teorema 9.9. Pode-se também mostrar que $E[\hat{\tau}] = NE[\overline{y}] = 3 \times 21,85 = 65,55$, que é portanto um estimador viciado para o total populacional τ. Note também que

$$\begin{aligned} \pi_{12} = \pi_{21} = P(\delta_1 = 1, \delta_2 = 1) &= \frac{16}{60}, \\ \pi_{13} = \pi_{31} = P(\delta_1 = 1, \delta_3 = 1) &= \frac{9}{60} \text{ e} \\ \pi_{23} = \pi_{32} = P(\delta_2 = 1, \delta_3 = 1) &= \frac{35}{60}. \end{aligned}$$

Tabela 9.4: Distribuição amostral de $\hat{\tau}_{HT}$

s:	12	13	21	23	31	32
$P(\mathbf{s})$:	6/60	4/60	10/60	20/60	5/60	15/60
δ_1:	1	1	1	0	1	0
δ_2:	1	0	1	1	0	1
δ_3:	0	1	0	1	1	1
$\overline{y}$:	21	15	21	24	15	24
$\hat{\tau}_{HT}$:	$\frac{5.448}{85}$	$\frac{2.934}{55}$	$\frac{5.448}{85}$	$\frac{11.190}{187}$	$\frac{2.934}{55}$	$\frac{11.190}{187}$

Verifique que $Var[\overline{y}] \cong 9,93$ e $V_{HT} \cong 11,13$.

9.6 Amostragem de Bernoulli

Uma maneira simples de selecionar uma amostra sem reposição, onde as unidades são selecionadas de maneira independente, é obtida através da amostragem binomial (ou de Bernoulli). O estimador utilizado é um caso particular do estimador de Horwitz–Thompson, considerado na seção anterior. Considere a situação em que a probabilidade de inclusão da i-ésima unidade é constante, ou seja, $\pi_i = p$, e a probabilidade de inclusão das unidades i e j, $\pi_{ij} = \pi_i\pi_j = p^2$, $i \neq j = 1, \ldots, N$. Note que $\pi_{ii} = 0$. Para implementar este esquema, N ensaios de Bernoulli com probabilidade de sucesso p são simulados, de forma que o ensaio 1 corresponde à unidade 1, o ensaio 2, à unidade 2 e assim por diante até o ensaio N. As unidades que farão parte da amostra serão aquelas correspondentes aos sucessos nos n ensaios. O tamanho da amostra é uma variável aleatória com valor esperado Np. Portanto, para obter uma amostra com aproximadamente 10% da população toma-se $p = 0,10$. Como estimador do total populacional τ, consideramos então o estimador de Horwitz–Thompson com $\pi_i = p$,

$$\hat{\tau}_B = \frac{1}{p}\sum_{i\in\mathbf{s}} Y_i,$$

que é viciado. A variância do estimador acima é dada por

$$V_B = Var[\hat{\tau}_B] = \left(\frac{1}{p} - 1\right)\sum_{i=1}^{N} Y_i^2, \tag{9.21}$$

que segue diretamente do Teorema 9.9. Um estimador de V_B vem do Teorema 9.10 e é dado por

$$\hat{V}_B = \frac{1}{p}\left(\frac{1}{p} - 1\right)\sum_{i \in \mathbf{s}} Y_i^2.$$

Os resultados acima também podem ser provados usando-se diretamente resultados da Seção 2.6, como a expressão (2.6.10).

Exercícios

9.1 Considere uma população $\mathcal{U}$ dividida em 3 grupos, G_1, G_2 e G_3 dados por, respectivamente, $\mathbf{D}_1 = (2, 6)$, $\mathbf{D}_2 = (10, 8, 10, 12)$ e $\mathbf{D}_3 = (4, 8, 12)$. Selecione dois grupos com reposição com probabilidades de seleção Z_α proporcionais aos tamanhos dos grupos. Encontre a distribuição, média e variância do estimador descrito na Seção 9.2.

9.2 Estime o total populacional para a população dos apartamentos alugados nos 180 condomínios da Tabela 2.8 usando amostragem de Bernoulli com $p = 0,10$. Compare os resultados com uma AASs com o mesmo n.

9.3 Considere a população das 645 cidades do estado de São Paulo disponível no site do IBGE (www.ibge.gov.br). Considere dois estratos, um com as cidades com mais de 200 mil habitantes e outro com as cidades com menos de 200 mil habitantes. Use os resultados do Exercício 9.20 com $p_1 = p_2 = 0,08$.

9.4 Retire uma amostra (escolha o tamanho) com probabilidade dada por Z_i, sem reposição, da população:

Unidade	Y_i	Z_i
1	30	0,10
2	50	0,12
3	45	0,12
4	40	0,10
5	20	0,06
6	10	0,06
7	60	0,12
8	40	0,10
9	30	0,10
10	65	0,12

Estime o total e a variância associada.

Teóricos

9.5 Considere as suposições do Teorema 9.1. Mostre que

$$\sum_{i=1}^{N} \frac{Y_i^2}{Z_i} - \tau^2 = \sum_{i=1}^{N} Z_i \left(\frac{Y_i}{Z_i} - \tau \right)^2.$$

9.6 Prove o Teorema 9.2.

9.7 Prove o Teorema 9.3. Use o resultado

$$E\left[\sum_{i\in \mathbf{s}} \frac{Y_i^2}{Z_i^2}\right] = nE\left[\frac{1}{n}\sum_{i\in \mathbf{s}} \frac{Y_i^2/Z_i}{Z_i}\right].$$

9.8 Prove o Teorema 9.4.

9.9 Prove o Teorema 9.5.

9.10 Prove o Teorema 9.6.

9.11 Proponha estimadores para τ e μ baseados em $\overline{r}$ e no esquema probabilístico, definidos na Seção 9.3.

9.12 Prove o Teorema 9.7.

9.13 Prove o Teorema 9.8.

9.14 Verifique como ficam os resultados dos Teoremas 9.7 e 9.8 no caso especial em que as probabilidades de seleção são dadas em (9.13).

9.15 Verifique a validade das expressões (9.14) e (9.15).

9.16 Verifique a validade das expressões (9.18) e (9.19).

9.17 Prove o Teorema 9.10.

9.18 Considere uma população dividida em A grupos de tamanhos B_α, $\alpha = 1, \ldots, A$. Destes grupos, uma amostra de $a = 1$ grupo é selecionada de acordo com as probabilidades proporcionais ao tamanho do grupo. Do grupo α selecionado no primeiro estágio, uma amostra $\mathbf{s}_\alpha$ de tamanho b_α é selecionada de acordo com a AASs. Considere os estimadores

$$\overline{y}_1 = \overline{y}_\alpha,$$

e

$$\overline{y}_2 = \frac{AN_\alpha \overline{y}_\alpha}{N}.$$

a. Encontre $E[\overline{y}_1]$ e $E[\overline{y}_2]$. Verifique se eles são não viciados.

b. Encontre o EQM dos estimadores $\overline{y}_1$ e $\overline{y}_2$.

c. Refaça (a) e (b) considerando $Z_\alpha = 1/A$, $\alpha = 1, \ldots, A$.

9.19 Mostre que a variância V_{HT} dada em (9.17) pode ser escrita como

$$V_{HT} = \sum_{i=1}^{A} \sum_{j \neq i} (\pi_i \pi_j - \pi_{ij}) \left(\frac{Y_i}{\pi_i} - \frac{Y_j}{\pi_j} \right)^2.$$

9.20 Estenda os resultados da Seção 9.6, onde se considera amostragem de Bernoulli para o caso da amostragem estratificada, com probabilidades de inclusão p_h, $h = 1, \ldots, H$.

9.21 Os dados de uma população estão dispostos em conglomerados de tamanhos distintos. O parâmetro de interesse é o total τ de uma característica populacional. Serão sorteados, com reposição, a conglomerados com probabilidades Z_α distintas e conhecidas a priori. Dentro de cada conglomerado selecionado será sorteada uma subamostra através de algum processo probabilístico (não é necessário, mas se quiser use AASc) que irá produzir um estimador não viesado $\hat{\tau}_\alpha$ para o total do conglomerado τ_α. Considere o estimador

$$\hat{\tau} = \frac{1}{a} \sum_{\alpha=1}^{a} \frac{\hat{\tau}_\alpha}{Z_i}.$$

a. Mostre que $\hat{\tau}$ é não viesado para τ.

b. Mostre que $Var[\hat{\tau}]$ é composto por V_{ppz} do Teorema 9.4 e uma componente referente à amostragem do segundo estágio. Encontre essa componente.

c. Determine $var[\hat{\tau}]$.

d. Faça os comentários que achar pertinentes.

9.22 Estude a possibilidade de definir um estimador para a média populacional, usando amostragem de Bernoulli para amostragem por conglomerados. Faça o mesmo para a amostragem em dois estágios.

9.23 A amostragem de Poisson generaliza a amostragem de Bernoulli considerdando que associada à unidade i temos a variável de Bernoulli f_i, com probabilidade de sucesso p_i, $i = 1, \ldots, N$, ou seja, as probabilidades de sucesso podem ser distintas (no caso da amostargem de Bernoulli são fixas). Defina um estimador não viesado para o total populacional para este esquema, derive sua variância e encontre estimador não viesado para sua variância.

Capítulo 10

Resultados assintóticos

Neste capítulo, considera-se o Teorema do Limite Central para os estimadores $\overline{y}$, $\overline{y}_R$ e $\overline{y}_{Reg}$ com relação à amostragem aleatória simples sem reposição. Estes resultados são considerados, principalmente, em Scott e Wu (1981). As condições para a validade dos resultados são em geral satisfeitas na prática, a não ser que os dados apresentem observações discrepantes (*outliers*). Veja Bussab e Morettin (2004), Capítulo 3, para algumas considerações sobre dados discrepantes. O leitor interessado apenas em aplicações não deve se preocupar com os detalhes das provas dos resultados. Por outro lado, leitores interessados em resultados mais teóricos devem complementar a leitura do capítulo, lendo, por exemplo, o artigo de Scott e Wu (1981). Na primeira seção, apresentam-se alguns resultados assintóticos para a média amostral. Nas próximas duas seções, são apresentados resultados assintóticos para os estimadores razão e regressão. Na Seção 10.4, são consideradas aplicações para a amostragem por conglomerados. Na última seção, consideramos um estudo de simulação para ilustrar o comportamento da probabilidade de cobertura do intervalo de confiaça para a média populacional baseado na aproximação da distribuição da média amostral pela distribuição normal.

10.1 Estimador média amostral

Considere uma seqüência de populações $\{\mathcal{U}_\nu\}_{\nu\geq 1}$, de tal forma que $N_{\nu+1} > N_\nu$, $\nu \geq 1$. Da população $\mathcal{U}_\nu$, uma amostra $\mathbf{s}_\nu$ de tamanho n_ν $(n_{\nu+1} > n_\nu)$ é selecionada segundo a AASs. Associadas à população $\mathcal{U}_\nu$, têm-se a média e a variância populacionais, $\overline{Y}_\nu = \mu_\nu$ e S^2_ν, e a média amostral $\overline{y}_\nu$, correspondente à amostra observada. Conforme visto no Capítulo 3, a média amostral $\overline{y}_\nu$ é um estimador não viciado para

μ_ν. Deduziu-se também que

$$Var\,[\overline{y}_\nu] = (1 - f_\nu)\frac{S_\nu^2}{n_\nu},$$

onde $f_\nu = n_\nu/N_\nu$, $\nu \geq 1$. Temos então o

Teorema 10.1 *Suponha que* $n_\nu \to \infty$ *e* $N_\nu - n_\nu \to \infty$ *quando* $\nu \to \infty$. *Considere também que a seqüência* $\{Y_{i\nu}\}_{i\nu}$ *satisfaz a condição de Lindeberg–Hajek,*

$$\lim_{\nu\to\infty} \sum_{T_\nu(\delta)} \frac{Y_{i\nu} - \mu_\nu}{(N_\nu - 1)S_\nu^2} = 0,$$

para todo $\delta > 0$, *onde* $T_\nu(\delta)$ *é o conjunto das unidades em* $\mathcal{U}_\nu$, *para os quais*

$$\frac{|Y_{i\nu} - \mu_\nu|}{\sqrt{(1 - f_\nu)S_\nu^2}} > n\delta.$$

Então, com relação à AASs,

$$\frac{\overline{y}_\nu - \mu_\nu}{\sqrt{(1 - f_\nu)S_\nu^2/n_\nu}} \xrightarrow{\mathcal{D}} N(0, 1),$$

quando $\nu \to \infty$.

No teorema acima, tem-se que "$\xrightarrow{\mathcal{D}}$" significa convergência em distribuição (veja Leite e Singer, 1990). Um outro resultado importante é considerado a seguir.

Teorema 10.2 *Suponha que* $\{Y_{i\nu}\}_{i\nu}$ *satisfaz a condição*

$$(1 - f_\nu)\frac{S_\nu^2}{n_\nu} \longrightarrow 0, \tag{10.1}$$

quando $\nu \to \infty$. *Então, com relação à AASs,*

$$\overline{y}_\nu - \mu_\nu \xrightarrow{P} 0,$$

quando $\nu \to \infty$.

O resultado do Teorema 10.2 é uma conseqüência direta da desigualdade de Chebyshev (veja Leite e Singer, 1990). Como uma conseqüência direta do Teorema 10.2, tem-se o

Corolário 10.1 *Se a seqüência* $\left\{\frac{(Y_{i\nu}-\mu_\nu)^2}{S_\nu^2}\right\}_{i\nu}$ *satisfaz a condição (10.1), então,*

$$\frac{s_\nu^2}{S_\nu^2} \xrightarrow{P} 1,$$

quando $\nu \to \infty$, *onde* s_ν^2 *é um estimador não viciado de* S_ν^2.

Conforme visto no Capítulo 3, um estimador não viciado de S^2 é dado pela variância amostral s^2. Combinando-se os resultados do Teorema 10.1, Corolário 10.1 e Teorema de Slutsky (veja Leite e Singer, 1990), tem-se o

Teorema 10.3 *Se a seqüência $\{Y_{i\nu}\}_{i\nu}$ satisfaz as condições do Teorema 10.1 e a condição (10.1), então,*

$$\frac{\overline{y}_\nu - \mu_\nu}{\sqrt{(1-f_\nu)s_\nu^2/n_\nu}} \xrightarrow{\mathcal{D}} N(0,1),$$

quando $\nu \to \infty$.

10.2 Estimador razão

Nesta seção, considera-se que, associado à unidade i da população $\mathcal{U}$, tem-se o par (Y_i, X_i), $i = 1, \ldots, N$, onde as variáveis auxiliares X_i são conhecidas para todos os elementos da população. Conforme visto no Capítulo 5, o estimador razão de $\mu_Y = \overline{Y}$ é dado por

$$\overline{y}_R = \frac{\overline{y}}{\overline{x}}\overline{X},$$

onde $\overline{X} = \mu_X = \sum_{i=1}^n X_i/N$ é conhecida.

Definimos então, associadas à população $\mathcal{U}_\nu$, as quantidades

$$R_{i\nu} = Y_{i\nu} - b_\nu X_{i\nu}, \tag{10.2}$$

onde $b_\nu = \overline{Y}_\nu/\overline{X}_\nu$, $j = 1, \ldots, N$.

Não é difícil mostrar (veja o Exercício 10.1) que a média populacional das variáveis $R_{1\nu}, \ldots, R_{N\nu}$ é $\overline{R}_\nu = 0$, com variância populacional

$$S_{R\nu}^2 = \frac{1}{N_\nu - 1}\sum_{i=1}^{N_\nu} R_{i\nu}^2. \tag{10.3}$$

Como na seção anterior, $N_{\nu+1} > N_\nu$ e $n_{\nu+1} > n_\nu$, para todo $\nu \geq 1$.

Teorema 10.4 *Suponha que*

i. *$\{R_{i\nu}\}_{i\nu}$ satisfaz a condição de Lindeberg–Hajek e*

ii. *$\left\{\frac{X_{i\nu}}{\overline{X}_\nu}\right\}$ satisfaz a condição (10.1).*

Então, com relação à AASs,

$$\frac{\overline{y}_{R\nu} - \overline{Y}_{\nu}}{\sqrt{(1-f_{\nu})S^2_{R\nu}/n_{\nu}}} \xrightarrow{\mathcal{D}} N(0,1),$$

quando $\nu \to \infty$.

Prova. Pode-se verificar que (veja o Exercício 10.2)

$$\overline{y}_{R\nu} - \overline{Y}_{\nu} = \overline{r}_{\nu}\frac{\overline{X}_{\nu}}{\overline{x}_{\nu}}, \tag{10.4}$$

onde $\overline{r}_{\nu} = \sum_{i\in\mathbf{s}} R_{i\nu}/n_{\nu}$. Desde que $\overline{R}_{\nu} = 0$, segue de (i), juntamente com o Teorema 10.1, que

$$\frac{\overline{r}_{\nu}}{\sqrt{(1-f_{\nu})S^2_{R\nu}/n_{\nu}}} \xrightarrow{\mathcal{D}} N(0,1) \tag{10.5}$$

quando $\nu \to \infty$. De (ii), juntamente com o Teorema 10.2, temos que

$$\frac{\overline{x}_{\nu}}{\overline{X}_{\nu}} \xrightarrow{P} 1. \tag{10.6}$$

O resultado segue da combinação de (10.5) e (10.6).

Como estimador de S^2_R, considere a quantidade

$$s^2_R = \frac{1}{n-1}\sum_{i\in\mathbf{s}}\left(Y_i - \hat{b}X_i\right)^2,$$

onde $\hat{b} = \overline{y}/\overline{x}$. Na notação do Capítulo 5, $\hat{b} = r$. Temos então

Teorema 10.5 *Suponha que*

i. $\left\{\frac{R^2_{i\nu}}{S^2_{R\nu}}\right\}_{i\nu}$ *satisfaz a condição (10.1) e*

ii. $\left\{\frac{S^2_{X\nu}}{\overline{X}^2_{\nu}}\right\}_{\nu}$, $\left\{\frac{|S_{XY\nu}|}{S_{R\nu}\overline{X}_{\nu}}\right\}_{\nu}$ *e* $\left\{\frac{|\overline{Y}_{\nu}|}{S_{R\nu}}\right\}_{\nu}$ *são uniformemente limitados em* ν.

Então,

$$\frac{s^2_{R\nu}}{S^2_{R\nu}} \xrightarrow{P} 1$$

quando $\nu \to \infty$.

Combinando-se os Teoremas 10.4 e 10.5, e utilizando o teorema de Slutsky (Leite e Singer, 1990), tem-se que

Teorema 10.6 *Sob as condições dos Teoremas 10.4 e 10.5, tem-se que*

$$\frac{\overline{y}_{R\nu} - \overline{Y}_\nu}{\sqrt{(1-f_\nu)s^2_{R\nu}/n_\nu}} \xrightarrow{\mathcal{D}} N(0,1),$$

quando $\nu \to \infty$.

10.3 Estimador regressão

Conforme visto no Capítulo 6, o estimador regressão é dado por

$$\overline{y}_{Reg} = \overline{y} + \hat{B}_0 \left(\overline{X} - \overline{x}\right),$$

onde

$$\hat{B}_0 = \frac{\sum_{i\in\mathbf{s}}(Y_i - \overline{y})(X_i - \overline{x})}{\sum_{i\in\mathbf{s}}(X_i - \overline{x})^2}.$$

A notação empregada a seguir é a mesma que a utilizada no Capítulo 6. Definindo-se os resíduos

$$E_i = Y_i - \overline{y} - B_0 \left(X_i - \overline{X}\right), \tag{10.7}$$

$j = 1, \ldots, N$, tem-se que (veja o Exercício 10.4)

$$\sum_{i=1}^{N} E_i = 0, \quad \sum_{i=1}^{N} E_i \left(X_i - \overline{X}\right) = 0 \tag{10.8}$$

e

$$S^2_E = \frac{1}{N-1}\sum_{i=1}^{N} E^2_i = S^2_Y \left(1 - \rho^2[X,Y]\right).$$

Tem-se então o

Teorema 10.7 *Suponha que*

i. $\{E_{i\nu}\}_{i\nu}$ *satisfaz a condição de Lindeberg–Hajek e*

ii. as seqüências $\left\{\frac{(X_{i\nu}-\overline{X}_\nu)^2}{S^2_{X\nu}}\right\}_{i\nu}$ *e* $\left\{\frac{E^2_{i\nu}}{S^2_{E\nu}}\right\}_{i\nu}$ *satisfazem a condição* (10.1).

Então, com relação à AASs,

$$\frac{\overline{y}_{Reg\nu} - \overline{Y}_\nu}{\sqrt{V_{Reg\nu}}} \xrightarrow{\mathcal{D}} N(0,1),$$

quando $\nu \to \infty$, *onde*

$$V_{Reg\nu} = (1-f_\nu)\frac{S^2_{Y\nu}}{n_\nu}\left(1 - \rho^2_\nu[X,Y]\right).$$

Definimos então o estimador

$$\hat{V}_{Reg} = (1-f)\frac{s_Y^2}{n}\left(1-\hat{\rho}^2[X,Y]\right),$$

onde $\hat{\rho}[X,Y] = s_{XY}/(s_X s_Y)$.

Teorema 10.8 *Suponha que*

i. as seqüências $\left\{\frac{(X_{i\nu}-\overline{X}_\nu)^2}{S^2_{XY\nu}}\right\}_{i\nu}$ *e* $\left\{\frac{(Y_{i\nu}-\overline{Y}_\nu)^2}{S^2_{Y\nu}}\right\}_{i\nu}$ *satisfazem a condição (10.1) e*

ii. a seqüência $\{\rho^2_\nu[X,Y]\}_{\nu\geq 1}$ *é tal que* $\rho^2_\nu[X,Y] \leq 1$ *para todo* ν.

Então,

$$\frac{\hat{V}_{Reg\nu}}{V_{Reg\nu}} \xrightarrow{P} 1,$$

quando $n \to \infty$.

Como conseqüência dos Teoremas 10.7, 10.8 e do Teorema de Slutsky, temos que

Teorema 10.9 *Sob as suposições dos Teoremas 10.7 e 10.8, tem-se que*

$$\frac{\overline{y}_{Reg\nu} - \overline{Y}_\nu}{\sqrt{\hat{V}_{Reg\nu}}} \xrightarrow{\mathcal{D}} N(0,1),$$

quando $n \to \infty$.

10.4 Amostragem por conglomerados

Nesta seção, os resultados da Seção 10.1 são aplicados à amostragem por conglomerados, considerando-se conglomerados de tamanhos iguais. Resultados para o caso em que os conglomerados são de tamanhos diferentes são considerados no Exercício 10.5.

O estimador considerado no Capítulo 7 para o caso de conglomerados de tamanhos iguais a B é dado por

$$\overline{y}_c = \frac{\sum_{\alpha\in \mathbf{s}} \tau_\alpha}{aB} = \frac{1}{a}\sum_{\alpha=1}^{a} \mu_\alpha,$$

onde $\tau_\alpha = \sum_{i=1}^{B} Y_{\alpha i}$, $\alpha = 1,\ldots,a$.

Considere que o número de conglomerados A aumenta, enquanto que o tamanho dos conglomerados continua fixo, ou seja, associado à seqüência $\{\mathcal{U}_\nu\}_\nu$, $A_{\nu+1} > A_\nu$, mas, por outro lado, $B_{\nu+1} = B_\nu$. Quanto ao número de conglomerados selecionados, $a_{\nu+1} > a_\nu$. Assim, o resultado a seguir é uma conseqüência direta do Teorema 10.1. Seja

$$S_{ec}^2 = \frac{1}{A-1}\sum_{\alpha=1}^{A}(\mu_\alpha - \mu)^2 .$$

Teorema 10.10 *Suponha que a seqüência* $\{\mu_{\alpha\nu}\}_{\alpha\nu}$ *satisfaz a condição de Lindeberg–Hajek. Então, com relação à AASs,*

$$\frac{\overline{y}_{c\nu} - \mu_\nu}{\sqrt{(1-f_\nu)S_{ec\nu}^2/a_\nu}} \xrightarrow{\mathcal{D}} N(0,1),$$

quando $\nu \to \infty$.

Note que, neste caso, a_ν é o tamanho da amostra. Seja

$$s_{ec}^2 = \frac{1}{a-1}\sum_{\alpha=1}^{a}(\mu_\alpha - \overline{y}_c)^2 .$$

Teorema 10.11 *Suponha que a seqüência* $\left\{\frac{(\mu_{\alpha\nu}-\mu_\nu)^2}{S_{ec\nu}^2}\right\}_{\alpha\nu}$ *satisfaz a condição (10.1). Então, com relação à AASs,*

$$\frac{s_{ec\nu}^2}{S_{ec\nu}^2} \xrightarrow{P} 1,$$

quando $\nu \to \infty$.

Combinando-se os resultados nos Teoremas 10.10 e 10.11, juntamente com o Teorema de Slutsky, segue o

Teorema 10.12 *Sob as condições dos Teoremas 10.10 e 10.11, tem-se que*

$$\frac{\overline{y}_{c\nu} - \mu_\nu}{\sqrt{(1-f_\nu)s_{ec\nu}^2/a_\nu}} \xrightarrow{\mathcal{D}} N(0,1),$$

quando $\nu \to \infty$.

10.5 Ilustração numérica

Nesta seção, vamos ilustrar o comportamento da aproximação normal para a distribuição da média amostral $\overline{y}$. Conforme visto na Seção 10.1 com relação à AASs, a distribuição de $\sqrt{n}(\bar{y}-\mu)/\sqrt{(1-f)s^2}$ é aproximadamente $N(0,1)$. Portanto, a probabilidade de cobertura do intervalo de confiança para a média populacional μ,

$$\left(\overline{y} - z_\alpha\sqrt{(1-f)\frac{s^2}{n}}, \overline{y} + z_\alpha\sqrt{(1-f)\frac{s^2}{n}}\right), \tag{10.9}$$

deve ser próxima de $\gamma = 1-\alpha$ em grandes amostras. Para $\gamma = 0,95$ ($z_\alpha = 1,96$) devemos ter cobertura próxima de 95%, ou seja, para cada 100 intervalos construídos, aproximadamente 95% devem conter o verdadeiro valor da média populacional μ. Para demonstrar este fato empiricamente, simulamos populações de tamanho $N = 1.000$ a partir das distribuições normal, t-Student (4 graus de liberdade), gama e Gumbel com média 400 e desvio padrão 150. Para cada população, foram retiradas 100.000 amostras, segundo a AASs, de tamanhos n =10, 20, 30, 40, 50, 100 e 200. Para cada amostra retirada foi calculado o intervalo (10.9) e verificado se contém ou não a média populacional μ para cada uma das distribuições. Estas probabilidades de coberturas estimadas (empíricas) estão apresentadas na Tabela 10.1. Pode-se notar claramente que, mesmo para n pequeno as probabilidades de cobertura estimadas estão relativamente próximas das correspondentes probabilidades teóricas de cobertura e que à medida que n cresce, elas vão ficando mais próximas ainda.

Exercícios teóricos

10.1 Considere as quantidades $R_{i\nu}$ definidas em (10.2). Mostre que $\overline{R}_\nu = 0$ e que a variância populacional é dada por (10.3).

10.2 Verifique a validade da expressão (10.4).

10.3 Verifique, sob a suposição (ii) do Teorema 10.4, a validade do resultado (10.6).

10.4 Considere os resíduos definidos em (10.7). Verifique a validade dos resultados (10.8).

Tabela 10.1: Probabilidades de coberturas estimadas (em porcentagem)

γ	n	normal	t_4	gama	Gumbel
	10	86,5	86,6	85,9	85,7
	20	88,4	88,1	88,0	87,8
	30	88,9	89,0	88,7	88,5
90%	40	89,2	89,2	89,0	88,9
	50	89,2	89,1	89,1	89,0
	100	89,7	89,5	89,7	89,5
	200	89,9	89,6	89,6	89,9
	10	91,8	92,2	91,1	90,7
	20	93,5	93,6	93,1	92,7
	30	94,0	94,0	93,8	93,4
95%	40	94,4	94,3	94,0	93,8
	50	94,4	94,4	94,2	94,1
	100	94,8	94,7	94,6	94,5
	200	95,0	94,9	94,9	94,8
	10	97,1	97,3	96,2	96,1
	20	98,1	98,3	97,7	97,5
	30	98,5	98,5	98,2	98,1
99%	40	98,5	98,7	98,4	98,3
	50	98,7	98,7	98,5	98,4
	100	98,9	98,9	98,7	98,7
	200	98,9	98,9	98,9	98,8
Médias populacionais (μ)		403,9	384,9	393,4	398,8
Desvios padrões pop. (S)		148,1	145,9	144,8	146,3

10.5 No caso em que os conglomerados são de tamanhos diferentes, o estimador da média populacional $\mu = \overline{Y}$ (ver Capítulo 7) é dado por

$$\overline{y}_{c2} = \frac{\sum_{\alpha=1}^{a} \tau_\alpha}{\sum_{\alpha=1}^{a} B_\alpha}.$$

Defina

$$R_{\alpha\nu} = \mu_{\alpha\nu} - b_\nu B_{\alpha\nu},$$

$\alpha = 1, \ldots, A_\nu$, onde

$$b_\nu = \frac{\sum_{\alpha=1}^{A_\nu} \tau_{\alpha\nu}}{\sum_{\alpha=1}^{A_\nu} B_{\alpha\nu}}.$$

a. Mostre que $\overline{R}_\nu = 0$ e que

$$S^2_{R\nu} = \frac{1}{A_\nu - 1} \sum_{\alpha=1}^{A_\nu} (Y_{\alpha\nu} - b_{\alpha\nu} B_\alpha)^2 .$$

b. Encontre condições, sob as quais,

$$\frac{\overline{y}_{c2} - \mu_\nu}{\sqrt{(1 - f_\nu) S^2_{R\nu}/a_\nu}} \xrightarrow{\mathcal{D}} N(0,1),$$

quando $\nu \to \infty$.

c. Considere

$$s^2_R = \frac{1}{a-1} \sum_{\alpha=1}^{a} \left(Y_\alpha - \hat{b} B_\alpha\right)^2 ,$$

com $\hat{b} = \sum_{\alpha=1}^{a} \tau_\alpha / \sum_{\alpha=1}^{a} B_\alpha$. Encontre condições, sob as quais

$$\frac{s^2_{R\nu}}{S^2_{R\nu}} \xrightarrow{P} 1,$$

quando $\nu \to \infty$.

Capítulo 11

Exercícios complementares

11.1 Um exército compreende cerca de $A = 400$ companhias, cada uma com cerca de $B = 100$ soldados. Uma amostra de 10 companhias foi selecionada aleatoriamente e todos os soldados responderam a um questionário. Os números daqueles que responderam "sim" a uma questão, por companhia, foram: 25, 33, 12, 32, 17, 24, 26, 23, 37, 21.

a. Estime a proporção P dos soldados do exército que devem responder "sim" a essa pergunta.

b. Estime a variância deste estimador.

c. Dê um intervalo de confiança de 95%.

d. Supondo que os 1.000 soldados da amostra foram obtidos através de uma AASc, qual o estimador de P e sua variância estimada?

e. Dê, no caso de (d), um intervalo de confiança de 95%.

f. Calcule e interprete $EPA = Var_{\mathrm{AC}}[p]/Var_{\mathrm{AASc}}[p]$.

g. Estime ρ_{int}, o coeficiente de correlação intraclasse, e interprete.

h. Verifique que $EPA = 1 + \rho_{\mathrm{int}}(B - 1)$.

11.2 Você deverá lecionar um curso de amostragem para alunos de graduação em Estatística com cerca de 60 horas. Elabore um programa procurando estimar o número de horas para cada tópico, que bibliografia você recomendaria aos alunos e adicione outras informações que você julgar pertinentes.

11.3 Fez-se uma amostragem para estimar a produção de soja usando-se o seguinte plano amostral:

i. Inicialmente, os 100 produtores foram classificados em antigos (80) e novos produtores (20).

ii. Para os antigos produtores, tem-se informação sobre a produção de soja no último ano e cujo total foi 900 unidades codificadas.

iii. Sorteou-se uma amostra casual simples de quatro produtores novos e quatro produtores antigos, cujos dados estão no quadro abaixo:

Produtores antigos

Produtor:	1	2	3	4
Produção atual:	15	9	11	13
Produção do ano anterior:	12	8	9	11

Produtores novos

Produtor:	1	2	3	4
Produção atual:	9	6	8	9

Dê um intervalo de 95% de confiança para o total de soja produzida no município.

11.4 Considere a população $\mathbf{D} = (1, 3, 5, 7, 9, 18, 19, 20, 22)$.

a. Quais seriam os dois estratos que produziriam um "lucro" grande por AE?

b. Quais seriam 3 conglomerados (de igual tamanho) que recomendariam o uso de AC?

11.5 Defina, diga as principais propriedades e:

a. a utilidade do coeficiente de correlação intraclasse;

b. as vantagens e desvantagens de usar AS;

c. a diferença entre AE e AC;

d. quando se recomenda o uso de AE com alocação ótima.

11.6 Suponha que se deseja estimar a proporção P dos que responderam positivamente a alguma questão e as informações obtidas foram:

h	N_h	c_h	P_h
1	60	1	0,8
2	40	4	0,5
3	100	9	0,2

onde P_h não são proporções reais, mas sim valores fornecidos por um profundo conhecedor dos hábitos da região.

a. Qual a alocação ótima (AEot) para um custo de 92 unidades? Qual a alocação proporcional para uma amostra de 24 elementos (AEpr)?

b. Suponha que, qualquer que tenha sido o esquema amostral, você obteve: $p_1 = 0,7$; $p_2 = 0,6$ e $p_3 = 0,3$. Calcule para cada caso em (a) a estimativa de P, $var_{\text{AEpr}}[p]$ e $var_{\text{AEot}}[p]$.

c. Suponha que as estimativas de P_h, $h = 1,2,3$ obtidas em (b) vieram de uma AASc. Neste caso, qual seria $var_{\text{AASc}}[p]$?

d. Calcule $epa[AEot] = \dfrac{var_{\text{AEot}}[p]}{var_{\text{AASc}}[p]}$ e $epa[AEpr] = \dfrac{var_{\text{AEpr}}[p]}{var_{\text{AASc}}[p]}$.

e. Faça um breve comentário sobre os resultados obtidos.

11.7 Deseja-se estimar o total da produção de uma região produtora de trigo. A região é formada por 800 unidades produtoras, de tamanhos aproximadamente iguais. Decidiu-se usar AS do seguinte modo:

i. A amplitude de seleção é igual a $k = 100$;

ii. Sorteia-se um número r, $1 \leq r \leq 100$;

iii. Toma-se o conglomerado formado pelos 8 elementos $r, r+100, r+200, \ldots, r+700$;

iv. Repete-se o processo 10 vezes, obtendo-se 10 conglomerados, isto é, a amostra toda é formada por 80 elementos.

Os dados sobre as 10 amostras sistemáticas foram:

Amostra:	1	2	3	4	5	6	7	8	9	10
Nº aleatório:	09	12	23	25	30	14	66	73	74	90
Total:	970	943	955	973	935	968	980	1.009	1.042	1.022

a. Qual seria uma estimativa da produção total das 800 unidades?

b. Dê uma estimativa da variância dessa estimativa.

c. Sabendo-se que a variância por unidade é $S^2 = 107,57$, compare a AS com a AASc em termos de suas variâncias, isto é, do EPA.

d. Sabe-se que a correlação intraclasse pode ser estimada da expressão $EPA = 1+\rho_{\text{int}}(B-1)$, onde B é o número de elementos dos conglomerados. Ache ρ_{int} e dê suas conclusões.

11.8 Descreva sucintamente a utilidade:

a. do estimador razão;

b. do efeito do planejamento amostral (EPA).

11.9 Queremos estimar a proporção P de casas de uma cidade que são alugadas. Decidimos usar o seguinte esquema amostral:

i. Usando os resultados do último censo, dividimos a cidade em 100 setores com um número aproximadamente igual de casas, por setor;

ii. Sorteamos uma amostra casual simples (AASc) de 10 setores e conta-se o número de casas desses setores;

iii. Em cada setor sorteiam-se (AASc) 20% das casas e todas são entrevistadas.

Os resultados foram:

Setor sorteado:	1	2	3	4	5	6	7	8	9	10
N° atual de casas no setor:	60	50	40	80	100	80	50	60	40	100
N° de casas entrevistadas:	12	10	8	16	20	16	10	12	8	20
N° de casas alugadas:	6	4	6	6	12	4	7	6	4	11

a. Dê o estimador da proporção e sua estimativa.

b. Dê o estimador da variância da proporção e sua estimativa.

c. Admitindo que as 132 casas selecionadas foram obtidas através de uma AASc, determine: a fração amostral geral; a estimativa da proporção e a estimativa da sua variância.

d. Calcule o EPA do esquema amostral usado e dê sua interpretação.

e. Como ficariam (a) e (b), se soubéssemos que existem atualmente 8.000 casas na cidade ?

11.10 Dependendo das informações que se têm sobre uma população, existirá um esquema amostral mais indicado para estimar a média. Descreva sucintamente em que casos seria mais vantajoso usar AAS, AE, AS e AC (1 estágio). Ilustre com fórmulas.

11.11 Uma companhia fornece carros a seus vendedores e agora deseja estimar o número médio de milhas percorridas por carro. A companhia tem 12 filiais e com as seguintes informações:

Conglomerado	B_α	μ_α	S^2_α
1	6	24	5,07
2	2	27	5,53
3	10	28	6,24
4	8	28	6,59
5	8	27	6,21
6	6	29	6,12
7	14	32	5,97
8	2	28	6,01
9	2	29	5,74
10	6	25	6,78
11	12	26	5,87
12	4	27	5,38

- Plano A: Decidiu-se selecionar 4 filiais com reposição e usar todos os carros das filiais sorteadas.
- Plano B:
  i. Dividiu-se a população em 2 estratos: de 1 a 6 e de 7 a 12.
  ii. De cada estrato, sortearam-se 2 conglomerados com reposição.
  iii. De cada conglomerado sortearam-se 40% dos indivíduos.
- Plano C:
  i. Selecione 4 UPAs com probabilidade proporcional ao tamanho (PPT) e com reposição.
  ii. De cada UPA tome todos os elementos.

Execute os planos A, B e C e dê intervalos de confiança de 95% para o número médio de milhas percorridas. Para o plano C, suponha que μ_α e S^2_α das unidades selecionadas sejam aqueles indicados na tabela.

11.12 Compare os estimadores razão e regressão.

11.13 Dê as expressões para estimar as variâncias do estimador da média para cada plano amostral abaixo:

a. Amostragem sistemática;

b. Amostragem com probabilidade proporcional ao tamanho;

c. Amostragem por conglomerados de tamanhos desiguais.

Em cada caso, discuta os princípios usados para sua derivação e comente sobre a precisão dos mesmos.

11.14 Para estimar uma proporção estamos em dúvida em relação aos seguintes esquemas amostrais (todos com reposição): AAS, AEpr e AEot.

a. Compare as fórmulas das variâncias nos três casos.

b. Comente em que situação cada uma delas é mais indicada.

c. O primeiro esquema amostral "equivale" a um dos outros dois? Justifique a sua resposta.

11.15 Defina, comente brevemente e descreva as vantagens de usar (não use mais do que uma página por item):

a. Correlação intraclasse.

b. Amostragem com seleção proporcional ao tamanho (PPT).

c. Estimador regressão.

d. Alocação ótima em amostragem estratificada.

11.16 Deseja-se estimar o número de domicílios numa região com 10 quarteirões. Uma estimativa visual do número X de domicílios nessa região foi feita através de uma pesquisa visual bem rápida. O número real de domicílios Y foi obtido mais tarde por meio de intensiva pesquisa de campo:

i:	1	2	3	4	5	6	7	8	9	10
Y_i:	22	36	9	35	19	24	20	14	12	10
X_i:	25	24	9	40	19	25	12	12	12	12

a. Qual a variância do estimador quando uma amostra de 2 quarteirões é selecionada com probabilidade proporcional a X, com reposição?

b. Compare-a com aquela obtida por amostragem equiprobabilística com reposição.

c. Se os quarteirões selecionados em (a) forem o segundo e o oitavo, encontre a estimativa do número de domicílios e a sua variância.

11.17 O uso da amostragem sistemática (AS) acarreta alguns problemas na estimação da variância da média ou do total. De acordo com certas suposições, ou usando alguns artifícios, podemos usar procedimentos diferentes de estimação. Discuta sucintamente, porém estatisticamente, as situações e os procedimentos que você usaria para estimar a variância em AS.

11.18 Indique (1) uma vantagem, (2) uma contra-indicação e (3) uma situação prática, onde se recomenda o uso de:

a. Amostragem por conglomerados;

b. Amostragem em múltiplos estágios;

c. Amostragem estratificada.

11.19 Dê expressões para estimar os erros padrão do estimador da proporção populacional para cada um dos planos abaixo:

a. Amostragem sistemática;

b. Amostragem em dois estágios com PPT no primeiro estágio;

c. Amostragem em um estágio, para conglomerados de tamanhos desiguais.

11.20 Para investigar o rendimento médio dos empregados do setor bancário de uma grande cidade, criaram-se dois estratos. Um formado pelos empregados nos bancos estatais ou mistos, e outro pelos bancários da rede privada. De cada estrato foi retirada uma amostra aleatória simples e realizado o levantamento de interesse. Como um estudo secundário, e usando-se a mesma amostra, pretende-se estimar o total dos rendimentos das mulheres empregadas no setor. Defina a variável e o parâmetro de interesse, proponha um estimador e a fórmula para o respectivo erro padrão.

11.21 Uma pesquisadora desenvolveu um indicador para medir o grau de "satisfação no emprego" em uma escala inteira, variando de 0 a 10. Ele é construído pela agregação das respostas dadas a várias situações apresentadas aos trabalhadores. Para estimar qual seria o indicador médio dos 10.000 funcionários de uma grande instituição, o estatístico responsável sugeriu que se usasse o critério de amostras repetidas. Ou seja, a população foi dividida em 50 zonas de 200 pessoas cada uma; em cada zona sortearam-se cinco pessoas independentemente; os primeiros sorteados de cada zona formaram a primeira réplica, os segundos a segunda réplica e assim por diante, até a quinta réplica. Os valores médios obtidos para as cinco réplicas foram: 6,2; 5,4; 6,0; 4,6 e 5,6.

a. Por que será que o estatístico fez esta proposta?
b. Qual é o tamanho final da amostra?
c. Qual é uma estimativa do indicador médio esperado para os 10.000 funcionários?
d. E um intervalo de confiança de 95% para esse valor?

Justifique estatisticamente as respostas.

11.22 No final do ano de 1976, pretendia-se estimar o valor total do estoque através de uma amostra de quatro unidades de uma rede de lojas. Isto porque a auditoria em todas demoraria até o final do primeiro trimestre. Na tabela abaixo, encontram-se todos os valores dos anos de 1975 (total igual a 353) e 1976:

Loja	1975	1976	Loja	1975	1976	Loja	1975	1976
1	1	2	12	7	9	23	16	21
2	1	3	13	7	10	24	17	17
3	3	5	14	7	12	25	17	19
4	3	5	15	8	9	26	17	20
5	3	5	16	10	14	27	17	30
6	3	6	17	10	16	28	18	22
7	4	6	18	12	15	29	19	30
8	4	6	19	12	17	30	20	25
9	5	9	20	12	18	31	20	28
10	5	10	21	15	17	32	20	28
11	5	11	22	15	20	33	20	28

Para o ano de 1976, utilize apenas os dados das unidades sorteadas.

a. Defina o plano amostral.

b. Sorteie a amostra.

c. Dê um intervalo de confiança de 95% para o total do estoque.

11.23 Uma população de N indivíduos está dividida em H estratos, cada um com N_h elementos, $h = 1, \ldots, H$. O estrato h contém uma proporção P_h de indivíduos possuindo uma determinada característica.

a. Ignorando a correção para amostras sem reposição, calcule o estimador p_{es} da proporção populacional P para a alocação ótima de Neyman.

b. Para $H = 2$, compare as eficiências das alocações: uniforme, proporcional e ótima.

11.24 Uma população de N indivíduos está dividida em A conglomerados, cada um com B_α indivíduos. Será sorteada uma amostra de a conglomerados (com reposição), com probabilidade proporcional ao tamanho e, de cada conglomerado, serão sorteados (com reposição) b indvíduos, $b < B_\alpha$, $\alpha = 1, \ldots, A$.

a. Essa é uma amostra probabilística? Qual o valor da fração amostral?

b. Defina um estimador para o total da população.

c. O estimador é não viesado? Prove.

d. Qual seria a variância deste estimador?

e. Defina um estimador dessa variância.

f. Justifique, provando, o uso das duas sugestões dadas em (d) e (e).

11.25 Uma agência bancária recebe uma quantidade muito grande de declarações de imposto de renda, na época das entregas das mesmas pelos contribuintes. Essas declarações simplesmente são recebidas e empilhadas de acordo com a ordem de entrega. Uma parte do imposto a ser recolhido pode ser aplicada em um fundo especial. O gerente deseja ter uma estimativa diária do total a ser aplicado neste fundo, usando uma amostra de 10% das declarações. Proponha um plano amostral para o problema, indicando as fórmulas necessárias para construir um intervalo de confiança de 95%.

11.26 Tem-se arquivada em fita uma série de informações sobre cerca de 20.000 indústrias brasileiras. Tais indústrias estão ordenadas segundo a variável faturamento. Sugira um esquema amostral para estimar o faturamento total das indústrias. Apresente as fórmulas da variância a ser usada, os dados que você necessitaria para estimar o tamanho da amostra e o procedimento que usaria para encontrá-los.

11.27 Um banco tem cerca de 800 agências espalhadas por todo o Brasil. Em cada agência tem-se um número desconhecido de clientes que pediram empréstimos, tiveram seus cadastros aprovados, porém, ainda não foram atendidos. O banco está interessado em estimar qual o valor médio de pedido por cliente. Você foi designado a propor um plano amostral que atenda ao objetivo proposto. Sabe-se que, dentro de cada agência, os valores dos pedidos são muito parecidos.

11.28 Você foi incumbido de fazer o plano amostral para uma pesquisa numa cidade com 35.000 moradores, divididos em aproximadamente 7.000 domicílios. A pesquisa visa o levantamento do interesse das pessoas em usar equipamento de lazer que a prefeitura deseja implantar. Proponha um plano, destacando: *frame*, UPAs, USAs, fórmulas de estimadores e variâncias, etc.

11.29 *"Amostragem e Planejamento são técnicas muito parecidas: a primeira destina-se a estimar parâmetros e a segunda a testar hipóteses."* Admitindo-se a afirmação acima correta, a Amostragem Estratificada corresponderia a que tipo de modelo de Planejamento?

11.30 Discuta os critérios usados para determinação de tamanho de amostra, em planos experimentais.

11.31 O uso de variáveis auxiliares conhecidas é fator importante para melhorar as estimativas de um planejamento amostral. Descreva sucintamente dois esquemas amostrais que usem variáveis auxiliares para melhorar estimadores.

11.32 Quando é preferível usar PPT (probabilidade proporcional ao tamanho), em vez de uma AAS?

11.33 Compare a AAS com a AC em Estágio Único, indicando vantagens e desvantagens e exemplificando situações, onde é recomendado o emprego de cada desses tipos de amostragem.

11.34 Compare a AAS com a AE, indicando vantagens e desvantagens e exemplos do uso desses dois esquemas.

11.35 Queremos conduzir uma pesquisa para estimar a proporção de contaminados por uma certa doença no município de Atlântida. Sabe-se que a contaminação afeta diferentemente a região urbana e rural. Assim, decidimos considerar cada região como uma população diferente. Entrevistando especialistas, obtivemos a informação de que na região urbana, a incidência esperada da doença é de 50% e, na região rural, de 10%. O último censo informa que existem 2.000 moradores na região urbana e 4.000 na região rural. Suponha amostras colhidas por AASs.

a. Qual o tamanho das amostras nas duas regiões para que tenhamos o mesmo coeficiente de variação de 0,05 para os estimadores das proporções?

b. Suponha que as amostras com os tamanhos determinados pela resposta encontrada em (a) produziram os seguintes estimadores: região urbana: 40% de infectados e região rural: 20%. Quais seriam as variâncias dos estimadores nos dois casos?

Use as informações da pergunta (b) para responder às próximas duas.

c. Qual seria um estimador da proporção de contaminados no município?

d. Dê um intervalo de confiança para o número estimado em (c).

11.36 Considere a população $\mathbf{D} = (1, 3, 5, 7, 9, 18, 19, 20, 22)$.

a. Como deveria ser dividida a população em dois estratos, para que se tenha grande lucro em usar AE?

b. Como deveria ser dividida em 3 conglomerados de igual tamanho, onde o uso de AC seria recomendado sem correr o risco de um grande erro amostral?

11.37 Defina um plano amostral e o respectivo estimador para o seguinte problema:

i. Deseja-se estimar a porcentagem da população do (seu) estado vivendo na região urbana.

ii. Usar-se-á município como UPA, e todo o município será investigado.

Apêndice A

Relação de palavras-chave

amostra Subconjunto de uma população, por meio do qual se estabelecem ou estimam as propriedades e características dessa população.

amostragem por quotas Processo de amostragem, no qual os trabalhadores de campo recebem tarefas específicas quanto ao número de unidades amostrais a serem escolhidas em cada estrato. Mas a seleção, ela própria, é feita a esmo por estes trabalhadores.

amostra probabilística Toda amostra que permite fazer inferência estatística sobre a população.

amostra representativa Toda amostra que permite fazer inferência sobre a população.

amostragem Processo ou ato de construir (selecionar) uma amostra.

amostragem probabilística O processo de selecionar elementos ou grupos de elementos de uma população bem definida, através de um procedimento que atribui a cada elemento da população uma probabilidade, de inclusão na amostra, calculável e diferente de zero.

característica de interesse (variável) Propriedade dos elementos da população que se pretende conhecer.

censo É o resultado do levantamento estatístico que visa conhecer a totalidade da(s) característica(s) individuais de uma população.

distribuição amostral Distribuição de probabilidade de uma estatística induzida pelo plano amostral.

elemento, unidade de análise, unidade elementar ou unidade de observação/mensuração Suporte do atributo, ou atributos, cuja observação constitui o fim de um levantamento de dados.

erro padrão de um estimador é o desvio padrão desse estimador.

esperança ou valor esperado Valor médio de uma variável aleatória.

estimador de um parâmetro de dada população é toda função de elementos de amostra oriunda dessa população, que mantém para com o parâmetro uma certa relação.

estimativa Valor que o estimador assume para dada amostra.

intervalo de confiança Intervalo aleatório que contém a quantidade de interesse com probabilidade fixada.

parâmetro de uma população é uma função do conjunto de valores dessa população, uma característica dessa população.

plano amostral Protocolo descrevendo os métodos e medidas para execução da amostragem. Também é usado como sinônimo de Amostragem.

população amostrada População, da qual foi retirada a amostra.

população-objetivo (alvo) População que se pretende atingir, usualmente estabelecida nos objetivos da pesquisa.

população ou universo Conjunto de elementos, cujas propriedades se investigam por meio de subconjuntos que lhes pertencem.

população referida População previamente disponível e descrita pelo sistema de referência e para a qual podem ser construídas e selecionadas as unidades amostrais.

precisão ou fidedignidade Propriedade que tem um processo de observação de dar lugar a um conjunto de observações da mesma entidade que apresentam uma variabilidade maior ou menor.

seleção não-probabilística Qualquer processo de escolher elementos para a amostra de modo intencional ou onde não é possível estabelecer a probabilidade de inclusão dos elementos.

seleção probabilística Processo de selecionar elementos da amostra que permite estabelecer as probabilidades de os elementos pertencerem à mesma.

sistema de referência (*frame*) Lista ou descrição das unidades amostrais da população, por meio da qual é possível selecionar a amostra.

tamanho da amostra É o número de elementos que a compõem.

unidade amostral Cada uma das partes disjuntas em que uma população é exaustivamente decomposta, para que do conjunto delas, se façam extrações a fim de constituir uma amostra, ou estágio de uma amostra. Pode ser um conglomerado de unidades elementares.

unidade elementar (UE) ou simplesmente elemento de uma população é o objeto ou entidade portadora das informações que se pretende coletar.

validade, acuracidade, ou exatidão é a propriedade do processo de medir que é isento de erro sistemático (estimador não viesado).

viés ou vício de um estimador de um parâmetro é a diferença entre o seu valor esperado e o valor do parâmetro.

Apêndice B

Tópicos para um levantamento amostral

a. Identificação dos objetivos e populações

- apresentar as razões e antecedentes da pesquisa
- definir os objetivos gerais, operacionais e alternativos
- identificar as unidades de análise e resposta
- estabelecer a população-alvo
- especificar as subpopulações de interesse (estratos)
- identificar os possíveis sistemas de referência (frames)
- descrição da população referenciada
- especificação dos parâmetros populacionais de interesse
- descrição da população amostrada

b. Coleta das informações

- escolher o tipo de investigação: experimentação, amostragem, censo, descritivo, analítico, etc.
- estabelecer o modo de coleta: entrevista direta, observação, individual, em grupo, por carta, telefone, por instrumento, etc.
- operacionalizar os conceitos: variáveis e atributos
- elaborar o instrumento de mensuração/coleta dos dados (questionário)

c. Planejamento e seleção da amostra

- determinar o orçamento e custos do levantamento
- escolher as unidades amostrais
- definir o plano amostral
- fixar o tamanho da amostra
- escolher os melhores estimadores e seus erros amostrais
- selecionar as unidades amostrais
- prever procedimentos para os erros não-amostrais (não-resposta, mudanças no sistema de referências, etc.)

d. Processo de coleta dos dados (campo)

- elaborar os manuais dos entrevistadores e críticos
- montar a equipe de coleta de dados
- prever treinamento para entrevistadores, supervisores, checadores, listadores, etc.
- definir processos de controle contínuo de qualidade do campo
- prever procedimentos para situações inesperadas

e. Processamento dos dados

- identificar programas para a entrada dos dados
- criar planos de consistência e qualidade das informações
- planejar e criar banco de dados e dicionário de variáveis
- preparar os programas dos planos tabulares iniciais

f. Análise dos resultados (modelos estatísticos)

- planejar as análises iniciais sobre a qualidade dos dados levantados: descritivas e/ou modelares
- apresentar o desempenho da amostra: qualitativa e quantitativamente
- descrever a população amostrada
- definir modelos de análise que respondam aos objetivos iniciais
- efetuar análises exploratórias

- apresentar os modelos, análises e conclusões complementares obtidas

g. Apresentação dos resultados

- relatórios

h. Disponibilidade dos dados (divulgação do banco de dados)

- banco de dados
- conceitos, variáveis e indicadores (dicionário)

Referências bibliográficas

BABBIE, E. (1999). *Métodos de pesquisa de survey.* UFMG, Belo Horizonte.

BUSSAB, W. O. e MORETTIN, P.A. (2004). *Estatística básica.* 5ª ed. Saraiva, São Paulo.

CASSEL, C., SÄRNDAL, C. E. e WRETMAN, J. H. (1977). *Foundations of inference in survey sampling.* Wiley, Nova York.

COCHRAN, W. (1977). *Sampling techniques.* 3ª ed. Wiley, New York.

ECO, U. (1983). *Como se faz uma tese.* Perspectiva, São Paulo.

JESSEN, R. J. (1978). *Statistical survey techniques.* Wiley, Nova York.

KISH, L. (1965). *Survey sampling.* Wiley, Nova York.

LANSING, J. B. e MORGAN, J. N. (1971). *Economic survey methods.* The University of Michigan, Ann Arbor.

LEITE, J. G. e SINGER, J. M. (1990). *Métodos assintóticos em estatística.* IX SINAPE, São Paulo.

PEDHAZUR, E. J. e SCHMELKIN, L. P. (1991). *Measurement, design and analysis.* Lawrence Erlbaum Associates, Hillsdale.

PESSOA, D.G.C. e SILVA, P.L.N. (1998). *Análise de dados amostrais complexos.* XIII SINAPE, Caxambú.

RODRIGUES, J. e BOLFARINE, H. (1984). *Teoria da previsão em populações finitas.* VI SINAPE, Rio de Janeiro.

ROSS, S. (2002). *A first course in probability.* 6ª ed. Prentice Hall, New Jersey.

SILVA, P. L. N. e MOURA, F. A. S. (1986). *Efeito de conglomeração da malha setorial do Censo Demográfico de 1980.* Série Textos para Discussão, nº 32. IBGE, Rio de Janeiro.

SCOTT, A. e WU, C. F. (1981). Asymptotic distribution of ratio and regression. *Journal of the American Statistical Association* **76**, 98-102.

Índice